生态园区规划

——理论与实践

卢剑波 李 珏 著

ZHEJIANG UNIVERSITY PRESS
浙江大学出版社

图书在版编目（CIP）数据

生态园区规划：理论与实践 / 卢剑波，李钰著.— 杭州：浙江大学出版社，2017.12（2021.12重印）

ISBN 978-7-308-17616-3

Ⅰ.①生…　Ⅱ.①卢…②李…　Ⅲ.①生态区 — 环境规划 — 研究 — 中国　Ⅳ.①X321.2

中国版本图书馆CIP数据核字（2017）第271886号

生态园区规划
——理论与实践

卢剑波 李钰 著

责任编辑	傅百荣
责任校对	杨利军　韦丽娟
封面设计	刘依群
出版发行	浙江大学出版社
	（杭州市天目山路148号　邮政编码310007）
	（网址：http://www.zjupress.com）
排　　版	杭州兴邦电子印务有限公司
印　　刷	广东虎彩云印刷有限公司绍兴分公司
开　　本	710mm×1000mm　1/16
印　　张	21.5
字　　数	398千
版 印 次	2017年12月第1版　2021年12月第2次印刷
书　　号	ISBN 978-7-308-17616-3
定　　价	65.00元

地图审核号：　浙S（2017）172号

目　录

第一章　生态园区规划的理论

第一节　生态园区规划的生态学基础理论

一、生态因子原理

（一）生态因子的概念

生态因子（ecological factor）是指环境中对生物个体生存和繁殖、种群分布和数量、群落结构和功能有直接或间接影响的各种环境要素。一般把生态因子分为生物因子（biotic factor）和非生物因子（abiotic factor）。前者包括生物种内和种间的相互关系；后者则包括气候、土壤、地形等。所有生态因子构成生物的生态环境（ecological environment）。具体的生物个体和群体生活地段上的生态环境称为生境（habitat），其中包括生物本身对环境的影响。各个生态因子不仅本身起作用，而且相互发生作用，既受周围其他因子的影响，反过来又影响其他因子。

（二）生态因子的一般特征

1. 综合性

每一个生态因子都是在与其他因子的相互影响、相互制约中起作用的，任何因子的变化都会在不同程度上引起其他因子的变化。例如光照强度的变化必然会引起大气和土壤温度和湿度的改变，这就是生态因子的综合作用。

2. 非等价性

对生物起作用的诸多因子是非等价的，其中有 1～2 个是起主要作用的主导因子。主导因子的改变常会引起其他生态因子发生明显变化或使生物的生长发育发生明显变化，如光周期现象中的日照时间和植物春化阶段的低温因子就是主导因子。

3. 不可替代性

生态因子虽非等价，但都不可缺少，一个因子的缺失不能由另一个因子来代替。但某一因子的数量不足，有时可以由其他因子来补偿。例如光照不足所引

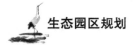
起的光合作用的下降可由CO_2浓度的增加得到补偿。

4. 阶段性和限制性

生物在生长发育的不同阶段往往需要不同的生态因子或生态因子的不同强度。例如低温对冬小麦的春化阶段是必不可少的,但在其后的生长阶段则是有害的。那些对生物的生长、发育、繁殖、数量和分布起限制作用的关键性因子叫限制因子。有关生态因子(量)的限制作用有以下两条定律。

(1)李比希最小因子定律(Liebig's law of minimum)

1840年农业化学家李比希在研究营养元素与植物生长的关系时发现,植物生长并非经常受到大量需要的自然界中丰富的营养物质如水和CO_2的限制,而是受到一些需要量小的微量元素如硼的影响。因此他提出"植物的生长取决于那些处于最少量因素的营养元素",后人称之为李比希最小因子定律。李比希之后的研究认为,要在实践中应用最小因子定律,还必须补充两点:一是李比希定律只能严格地适用于稳定状态,即能量和物质的流入和流出是处于平衡的情况下才适用;二是要考虑因子间的替代作用。

(2)谢尔福德耐受定理(Shelford's law of tolerance)

生态学家谢尔福德于1913年研究指出,生物的生存需要依赖环境中的多种条件,而且生物有机体对环境因子的耐受性有一个上限和下限,任何因子不足或过多,接近或超过了某种生物的耐受限度,该种生物的生存就会受到影响,甚至灭绝。这就是谢尔福德耐受定律。后来的研究对谢尔福德耐受定律也进行了补充:每种生物对每个生态因子都有一个耐受范围,耐受范围有宽有窄;对所有因子耐受范围都很宽的生物,一般分布很广;生物在整个发育过程中,耐受性不同,繁殖期通常是一个敏感期;在一个因子处在不适状态时,对另一个因子的耐受能力可能下降;生物实际上并不在某一特定环境因子最适的范围内生活,可能是因为有其他更重要的因子在起作用。

最小因子定律和耐受性定律的关系,可以从以下三个方面理解:首先,最小因子定律只考虑了因子量的过少,而耐受性定律既考虑了因子量的过少,也考虑了因子量的过多。其次,耐受性定律不仅估计了限制因子量的变化,而且估计了生物本身的耐受性问题。再次,生物耐受性不仅随种类不同,且在同一种内,耐受性也因年龄、季节、栖息地的不同而有差异;同时,耐受性定律允许生态因子之间的相互作用,如因子替换作用和因子补偿作用。

(三)生态因子原理在生态园区规划中的应用

生态园区规划是在特定的地域和环境条件下进行,会受到许多因子的影响与制约,如温度、水分、土壤、光照等,生态园区规划时既要考虑综合作用,也要分析起主导作用的因子,通过调控主导因子,使园区保持相对健康、稳定的发展态势。如不同植物对土壤酸碱性的要求不一样,这是决定植物能否存活的关键,可以通过调节土壤酸碱性保障植物的生长。虽然生态因子具有不可替代性,但当某一生态因子数量不足时,可以用其他因子进行补偿,比如当平原地区温度过高导致生物无法生存时,可以通过调节海拔创造适宜的生境,这一原理在园区小气候的营造方面运用尤为普遍。另外,由于生物在不同阶段需要不同种类、不同数量的生态因子,并且具有一定的耐受性,因而研究特定物种的生长规律对于园区科学、经济的运作也具有指导作用。

二、生态系统的结构理论

(一)生态系统结构的概念

生态系统是由生物组分与环境组分组合而成的结构有序的系统。生态系统结构指生态系统中的组成成分及其在时间、空间上的分布和各组分间能量、物质、信息流的方式与特点。具体来说,生态系统的结构包括三个方面:物种结构、时空结构和营养结构。

1. 物种结构

物种结构又称为组分结构,是指生态系统中由不同生物类型或品种,以及它们之间不同的数量组合关系所构成的系统结构。它主要讨论的是生物群落的种类组成及各组分之间的数量关系,生物种群是构成生态系统的基本单元,不同物种(或类群)以及它们之间不同的量比关系,构成了生态系统的基本特征。例如,平原地区的"粮、猪、沼"系统和山区的"林、草、畜"系统,由于物种结构的不同,形成了功能及特征各不相同的生态系统。

2. 时空结构

时空结构也称形态结构,是指各种生物成分或群落在空间上和时间上的不同配置和形态变化特征,包括水平分布上的镶嵌性、垂直分布上的成层性和时间上的发展演替特征,即水平结构、垂直结构和时空分布格局。

3. 营养结构

营养结构是指生态系统中生物与生物之间,生产者、消费者和分解者之间以食物营养为纽带所形成的食物链和食物网,它是构成物质循环和能量转化的主要途径。植物所固定的能量通过一系列的取食和被取食的关系在生态系统中传递,我们把生物之间存在的这种传递关系称之为食物链。在生态系统中,生物之间实际的取食与被取食的关系,并不像食物链所表达的那样简单,通常是一种生物被多种生物取食,同时也食用多种其他生物。这种情况下,在生态系统中的生

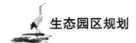

物成分之间通过能量传递关系,存在着一种错综复杂的普遍联系,这种联系像是一个无形的网,把所有的生物都包括在内,使它们彼此之间都有着某种直接或间接的关系。像这样,在一个生态系统中,食物关系往往很复杂,各种食物链互相交错,形成的就是食物网。一般而言,食物网越复杂,生态系统抵抗外力干扰的能力就会越强,反之,越弱。

(二) 合理的生态系统结构

建立合理的生态系统结构有利于提高系统的功能。生态结构是否合理直接体现在生物群体与环境资源组合能否相互适应,充分发挥资源的优势,并保护资源的持续利用上。从物种结构的角度,应提倡物种多样性,有利于系统的稳定和持续发展。从时空结构的角度,应充分利用光、热、水、土资源,提高光能的利用率。从营养结构的角度,应实现生物物质和能量的多级利用与转化,形成一个高效的系统。

(三) 生态系统结构理论在生态园区规划中的应用

根据生态系统结构理论,生态园区规划中应选用多种生物种类,包括农业物种、林业物种、牧业物种、渔业物种、园艺物种等多种类型,通过合理的数量配置,实现物种间能量、物质和信息的流动,实现系统功能整合。要实现水平结构、垂直结构、时空结构多层次的耦合,比如植物品种的套种,可以延长游赏期,实现人流的合理分配;通过立体复合式栽植,尽可能地利用空间,实现生态效益、经济效益的最大化。在生态园区的规划中,通过食物链的"加环",如种植草本植物,饲养植食性动物,利用动物粪便沤制有机肥培肥土壤等,都可以使园区生态系统结构趋于合理。

三、生态适宜性原理和生态位理论

(一) 生态适宜性原理

生物由于经过长期与环境的协同进化,对生态环境产生了依赖,对环境产生了要求,主要体现在对光、温、水、土等方面的依赖性。

植物对环境要求的表现更为直观,分化出了水生植物、湿地植物、旱生植物、热带植物、温带植物、寒带植物等不同生态类型。因而适地适树是植物栽植的基本原则,栽植植物时必须考虑其生态适宜性。

(二) 生态位理论

生态位(ecological niche)是生态学中一个重要概念,是指一个种群在生态系统中,在时间空间上所占据的位置及其与相关种群之间的功能关系与作用。两个拥有相似功能生态位但分布于不同地理区域的生物,在一定程度上可称为生态等值生物。生态位的概念已在多方面使用,最常见的是与资源利用谱

(resources utilization spectra)概念等同。所谓"生态位宽度"(ecological niche breadth)是指被一个生物所利用的各种不同资源的总和。在没有任何竞争或其他敌害情况下,被利用的整组资源称为"原始"生态位(fundamental ecological niche)。因种间竞争,一种生物不可能利用其全部原始生态位,所占据的只是现实生态位(realized ecological niche)。

（三）生态适宜性原理和生态位理论在生态园区规划中的应用

根据生态适宜性原理,在生态园区规划时要先调查规划区的自然生态条件,如土壤性质、光照特性、温度等,调查适合规划区环境因子的乡土物种,使得生物种类与环境生态条件相适宜。

根据生态位理论,要避免引进生态位相近或相同的物种,尽可能地使各物种生态位错开,使各个物种在群落中具有各自的生态位,避免种群之间的直接竞争,保证群落稳定。同时尽可能地利用时间、空间和资源,更有效地利用环境资源,维持长期的生产力和稳定性。

四、生物群落演替理论

生物群落不是一成不变的,它是一个随着时间的推移而发展变化的动态系统。在群落的发展变化过程中,一些物种的种群消失了,另一些物种的种群随之而兴起,最后,这个群落将会处于一个相对稳定阶段。像这样随着时间的推移,一个群落被另一个群落代替的过程,就叫做演替。

群落的演替包括原生演替和次生演替两种类型。在一个没有生命的地方开始发生的演替,叫做原生演替。例如,在从来没有生长过任何植物的裸地、裸岩或沙丘上开始的演替,就是原生演替。在原来有生物群落存在,后来由于各种原因使原有群落消亡或受到严重破坏的地方开始的演替,叫做次生演替。例如,在发生过火灾或过量砍伐后的林地上、弃耕的农田上开始的演替,就是次生演替。在自然界里,群落的演替是普遍现象,而且是有一定规律的。

基于上述理论,可以根据现有情况来预测群落的发展,可以通过人为手段加快或减缓生物群落自然演替的速度或改变演替方向,如人工湿地营建等。在群落演替理论的指导下,通过物理、化学、生物的技术手段,控制其演替过程和发展方向,使其能按照规划的要求,稳定生态系统结构,健全生态系统功能,使其能达到自维持状态。

五、生物多样性原理

生物多样性(biodiversity)是近年来生物学和生态学研究的热点问题。一般

的定义是"生命有机体及其赖以生存的生态综合体多样化和变异性",是一定时间和一定地区所有生物(动物、植物、微生物)物种及其遗传变异和生态系统的复杂性总称。它主要包括遗传(基因)多样性、物种多样性、生态系统多样性与景观多样性。

保护生物多样性,首先是保护了地球上的种质资源,同时生物多样性会增加生态系统功能过程的稳定性:

（1）高的生物多样性增加了具有高生产力的种类出现的机会;

（2）多样性高的生态系统内,营养的相互关系更加多样化,为能量流动提供可选择的多种途径,各营养水平间的能量流动趋于稳定;

（3）高的生物多样性增强生态系统被干扰后对来自系统外种类入侵的抵抗能力;

（4）多样性高增加了系统内某一个种所有个体间的距离,降低了植物病体的扩散;

（5）多样性高的生态系统内,各个物种充分占据已分化的生态位,从而提高系统对资源利用的效率。

生态园区规划中通过就地保护,保护自然生境中的生物多样性;通过研究分析场地生态特征、种间关系、生态系统结构,配置适合的物种,达到园区生物多样性保护的目的。

第二节　生态园区规划的景观生态学原理

景观生态学研究的对象和内容可以概况为3个基本方面(见图1-1)。

（1）景观结构。景观结构是景观的组分和要素在空间上的排列和组合形式。即景观组成单元类型、多样性及其空间关系。以"斑块—廊道—基底"的基本理论范式为基础。

（2）景观功能。景观结构与生态学过程的相互作用,或景观结构单元之间的相互作用。主要体现在能量、物质和生物有机体在景观镶嵌体中的运动过程中。

（3）景观动态。指景观在空间结构和功能方面随时间的变化。具体的讲,景观动态包括景观结构单元的组成成分、多样性、形状和空间格局的变化,以及由此导致的能量、物质和生物在分布与运动方面的差异。

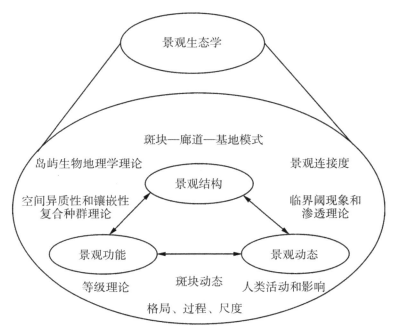

图1-1 景观生态学研究的主要对象、内容及基本概念和理论（邬建国，2007）

一、"斑块—廊道—基底"景观格局原理

（一）斑块的概念

斑块（patch）泛指与周围环境在外貌或性质上不同，并且具有一定内部均质性的空间单元，如湖泊、森林、城市等都可以看作斑块。根据其起源的不同，可以分为干扰斑块、残存斑块、环境资源斑块和引入斑块。斑块大小、形状、边界以及内部均质性是描述斑块的主要特征，并且对生态过程具有不同的影响。

斑块是自然界普遍存在的现象。斑块化是环境和生物相互影响协同进化的空间结果，人类的作用加剧了斑块化的程序，斑块化的结构和动态对生物多样性保护和干扰扩散等方面研究具有重要意义。

（二）廊道的概念

廊道（corridor）是指景观中与相邻两边环境不同的线性或带状结构，如河流、道路、农田防护林带等。廊道具有通道和阻隔的双重作用，还具有物种过滤器、物种栖息地以及影响源的作用。廊道两侧的边缘效应突出，中心地带通常生境独特，并部分取决于沿廊道内所发生的迁移和传输。廊道的结构特征对一个景观的生态过程有着强烈的影响，廊道是否能连接成网络，廊道在起源、宽度、连通

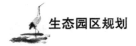

性、弯曲度等方面的不同都会对景观带来不同的影响。

（三）基底的概念

基底（matrix）是指在景观中分布最广、连续性最大的背景结构，如森林、草原、湿地、城市用地等。景观由若干景观要素组成，其中基底往往面积最大、连通性最好，因而在景观功能上起着重要的作用，影响能流、物流和物种流，对景观动态具有控制作用。孔隙度、边界形状往往是描述基底特征的主要指标。

（四）斑块—廊道—基底模式及其在生态园区规划中的应用

早在20世纪80年代，Forman和Godron在观察和比较各种不同景观的基础上归纳出这三种最基本的景观要素，而斑块—廊道—基底模式是基于岛屿生物地理学和群落缀块动态研究之上形成和发展起来的。它为具体而形象地描述景观结构、功能和动态提供了一种"空间语言"，这一模式还有利于认识景观结构与功能之间的相互关系，比较它们在时间上的变化。

在生态园区的规划中，由于空间范围确定，因而研究对象的尺度是明确的，在场地中可以明确地区分出不斑块、廊道和基底。比如在园区土地利用规划中，可以首先确定基底的性质。场地上的自然斑块由于其在物种上源的作用和对完善场地生态系统功能上的正向作用而应加以保留或优先考虑。在不同功能区块的设置中，人工建筑斑块的大小、形状的设置应减少其对自然或近自然基底的影响。道路要考虑其运输功能、经济成本的同时，尽量减少对原有自然斑块的切割。不同斑块大小、形状设置时，以考虑增进生态系统的稳定性，提高生态系统自恢复能力为目的，突出正向作用。除了空间上的布局，研究时间对斑块、廊道、基底的影响，也有利于预测园区的发展方向，通过调控种类、数量与空间布局，使其呈现动态稳定与发展的态势，实现对生态园区的长期规划。

二、景观异质性与尺度原理

（一）景观异质性

景观异质性（landscape heterogeneity）是景观的重要属性之一，景观生态学研究的焦点是较大尺度的时空异质性，异质性是指斑块空间镶嵌的复杂性，或者景观结构空间分布的非均匀性和非随机性。

景观异质性包括3种类型：①空间异质性（spatial heterogeneity），景观结构在空间分布的复杂性；②时间异质性（temporal heterogeneity），景观空间结构在不同时段的差异性；③功能异质性（functional heterogeneity），景观结构的功能指标，如物质、能量和物种流等空间分布的差异性。空间异质性是景观异质性的基础。一般认为空间异质性分为两种情况，梯度分布和镶嵌结构。

景观异质性作为景观格局的重要特征,对景观的功能过程具有显著影响。如景观异质性可以降低稀有内部种的丰富度,增加需要两个或两个景观要素的边缘种的丰富度。

(二) 景观尺度

广义来说,尺度(scale)是指在研究某一物体或现象时所采用的空间或者时间单位,同时又可指某一现象或过程在空间和时间上所涉及的范围或发生的频率。尺度可分为空间尺度和时间尺度。组织尺度(organizational scale)是指在由生态学组织层次(如个体、种群、群落、生态系统、景观等)。景观生态学中,尺度往往用粒度(grain)和幅度(extent)来表达。空间粒度指景观中最小可辨识单元所代表的特征长度、面积或体积;时间粒度指某一现象或事件发生的(或取样)的频率和时间间隔。幅度指研究对象在空间或时间上持续的范围和长度。一般而言,从个体、种群、群落、生态系统、景观到全球生态学,粒度和幅度呈逐渐增加趋势,组织层次高的研究(如景观、全球生态学)往往是(但不绝对是,也不应该总是)在较大的空间范围和长时间内进行的。

(三) 景观异质性与尺度原理在生态园区规划中的应用

景观异质性是绝对的,它存在于任何等级结构的系统之内。同质性(homogeneity)是异质性的反义词,是相对的。景观生态学强调空间异质性的绝对性和空间同质性的尺度性。在某一尺度上异质的空间,而在其低一层次(小一尺度)上的空间单元(斑块),则可视为相对同质。同质性景观具有类似的物质、能量和信息,在研究中可以简化其生态过程,突出对功能的影响。

虽然景观尺度上研究的都是相对范围大、时间广的对象,但其尺度的概念使其原理具有了更强的可操作性。生态园区总体规划时,从项目的性质、定位、场地现状、运作成本与效益等多方面入手,需要考虑土地的不同利用方式,确定生产、管理、游赏等不同功能区块间的空间布局;分区规划时,则需要考虑功能区块内部不同类型的土地利用方式,如栽植的植物种类、数量、空间结构等,道路线型走向、路面结构等。在不同阶段关注的重点不同,得到的解决方案也逐级深化。

三、景观可持续性原理

(一) 景观可持续性的概念与特点

景观可持续是指特定景观所具有的、能够长期而稳定地提供景观服务,从而维护和改善本区域人类福祉的综合能力。

景观可持续性具有跨学科多维度特征。景观可持续的多维度是在"三重底线"可持续性维度(环境、经济、社会)的基础上产生的。如Selman确定了景观可

持续性的5个维度：环境、经济、社会、政治、美学。而 Musacchio 对景观可持续维度进一步进行了细化和发展，确定了6个景观可持续维度：环境、经济、公平、美学、体验和道德。在景观尺度，美学和体验是局地生态系统文化服务的重要组成部分。

　　景观可持续性强调可再生能力与景观弹性。应用景观可持续性研究的思想，需要规划和设计景观要素以维护和提高景观的自我再生能力，同时提高景观对外部干扰的抵抗能力。景观生态系统是一个自然、社会、经济相互作用的复合系统，在面对不同的干扰机制，如气候、土地利用变化等时，景观弹性对于保持景观服务持续供给具有重要作用。在不同尺度上，格局和过程的空间变化都会影响局地景观弹性，景观弹性必须明确地考虑景观要素成分和空间布局，同时强调位置、连通性、应变力的重要性。

（二）格局—过程—设计范式

　　2008年，Nassauer 提出景观的格局——过程范式拓展到包含景观设计的格局—过程—设计范式。这里的景观设计是指为了保证景观持续性地提供景观服务满足社会需求，而有意识地改变景观格局的过程。在新范式中景观设计成为将科学理论与景观变化实践相连接的纽带（见图1-2）。

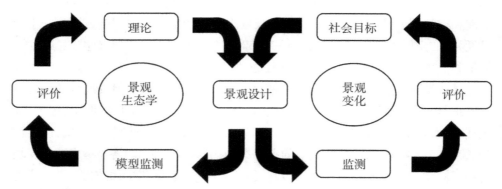

图1-2　景观设计——将科学与景观变化连接起来的纽带（据 Nassauer 和 Opdam，2008，重绘）

　　在实践过程中，根据科学理论与社会预期目标进行景观设计，并通过模型模拟与实施监测对设计结果进行预期与评价，进而检验和发展科学工具与设计理念，反馈结果有利于科学理论创新以及社会目标修正。

（三）景观可持续性原理在生态园区规划中的应用

　　景观可持续原理研究的核心内容是景观格局、景观服务和人类福祉，研究的重点应落在三者之间的动态关系上。在生态园区规划的尺度上，总会有可以更好的维持和改善景观服务、人类福祉的景观配置形式,如何进行选择并进行监测进而将景观可持续性当作园区建设的目标,对于规划理念的形成、规划实践的操作和规划长期的执行都具有重要意义。

第三节　生态园区规划的可持续发展理论

一、全球可持续发展的背景

人类在18世纪的欧洲进行了工业革命,标志是英国著名的发明家詹姆斯·瓦特(James Watt)发明了蒸汽机,并在工业上得到广泛的应用。工业革命开辟了人类利用能源的新时代,促进了生产力的发展,并相应地改变了人类的生产和生活方式,使得人类能够更有效地改造和利用自然。

科学技术的发展具有两面性,它是一把双刃剑,在适度的范围内合理地利用,会促进生产力的发展,提高人类的文明水平,有利于人和自然的和谐。然而技术的使用具有负面的作用,过度地依靠新技术和现代工具会产生一系列的环境和社会经济问题,会对自然产生破坏作用,打破人与自然相统一的和谐关系,人类会因此而付出巨大的代价。

随着工业化进程的加速,从18世纪工业革命以后,人类大量开采地球上的天然能源:煤和石油。例如全世界煤的开采量(见图1-3),1800年仅为1000万t,1900年增长为7.6亿t,到2000年猛增至55亿t,200年之间增长了549倍,年均增长2.75倍。同样全世界石油的开采量也是大幅上升(见图1-4),1890年为1000

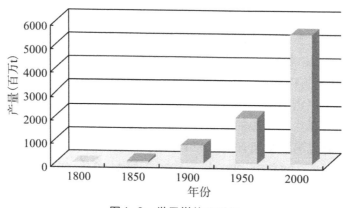

图1-3　世界煤的开采量

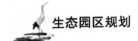

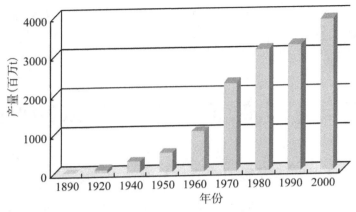

图1-4　世界石油的开采量

万t,到1950年达到5.19亿t,2000年39亿t,110年间增长了389倍,年均增长3.54倍。众所周知,煤和石油为不可再生的能源,全世界的煤和石油储存量是有限的,按照目前的开采速度和消费水平,以现有已探明储量计算,全世界的煤炭储存量还可供开采大约200年,而石油仅可供开采50年左右。由于此两种能源为不可再生的资源,因此我们必须面对全世界能源短缺的困境。

事实上目前各国都在应对能源危机,努力提高能源的利用效率,对产业结构进行调整,以减少对传统能源的大量消耗和过度依赖;同时调速能源结构,大力发展水电、风电、太阳能发电及生物质能等多种可再生能源。全世界近200年的能源结构变化如图1-5所示,已从19世纪单纯依靠煤炭(90%)逐渐转变为煤、油(石油)、气(天然气)、核电和可再生能源的多元结构。目前我国的可再生能源消耗仅占总能源的8%,根据我国的能源发展规划,力争到2020年使可再生能源消费达到能源消费总量的15%左右。

随着工业化革命的推进,人类的生活方式发生了巨大的变化,特别是汽车的普及,汽车进入了平常的百姓家庭,给人类的生活方式带来了革命性的变革。城市与城市之间的物质和人员交流变得频繁和快速,城乡之间的界限变得模糊,城乡朝着一体化的方向发展。但是随着汽车的普及,人类的生产和生活更加依赖于石化能,每个城市人的生态足迹比传统的生产和生活方式大出了数倍乃至数百倍,以至出现了生态足迹的赤字化。全世界汽车拥有量见图1-6,从图1-6可见,1930年全世界的汽车拥有量为3200万辆,1950年为5000万辆,1980年这4.35亿辆,2000后达到7.75亿辆,2000年为1930年的24.22倍,年增长0.35倍。

工业化和现代化带来了生产力的突飞猛进,人类的物质生产变得比较富足,获取了大量的自然资源,特别是能源的过度消耗。因此带来了一系列负面的影

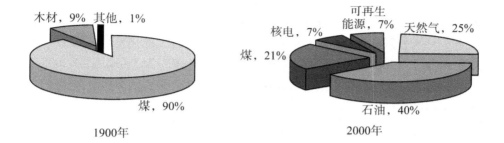

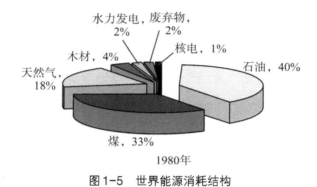

图1-5　世界能源消耗结构

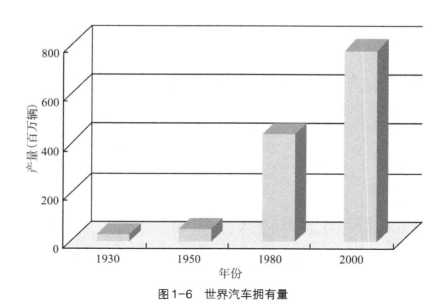

图1-6　世界汽车拥有量

响,特别是生态环境问题。全球性的生态环境问题也随之而来,如全球气候变化
(global climate change)。工业化和现代化带来的直接后果是温室气体的大量排
放,全球大气中CO_2浓度随着工业化的发展直线上升,工业化革命之前的1750年
为270ml/L,到1900年达295ml/L,1950年突破300ml/L,为310ml/L,到2005年达
到381ml/L,比工业化革命之前的270ml/L高出111ml/L(见图1-7)。全球的气候
变化已经成为全世界要共同面对的世界性环境难题,目前温室气体的排放量还
在逐年增加,发展与保护这一对矛盾仍然十分突出。全世界CO_2的排放主要集中
在几个经济大国(见图1-8),以2003年为例,近60%的排放量来自美国、中国、俄
罗斯、日本、印度、德国和英国,其中美国最大,占全球排放量的近1/4。从人均排
放量来看(见图1-9),发达国家高于发展中国家,美国最高,依次为俄罗斯、德国、

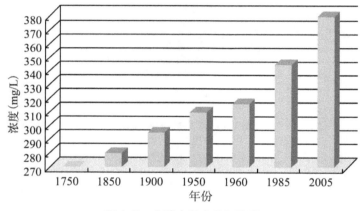

图1-7　全球大气中CO_2浓度

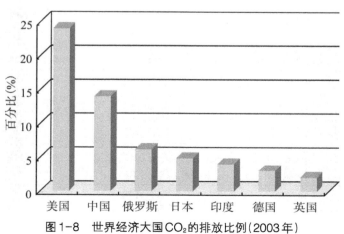

图1-8　世界经济大国CO_2的排放比例(2003年)

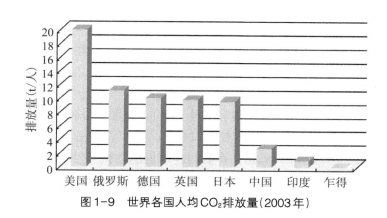

图1-9 世界各国人均CO_2排放量(2003年)

英国和日本,中国和印度不是很高,中国的人均CO_2排放量仅为美国的1/7,印度的人均CO_2排放量仅为美国的1/21。

在过去的一个世纪,全球的生态环境发生了巨变,主要表现在全球人口增长、城市化、工业化、能源依赖化、资源高强度利用化、农业投入强化、全球渔业过度捕捞、有机化工产品及汽车的普及,最后到全球气候变化,具体的增长量见表1-1。因此我们必须对20世纪的生产和生活方式进行反思,要改变生产方式对

表1-1　20世纪世界主要社会经济与环境指标的变化

指　　标	1900年至2000年的增长状况
全球人口	×3.8
全球城市人口	×12.8
全球工业产出	×35
全球能源利用	×12.5
全球油产量	×300
全球水资源利用	×9
全球灌溉面积	×6.8
全球化肥使用	×342
全球渔业捕获	×65
全球有机化工产量	×1000
全球汽车拥有量	×7750
大气中的二氧化碳	30%

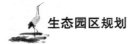

能源的高度依赖和对环境的破坏,同时减少生活方式中在能源和资源的浪费,要走可持续发展之路,走环境友好型发展道路,促进人类和自然的和谐发展。

二、可持续性科学

20世纪60年代由一批世界知名的科学家、企业家、经济学家、社会学家、教育家及政治家组成的罗马俱乐部(Club of Rome)诞生了,这是一个关于未来学研究的国际性民间学术团体,也是一个研讨全球问题的世界性智库。该俱乐部于1972年发表了第一个研究报告《增长的极限》(The Limits to Growth),这一报告公开发表后引起国际社会的广泛关注和讨论,讨论的核心即经济的不断增长是否不可避免地导致全球性的环境退化和社会解体。到70年代后期,经过广泛深入的讨论,基本上达成了一个比较一致的观点,即经济发展可以不断地持续下去,但必须对发展的方式进行调整,即必须考虑发展对自然的资源的最终依赖性。

联合国于20世纪80年代成立了世界环境与发展委员会(World Commission on Environment and Development, WCED),由当时挪威工党领袖布伦特兰德(Brundtland)女士任委会会主席,委员包括我国生态学家马世骏先生在内的22人,该委员会的任务是要制订"全球新议程"(Global Agenda for Change)。该委员会于1987年完成了一份非常重要的报告《我们共同的未来》(Our Common Future),在这份报告中给可持续发展下了一个明确的定义:可持续发展是既满足当代人的需求,同时又不损害子孙后代的利益(Sustainable development is the development that meets the needs of the present without compromising the ability of future generations to meet their needs)。世界环境与发展委员会对可持续发展所下的定义不是一个生态学的术语,而是一种经济、政治方面的术语。

联合国粮农组织(FAO)曾对农业的持续性定义如下:"以确保达到和连续满足当代和后代人类需求的方式,来进行自然资源的管理和环保、技术的定位及政策机构的变化。可持续发展(农业、林业和渔业)必须保护土地、水和动植物基因资源,在环境方面是不退化的,在技术方面是适宜的,在经济上是可行的,在社会方面是可以接受的。"以上两个有关可持续性发展的比较权威的概念,指出可持续性发展最基本最核心的内容,但并没有给出可持续性发展的具体指标。在联合国粮农组织与联合国世界环境与发展委员会编写的《21世纪议程》中,可持续性具有四个方面含义,即①粮食安全体系;②就业与收入产生;③人类的发展;④环境与自然资源的保护。

农业生态系统的持续性,Conway给农业生态系统的持续性给出了一个定义,所谓持续性是指农业生产系统在受重大干扰时所具有的维持生产力的能力。

Conway 的定义是目前学术界认为的较权威的观点,当然还有许多不同的观点,如 Donglass 指出农业生态系统的持续性具有如下三个方面的含义:①持续性主要表现为粮食富余,这种表现为短期内注重对粮食的需求和与之相关的经济效益;②持续性不仅是指经济的,而且是指生态平衡的,强调农业生物与环境影响;③持续性是一个社区的问题,社会组织、文化与价值观都影响农业可再生资源持续利用。Fresco 和 Kroonenberg 指出农业生态系统的持续性须从四个因子去分析,即①生产力,系统总的产出;②效率,如生态系统的投入产出比,能量的损耗;③稳定性,如系统产出的变化;④恢复力,在外界强大干扰后,系统恢复产出的速度。对于不同的农业生态系统,应采用不同的时间表尺度来衡量系统的持续性。详见表1-2。

表1-2　农业生态系统持续性的表述

形　式	内　容
持续性作为一种思想意识	持续性农业是一种哲学和农作系统。它根植于一系列的价值观,包括能力的状态,生态意识、社会意识、社会现实和人们采取实际行动的能力
	持续性是一种途径或哲学,是一种农业土地综合管理的途径或哲学。土地管理是一种哲学,这种哲学要求土地管理必须考虑到子孙后代的利用
	持续性是一种基于人类目标和人类对环境及其他物种的长期影响的哲学。这种哲学观是我们选择良好经验和最先进科学技术的指南,应用这些经验与技术创造综合的、资源保护的、公平的农作系统
	持续性是整个粮食持续生产和合理管理的以自然为农作之本的精神观念及道德尺度
持续性作为一种策略	持续性是一种管理策略,这种策略能帮助生产者选择杂交品种、土壤施肥计划、害虫防治途径、耕作系统和减少投入、极大地减轻直接和间接的环境影响并使农作保持在持续的生产水平和利润
	持续性是关于处理某些相关的问题的一系列策略的不严谨的术语,而这些问题正在美国及全球范围内日益加重。如果"农民在农业生产中最小限度地利用外部投入,最大限度地利用农业内部已存在的投入",这样农业生产和农作物系统是持续的关系
	持续性是:①技术的进步必须保持或提高水土资源的质量;②植物和动物品种的改良及生产技术的提高,必须推进生物技术替换化学技术
持续性作为满足目标的能力	持续性农业是这样一种农业,在长期内提高农业环境的质量,为人类提供基本的粮食和纤维,在经济上是可行的,并且促进农民及整个社会生活质量的提高
	持续性农业系统是环境和谐、有盈利的、多产的且能维持农村社区的社会结构

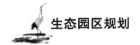

续表

形　式	内　容
持续性作为满足目标的能力	农业粮食生产部门在长期内同时能够:①保持或提高环境质量;②为生产系统的各个部门提供足够的经济和社会报酬;③生产足够的粮食
	农业能够朝着极大地利用人力资源、最大的资源利用效率、对人类及其他生物物种向生态平衡的方向发展
持续性作为持续的能力	在一个确定的时期内,如果投入不增加,产出不会减少,这样的系统是持续的
	农业能够为当前社会及后代提供持久的纯收益
	当长时间内农业保持优势的土地利用方式资源能持久地支持盈利和生产水平,这种农业是持续的

　　Kates 等在2001年于《科学》杂志发表论文,第一次系统地介绍了可持续性科学(sustainability science)———一门新兴的整合性科学,由此可持续性科学正式诞生。Kates 等将可持续性科学定义为:在局地、区域和全球尺度上研究自然和社会之间动态关系的科学,是为可持续发展提供理论基础和技术手段的横向科学。可持续性科学整合自然科学和人文与社会科学,以环境、经济和社会的相互关系为核心,将基础性研究和应用研究融为一体,非线性动力学(nonlinear dynamics)、自组织复杂性(self-organizing complexity)、脆弱性(vulnerability)、弹性(resilience)、惯性(inertia)、阈值(threshold)、适应性管理(adaptive management)和社会学习(social learning)是可持续性科学中的重要概念,同时,可持续科学强调对现有科学技术的创造性利用以及发展新型可持续性技术的重要性。综上所述,可持续性科学是研究人与环境之间动态关系,特别是耦合系统的脆弱性、抗扰性、弹性和稳定性的整合型科学。

　　中国是一个文明古国,自古以来就有顺应自然、尊重自然的传统思想,可持续性科学的根源自古就有。如我国的"天人合一"思想是我国传统文化的精华和核心之所在,"天人合一"既是一种哲学观,又是一种生态价值观,其核心内容为人与自然的和谐统一,人是生态系统的组成成分,不是生态系统的主宰者和统治者。"天人合一"这一论述出自北宋哲学家张载的《正蒙·乾称》,曰:"因明致诚,因诚致明,故'天人合一'"。"天人合一"的"天"主要是指"天道",即自然界和自然规律;"人"是指相对而言的人类。人类和大自然应该是和谐的,不应该是矛盾与对立的关系,这就是"天人合一"。全球在经历高速的经济发展和城市化过程后,出现了生态环境危机,违背了"天人合一"的可持续发展理念和思想。"天人合一"思想对于解决我国乃至全球的生态环境问题具有启示作用,对于构建人与自然和谐发展的现代生态价值观具有重要的指导意义和理论价值。

我国著名的生态学家马世骏于20世纪80年代提出了著名的"社会—经济—自然"复合生态系统理论。马世骏先生根据他多年来从事生态学研究的实践和他对人类社会所面临的人口、粮食、资源、能源、环境等重大生态和经济问题的深入思考,提出了将自然系统、经济系统和社会系统复合到一起的构思,他认为,从任何单一学科和单方面的角度都不可能透彻地分析上述问题,当然也就更不可能有效地解决这些问题。在80年代,他多次提出复合生态系统等概念,如社会经济—生态复合系统、社会—经济—自然生态系统—资源物质系统、社会—经济—自然复合生态系统等概念,并从复合生态系统的角度提出了可持续发展的思想。社会系统、经济系统和自然系统是三个性质各异的系统,有着各自的结构、功能、存在条件和发展规律,但他们各自的存在和发展又受其他系统结构与功能的制约。因此,必须将它们视为一个统一的整体,即社会—经济—自然复合生态系统加以分析和研究。分析人类社会的可持续发展,就是要分析复合生态系统的发生、发展和变化规律以及复合生态系统中的物质、能量、价值、信息的传递和交换等各种作用关系,所以从某种意义上可以说,复合生态系统理论本质上是一种研究人类社会可持续发展的理论。马世骏先生还为中国的生态农业建设提出了八个字的建设方针,即"整体(integrated)、协调(coordinated)、循环(recycle)、再生(regeneration)"的建设原则。

三、可持续发展与规划的评价指标

自从可持续发展的概念被确认以来,许多学者、学术机构和国际组织为寻求它的测量指标进行了大量研究,从不同角度提出了各自的指标体系。目前国际上比较有影响的可持续发展指标体系有以色列希伯来大学建立并运用于全球的评价与测量的"人类活动强度指标(HAI)";联合国开发计划署创立并得到世界各国赞同的"人文发展指标(HDI)";联合国可持续发展委员会以"驱动力(压力)—状态—响应(DSR)概念模型"为基础提出的指标体系;世界银行提出的可持续发展指标体系(国家财富计划标准)等等。我国的一些专家学者与研究机构在可持续发展指标体系方面也进行了研究探索,提出了制定可持续发展指标体系的原则,建立了国家级和区域性的可持续发展指标体系及评价方法。

(一) 制定指标体系的原则

在研究和制定指标体系及其评价方法时,一般遵循以下原则:

(1) 科学性(客观性):即指标体系既能较客观和真实地反映可持续发展的

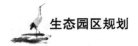

内涵,又能较好地量度可持续发展主要目标实现的程度。

（2）整体性（全面性）：即指标体系要能够全面反映系统的总体特征,符合可持续发展的目标内涵,但又要避免指标之间的重叠,使评价目标与评价指标有机地联系起来,组成一个层次分明的整体。

（3）可操作性：即体系中的指标应有可测性和可比性,指标体系应尽可能简化,计算方法简单,数据易于获得。

（4）引导性：即指标体系要体现与可持续发展总体战略目标一致的政策,以规范和引导未来发展的行为和方向。

（5）层次性：即根据评价需要和可持续发展的复杂性,指标体系可分解为若干层次结构,使指标体系合理、清晰。

（6）动态性与稳定性：指标是一种随时空变动的参数,不同发展水平应采用不同的指标体系,同时又应保持指标在一定时期内的稳定性,便于进行评价。

（7）侧重性：即指标的选取应有侧重性,以反映当地的实际情况或领域的特点。

（二）基本框架与结构

联合国可持续发展委员会提出的压力—状态—响应模型从社会经济与环境有机统一的观点出发,表明了人与自然这个生态系统中各种因素间的因果关系,更精确地反映了可持续发展的自然、经济、社会和法制因素之间的关系,为可持续发展指标构造提供了一种逻辑基础。我国可持续发展指标体系框架基本上以该模型为基础建立的。在可持续发展指标体系框架的基础上,建立多层次结构的可持续发展指标体系。一般分为目标层、系统层（准则层）、指标层（要素层）等若干层次。目标层为综合性指标,在总体上反映了可持续发展的程度和水平;系统层由反映目标层的指数构成,它包括经济指数、社会指数、资源环境指数等若干分领域指数,可以用来评估各领域的可持续发展状况;指标层为用来反映系统层各部分的单项指标,一般由菜单式多指标组成。另外有些指标体系中,在系统层与指标层之间再设置一层准则层Ⅱ（状态层）。表1-3为张坤民教授等提出的中国城市环境可持续发展指标体系框架。表1-4为刘求实等提出的区域可持续发展指标体系结构。

（三）指标

可持续发展指标主要涉及经济、环境、社会和能力四大方面。经济指标主要包括规模、结构、效益等内容;环境指标主要包括资源利用、环境治理、市政建设、生态保护等内容;社会指标主要包括人口、贫困、就业、人民生活、卫生保健、社会保障等内容;能力指标包括科学技术、教育、决策、法制、信息、公众参与等内容。

表1-3　中国环境可持续发展指标框架

主要问题		压力	状态	响应
经　济		国内生产总值(GDP)		
		总投资及其占GDP的比例		
		总消费及其占GDP的比例		
环境	环保投入			环保投入及其占GDP的比例
	大气污染	SO₂排放量	SO₂浓度	
		NOₓ排放量	NOₓ浓度	
		PM10产生量	PM10浓度	
	水污染和水资源	缺　水　量	水污染综合指数	废水处理率
		缺　水　量	可利用水资源量	节　水　量
		耗　水　量	单位GDP产值的耗水量	节水投资
资源	固体废物污　染	产　生　量	堆存量、占地面积	固体废物处理率、综合利用率
	矿产资源	年开采量	矿产资源总储量	
		能源消费量		
	土地资源	土地使用方式的变化	耕地面积	
	林业资源	砍　伐　量	森林覆盖率	植树造林面积
		生　长　量	木材蓄积量	
	渔业资源		渔业最大可持续量	
			渔业储量	
社会	失　业　率	GDP中的经常性教育投资		
	成人识字率	基尼指数		

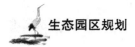

表1-4 区域可持续发展指标体系

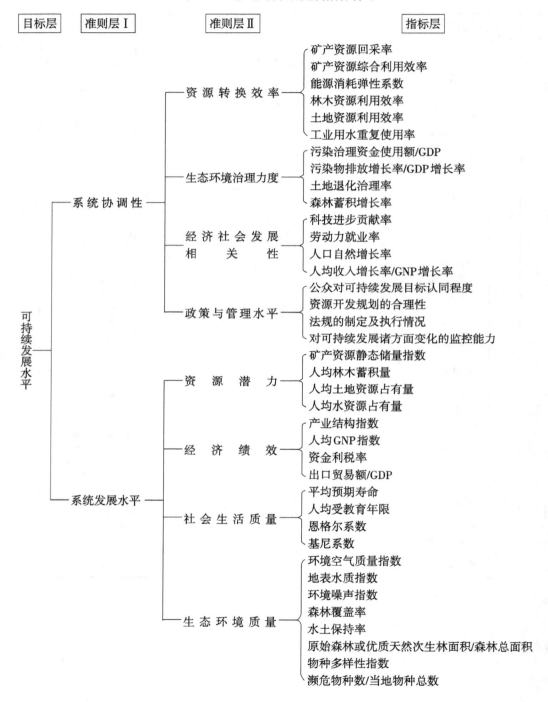

目标层	准则层Ⅰ	准则层Ⅱ	指标层
可持续发展水平	系统协调性	资源转换效率	矿产资源回采率
			矿产资源综合利用效率
			能源消耗弹性系数
			林木资源利用效率
			土地资源利用效率
			工业用水重复使用率
		生态环境治理力度	污染治理资金使用额/GDP
			污染物排放增长率/GDP增长率
			土地退化治理率
			森林蓄积增长率
		经济社会发展相关性	科技进步贡献率
			劳动力就业率
			人口自然增长率
			人均收入增长率/GNP增长率
		政策与管理水平	公众对可持续发展目标认同程度
			资源开发规划的合理性
			法规的制定及执行情况
			对可持续发展诸方面变化的监控能力
	系统发展水平	资源潜力	矿产资源静态储量指数
			人均林木蓄积量
			人均土地资源占有量
			人均水资源占有量
		经济绩效	产业结构指数
			人均GNP指数
			资金利税率
			出口贸易额/GDP
		社会生活质量	平均预期寿命
			人均受教育年限
			恩格尔系数
			基尼系数
		生态环境质量	环境空气质量指数
			地表水质指数
			环境噪声指数
			森林覆盖率
			水土保持率
			原始森林或优质天然次生林面积/森林总面积
			物种多样性指数
			濒危物种数/当地物种总数

为了便于量化,指标一般以现有统计数据为基础,因此选择的指标不可能完全反映所要表示的因素。目前国内用得较多的经济指标主要有:GDP、人均GDP、产业结构指数、社会劳动生产率、第三产业占GDP比率等。环境指标主要有:人均耕地面积、人均水资源占有量、林木蓄积量、森林覆盖率、人均绿地面积、地表水质达标率、SO_2平均值、TSP平均值、工业废水排放达标率、环保投资占GDP比例等;社会指标主要有:人口自然增率、失业率、人口密度、平均预期寿命、恩格尔系数、基尼系数等;能力指标主要有:科研教育经费占GDP比例、人均受教育年限、大学生比例、科技进步对经济增长贡献率等。

(四) 评价方法

当今定量评价可持续发展的方法还处于探索之中,各种方法均具有一定的局限性,没有一套公认的标准方法。我国学者在可持续发展评价研究中,提出了多种评价方法。综合指数评价法是目前应用较多的一种方法。该方法首先通过层次分析法和专家咨询法对各指标在可持续发展中的相对重要性进行判断,确定其权重。然后通过数学计算得到综合指数(分数)。此评价方法需要确定评价标准(或基准值)或进行综合指数分级处理,有一定的主观性。如:刘渝琳在重庆市可持续发展指标体系的设计和评价中,通过权重计算、确定可持续发展的满意值和不允许值、计算准则层各准则的功效系数并加权平均,最终得到综合分数D,以$D<60$为不及格、$60 \leqslant D \leqslant 80$为良好、$80 \leqslant D < 100$为满意值对重庆市可持续发展进行评价。李乃炜等在南京市可持续发展评价指标体系研究中,首先求得各单项指标的权重,再以基本满足温饱水平为下限,以东京、纽约和巴黎三个国际化大都市目前的相关指标最优值为上限采用隶属函数对单项指标进行标准化处理,在上述基础上通过线性加权法求得综合指数,由综合指数的逐年变化来评价南京市的可持续发展。周海林认为目前已有的指标体系采用规划值或国家标准值作为可持续发展的标准值,主观性太强,而提出用系统不可持续性状态的指标标准值(参考值)与实际测量值的比较即离差度来评价系统是否处在可持续或不可持续状态中,当一个单项指标的离差度处在不可持续状态数值范围内,即认为该系统是不可持续的。对于限制型指标(如环境承载能力等)参考可以通过严格的科学试验进行测量;对于发展型指标(如GDP、恩格尔系数等)和协调型指标(如环境治理力度、人口增长率等)参考值可以采用反映全球、区域及国家当时各类指标平均情况的数据。该方法中不可持续性参考值的获取有一定难度。李全胜等以评价指标年际变异性、评价指标的时间发展斜率变化率和评价指标的初始阈值水平为评价领域,以发展目标为评价对照,提出了农业生态系统可持续发展趋势度的评价方法。张坤民教授等提出了用"真实储蓄率"来衡量中国城市的

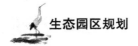

可持续发展。具体计算方法为：

　　总储蓄＝GDP－总消费－总投资与有效投资之差

　　净储蓄＝总储蓄＋教育投资－固定资产折旧

　　真实储蓄＝净储蓄－资源损耗－污染损失

　　真实储蓄率＝真实储蓄÷GDP

通过真实储蓄率的正负和长期时间序列来判断一个城市是否向可持续发展演化。该方法的难点是数据的可得性、自然资源消耗与污染损失的计算。

（五）我国可持续发展评价指标体系研究案例

（1）国家级的可持续发展指标体系

以牛文元为组长的中科院可持续发展战略研究组，按照可持续发展的系统学方向，在世界上独立地设计了一套"五层叠加、逐级收敛、规范权重、统一排序"的可持续发展指标体系。该体系共设总体层、系统层、状态层、变量层和要素层5个层次；系统层由生态支持系统、发展支持系统、环境支持系统、社会支持系统、智力支持系统5大系统组成；状态层中针对每个系统设置了3～4个共计16个状态；变量层中共采用了47个指数；要素层中采用了249个指标全面系统地对47个指数进行了定量描述。利用上述指标体系对我国省、市、自治区的各支持系统的可持续发展水平及可持续发展总体能力进行了定量评价与分类排序，使各地比较全面地了解各自的可持续发展能力与存在的问题，为国家及省、市、自治区的可持续发展战略决策提供较有力的支持。但由于该体系结构庞大，涉及的指标多，一些指标数据获取困难，可操作性不太强。

国家统计局统计科学研究所与《中国21世纪议程》管理中心建立了一套国家级的可持续发展指标体系，共分经济、社会、人口、资源和环境等6个子系统。在每个系统内，根据不同侧重点建立了描述性指标共83个。选用82个指标对我国1990—1996年的可持续发展进行了评价，认为我国可持续发展总态势处于亚健康状态。由于子系统与指标中存在一定的重复和交叉，目前该工作还在进一步研究中。

（2）区域或地方的可持续发展指标体系

一些学者对上海、南京、重庆、广东、山东等城市或区域的可持续发展指标体系进行了研究，各有一定特色。

诸大建等结合《中国21世纪议程——上海行动计划》中的重点行动领域，设计的上海可持续发展指标体系框架包括经济、社会、环境和能力4个领域60个指标。提出用人均GDP、恩格尔系数、人均预期寿命、人均绿地面积、成人识字率等作为宏观上计量上海可持续发展的综合评价指标的指数。根据综合评价指数的大小将可持续发展状况分为强可持续性、中可持续性、弱可持续性、可持续发展受到阻碍、可持续发展严重受到阻碍5个等级。

李乃炜等构建的南京市可持续发展指标体系共分经济、生态环境、社会发展3个大类、12个亚类、48个单项指标,利用前述的评价方法计算得到南京市各年度可持续发展综合指数,该指数逐年递增,表明南京市正在向可持续方向发展。

刘渝琳设计的反映重庆市可持续发展的存量、质量、结构与变动度指标体系共分目标层、准则层、指标层3个层次;准则层包括经济、人口、资源环境、社会稳定成长4个方面;指标层共计59个指标。从前述的评价方法得到重庆市可持续发展的综合评分为不及格。人口准则和资源环境准则离可持续发展的及格度有较大差距,这是重庆市可持续发展中矛盾最突出的两个方面,经济发展程度离可持续发展要求仍有一定差距。该结论与《中国可持续发展战略报告》中有关评价结果较一致。

海热提·涂尔逊提出的城市可持续发展评价指标体系是一个由目标层、准则层、指标层和分指标层构成的层次体系。满意度为目标层的综合指标;准则层由持续度(人口增长、经济增长、城市建设)、协调度(环境状况、社会经济环境协调状况、产业结构和人口结构)和发展水平(城市发展水平、人均社会、经济和基础设施指标、城市基础设施)三方面组成。分指标层中共有46个指标分别来反映指标层中的5个动态指标和5个静态指标。评价方法为综合指数法。用该评价指标体系对乌鲁木齐市的可持续发展水平进行了评价,满意度低于新疆与全国城市满意度平均值,可持续发展能力较低。

冷疏影等在分析了我国脆弱生态区人口—资源—环境与发展的矛盾的基础上,建立了脆弱生态区压力—状态—响应模型,提出了我国典型脆弱生态区可持续发展指标体系,共分4个层次,涉及33个指标。根据脆弱生态区经济不发达的特点,该指标体系中没有反映污染状况的指标。

张坤民教授的研究组在采纳世界银行提出的"真实储蓄"的合理内核外,结合中国国情,提出了中国城市环境可持续发展指标体系框架,在此基础上建立了中国环境可持续发展指标体系,通过对环境、资源等描述性指标的货币化,建立了一组综合环境经济学指标,并最终系统化为可持续发展政策指标——真实储蓄率,并依据此值来衡量中国城市可持续发展进程。该指标体系在烟台市与三明市进行了应用。

(六) 存在的问题

(1) 资料获取有一定困难,一些资料缺乏真实性。我国目前的统计体系与可持续发展理论不一致,一些基础资料难以获得或不全;由于统计口径不一致,各部门之间、各年度之间的统计数据不衔接,对比困难;一些基础资料水分较大。

(2) 可持续发展程度评价缺乏认同性。可持续发展是一种理想状态,无法确定指标的标准值。如何建立具有权威性和科学性的可持续发展程度的评价方法有待进一步研究。

第二章　生态园区规划的技术标准

第一节　美丽乡村建设规范

标准编号:浙江省地方标准 DB 33/T 912—2014
发布单位:浙江省质量技术监督局
发布时间:2014-03-06发布,2014-04-06实施

美丽乡村建设规范

前　言

本标准根据GB/T 1.1—2009给出的规则起草。

本标准由浙江省农业和农村工作办公室提出并归口。

本标准起草单位:安吉县人民政府、安吉县质量技术监督局、浙江省标准化研究院、安吉县农业和农村工作办公室、安吉县农村综合改革办公室。

本标准起草人:彭永之、应珊婷、闵杰峰、方桥坤、郑勤、李健、杨伟、冯骆、席兴军。

本标准为首次发布。

1　范围

本标准规定了美丽乡村建设的术语和定义、基本要求、村庄建设、生态环境、经济发展、社会事业发展、社会精神文明建设、组织建设与常态化管理等要求。

本标准适用于指导以建制村为单位的美丽乡村的建设,社区参照执行。

2　规范性引用文件

下列文件对于本文件的应用是必不可少的。凡是注日期的引用文件,仅所

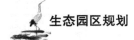

注日期的版本适用于本文件。凡是不注日期的引用文件,其最新版本(包括所有的修改单)适用于本文件。

GB 3095　环境空气质量标准

GB 3096　声环境质量标准

GB 3097　海水水质标准

GB 3838　地表水环境质量标准

GB 4285　农药安全使用标准

GB 5749　生活饮用水卫生标准

GB 7959　粪便无害化卫生标准

GB/T 8321(所有部分)　农药合理使用准则

GB 9981　农村住宅卫生标准

GB 15618　土壤环境质量标准

GB/T 17217　城市公共厕所卫生标准

GB 18055　村镇规划卫生规范

GB 19379　农村户厕卫生标准

GB/T 26361　旅游餐馆设施与服务等级划分

GB/T 27770　病媒生物密度控制水平 鼠类

GB/T 27774　病媒生物应急监测与控制 通则

GB/T 28840　乡(镇)村商业零售店经营规范

GB 50039　农村防火规范

GB 50188　镇规划标准

GB 50201　防洪标准(附条文说明)

GB 50288　灌溉与排水工程设计规范(附条文说明)

GB 50373　通信管道与通道工程设计规范

GB 50445　村庄整治技术规范(附条文说明)

GB 50846　住宅区和住宅建筑内光纤到户通信设施工程设计规范(附条文说明)

CECS 285　村庄景观环境工程技术规程(附条文说明)

CJJ 123　镇(乡)村给水工程技术规程(附条文说明)

CJJ 124　镇(乡)村排水工程技术规程(附条文说明)

DL 493　农村安全用电规程

TD/T 1033　高标准基本农田建设标准

YD 5102　通信线路工程设计规范(附条文说明)

DB33/T 440　浙江省准四级公路工程技术标准(试行)

DB33/T 502　社会治安动态视频监控系统技术规范

DB33/T 669　农家乐经营户(点)旅游服务质量星级划分与评定

DB33/T 700　户外广告设施技术规范

DB33/T 842　村庄绿化技术规程

DB33/ 1040　普通幼儿园建设标准

DB33/ 1066　村镇避灾场所建设技术规程

3　术语和定义

下列术语和定义适用于本标准。

3.1　美丽乡村

生态、经济、社会、文化与政治协调发展,符合科学规划布局美、村容整洁环境美、创业增收生活美、乡风文明身心美,且宜居、宜业、宜游的可持续发展的建制村。

3.2　景观环境工程

运用土木、园艺、道路、照明、管线、水环境营造等工程手段,为村庄聚居提供具有良好自然环境和人文环境的工艺与技术的总称。

3.3　设施小品

体量较小,色彩协调,对空间布局呈点缀作用的景观设施。

3.4　低收入农户

经政府主管部门认定,年人均纯收入低于一定标准的农户。

3.5　病媒生物

又称媒介生物,能通过生物或机械方式将病原生物从传染源或环境向人类传播的生物。主要包括节肢动物中的蚊、蝇、蜚蠊、蚤、蜱、螨、虱、蠓、蚋等,及啮齿动物的鼠类。

4　基本要求

4.1　三年内未发生重大安全生产事故、重大刑事案件及群体性事件。

4.2　三年内无重大环境污染事故和生态破坏事件。

4.3　三年内未发生甲、乙类传染病暴发流行,未发生重大食品安全事故。

4.4　无陡坡地开垦、任意砍伐山林、开山采矿、乱挖中草药资源及毁坏古树名木等现象;无捕杀、销售、食用国家珍稀野生动物现象。

4.5　计划生育工作达到上级下达的年度人口和计划生育目标管理责任制考

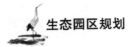

核要求。

4.6　村庄无违法用地,无违章建筑,无住人危房。

5　村庄建设

5.1　规划布局

5.1.1　节约土地利用,功能区布局合理,符合相关规定。

5.1.2　以建制村为单位,因村制宜,结合村落特点和地域文化,注重特色,突出重点,按城乡建设等相关规划要求及 GB 18055、GB 50188 等标准,编制科学、合理、可行的村庄规划及具体实施方案,与土地利用总体规划及相关规划衔接。

5.1.3　属于国家级、省级历史文化名村和列入中国传统村落名录的村庄要编制历史文化名村保护规划和传统村落保护发展规划,按照规划要求进行保护和利用。

5.2　土地利用

5.2.1　按照土地利用总体规划,实施农村土地节约集约利用,确保上级下达的耕地保有量和基本农田面积不减少,建设用地面积总规模不突破,村庄建设新占用耕地通过宅基地复垦实现占补平衡,村庄人均建设用地标准不突破。

5.2.2　村庄各类建设项目符合有关规划。

5.3　房屋建筑

5.3.1　新建、改建、扩建房屋建筑符合规划,住宅卫生标准应符合 GB 9981,住宅形式、体量、色彩和高度等协调美观,设置标准化门牌,体现乡村风格和地域特色。农户下水管道设置纳入设计规划,确保粪污管道分设。院落空间组织合理,格局协调;倡导绿色建筑。

5.3.2　逐步实施危旧房的改造、整治。集中整治影响景观的棚舍及残破、倒塌的墙壁。

5.3.3　对影响村庄空间外观视觉的外墙和屋顶进行美化,达到整齐、洁净、优美的要求。规范太阳能热水器、屋顶空调等设施的安装。

5.3.4　按 GB 50445 的要求,保护传统民居和古迹古建等历史文化遗产与乡土特色元素。

5.4　基础设施

5.4.1　道路建设

5.4.1.1　通村主干公路不低于 DB33/T 440 准四级公路工程技术要求。村庄主入口设标识标牌,设村名标识。主干公路应设立规范的交通指示标牌,并对省级以上旅游特色村和四星级以上农家乐设置指示牌。道路两侧进行美化绿化。

5.4.1.2 按 GB 50445 的要求开展道路整治。通村及村内路网布局合理,主次分明,传统巷道保护良好。道路结构、形态、宽度等自然合理,路面平整,边沟通畅,无障碍,养护良好。

5.4.1.3 完善农村公路安保工程建设,路侧有临水临崖、高边坡、高挡墙等路段,应加设波形护栏或钢筋混凝土等护栏;急弯、陡坡及事故多发路段,加设警告、视线诱导标志和路面标线;视距不良的回头弯、急弯等危险路段,加设凸面反光镜;在长下坡危险路段和支路口,加设减速设施;在学校、医院等人群集散地路段,加设警告、禁令标志以及减速设施;对路基宽 3.5m 受限路段,重点强化安保设施设置。

5.4.2 电气化和信息化建设

电气化、信息化、广电化水平适应生产生活需要。通信机房、基站、管线等通信基础设施符合 GB 50373、GB 50846、YD 5102 等。有线电视入户率达到 90% 以上。农村宽带入户率高于当年所在县(市、区)平均水平。

5.4.3 给排水系统建设

5.4.3.1 给、排水系统完善,管网布局规范合理。排水管网应采取雨污分流方式,工程技术要求按照 CJJ 123、CJJ 124 执行。

5.4.3.2 农村饮水安全覆盖率达到 98% 以上,生活饮用水水质卫生符合 GB 5749 的要求。

6 生态环境

6.1 生态环境保护

6.1.1 环境质量

6.1.1.1 村域内主要河流、湖泊、水库等地表水体水质应达到 GB 3838 中与当地环境功能区相对应的要求。沿海乡村的近岸海域海水水质应符合 GB 3097 中与当地环境功能区相对应的要求。

6.1.1.2 大气环境质量、声环境质量、土壤环境质量应分别达到 GB 3095、GB 3096、GB 15618 中与当地环境功能区相对应的要求。

6.1.2 污染控制

6.1.2.1 村域内应实施强制性清洁生产的企业通过验收比例达 100%,工业污染源达标排放率达 100%,农家乐经营污水处理率达 75% 以上。饮食业油烟达标排放率达 95% 以上。无噪声扰民现象。

6.1.2.2 控制农村生活污水污染,生活污水处理或综合利用率达到 80% 以上。生活污水处理要因地制宜。

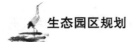

6.1.2.3 生活垃圾源头分类、定点收集并集中处理,推行资源化、减量化处理,夏季应间隔两天以内及时清运。生活垃圾无害化处理率达90%以上。

6.1.2.4 综合利用废物,工业固体废物处置利用率达到95%以上;塑料农膜回收率达到80%以上,农作物秸秆综合利用率达到85%以上,规模化畜禽养殖粪便综合利用率达到97%以上。农业固体废物污染控制可参照HJ 588的要求进行。

6.1.2.5 推广使用清洁能源,清洁能源普及率达到70%以上。

6.1.3 其他

6.1.3.1 对村庄山体、植被、池塘、水体、河渠进行生态保育和修复,维护自然环境原生态性。

6.1.3.2 规范殡葬管理,骨灰跟踪管理率达100%;根据本地规划对不符合要求的墓地进行治理,治理率达100%;倡导生态安葬。

6.2 环境卫生

6.2.1 村庄整洁

6.2.1.1 按照村庄规划布局、人口分布,合理配置垃圾房、垃圾箱、垃圾清运工具。配置1个以上垃圾房,每1000人配备25只以上垃圾箱。每500人配备1名以上保洁员,人流量大的区域应增加保洁人员。垃圾房、垃圾箱、垃圾清运工具保持干净整洁、不破损、不外溢。

6.2.1.2 村域内不应有露天焚烧垃圾现象。路面不应有成堆垃圾及积水;路边可视范围内无明显垃圾;绿化带、花坛、公共活动场地不应有白色污染、畜禽粪便、宠物粪便等垃圾。

6.2.1.3 村民房前屋后(包括农家乐)杂物堆放整齐,垃圾及时收集。秸秆按指定地点集中堆肥(放),不应随意焚烧秸秆。建材等杂物在指定场所或农户院中存放,整齐有序。合理利用建筑垃圾,建立统一的建筑垃圾回填点。

6.2.1.4 规范、整合各种交通警示标志、旅游标志、宣传牌。及时清除有碍景观、违法的广告,建筑墙面保持整洁。户外广告设施符合DB33/T 700的要求。

6.2.1.5 不应私拉乱接电线、违章占道、出店经营。

6.2.1.6 划定畜禽养殖区域,人畜分离。宅内圈舍实现硬化、水冲,保持圈舍卫生,病死畜禽、粪便实施无害化处理。

6.2.2 水体清洁

按GB 50445的要求对村庄内坑塘河道进行整治、清淤,河道、沟渠、水塘保持清洁,不应有动物尸体、漂浮物、垃圾等杂物,不应有异味。居民集中地周边危险河段应设立安全警示标志,采用护栏、植物隔离等进行安全防护。

6.2.3　农村卫生厕所改造

6.2.3.1　村内不应有露天粪坑和简易茅厕。

6.2.3.2　建有卫生公厕,卫生公厕拥有率高于1座／600户,按GB 7959的要求进行粪便无害化处理,卫生标准符合GB/T 17217的要求。公厕有专人管理,维护、运行正常,定期进行卫生消毒,保持公厕内外环境整洁。

6.2.3.3　对农村户厕进行改造,卫生厕所的化粪池选址、类型选择、建造、卫生管理与卫生要求按GB 19379进行。农村卫生厕所普及率高于90％,按GB 7959的要求进行粪便无害化处理。

6.2.4　病媒生物防治

按照GB/T 27774的要求组织进行病媒生物防治,鼠类密度控制水平应符合GB/T 27770的要求。

6.3　村庄亮化、绿化和美化

6.3.1　村庄亮化

合理布局村内路灯。合理安排村庄亮灯时间,定期检查和维护,确保夜间亮化照明效果。

6.3.2　村庄绿化

6.3.2.1　总体原则

村庄绿化应以人为本,生态优先,兼顾经济和景观效果;应整洁,适度彩化,与当地的地形地貌、人文景观相协调,宜采用乡土树种,采用多样化的绿地布局,节约用地,见缝插绿。

6.3.2.2　技术指标

6.3.2.2.1　山区村和海岛村建成区的林木覆盖率应达15％以上;半山区村建成区的林木覆盖率应达20％以上;城郊村和平原村建成区的林木覆盖率应达25％以上。

6.3.2.2.2　因地制宜,结合当地的乡村民俗文化,村庄建成区宜建有1个面积300平方米以上的休闲绿地。

6.3.2.2.3　主要道路、河岸宜绿化地段绿化覆盖率应达95％以上,平原区农田林网控制率应达90％以上。

6.3.2.2.4　住宅之间有绿化带,提倡农户庭院、屋顶和围墙实现立体绿化与美化。

6.3.2.2.5　有效保护古树名木、森林资源和绿化成果,古树名木有护绿(林)标志牌。

6.3.2.3　绿化设计技术要求

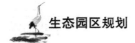

　　村庄绿化模式的选择、设施小品的设计、村庄绿化地形设计、植物的选择及配置可参照 DB33/T 842。宜采用当地花草品种进行乡村风格的绿化。

　　6.3.3　村庄美化

　　结合村庄自然环境、资源禀赋、人文特点和乡土文化，按 CECS 285 的要求规划建设村庄景观环境工程。

7　经济发展

7.1　总体原则

　　7.1.1　制定产业发展规划，产业结构合理，有明显特色的主导产业。

　　7.1.2　发展高效生态农业。推广种养结合等新型农作制度，发展生态循环农业，推进农业规模化、标准化和产业化经营。

　　7.1.3　提升发展乡村服务业。因村制宜，发展本地特色的休闲旅游服务业、生产性服务业和生活性服务业。

7.2　经济指标

　　7.2.1　村级集体组织有较稳定的收入来源，并逐步增长，能够满足其所承担职责、开展村务活动和自身发展的需要。

　　7.2.2　农村居民人均纯收入增长率高于当年所在县(市、区)平均水平、低收入农户人均纯收入增长率高于当年所在县(市、区)平均水平。

7.3　产业发展

　　7.3.1　农业

　　7.3.1.1　结合实际开展土地整治，对于符合高标准基本农田建设重点区域要求的区域，可按 TD/T 1033 的要求进行规范建设。因地制宜，开展农田水利工程建设。推广利用标准化手段，提高气象防灾减灾能力。

　　7.3.1.2　区域防洪、排涝和灌溉保证率等达到 GB 50201 和 GB 50288 的标准。健全基本农田建设，完善排灌系统，增强防灾能力，灌排工程布置合理、配套完善，区域内骨干灌溉渠系建筑物配套率达到 100%，工程完好率达到 90% 以上，田间灌排分渠，沟渠及放水口配套完整。

　　7.3.1.3　有条件的建制村发展农业规模化生产。主导产业标准化生产程度高于当年所在县(市、区)平均水平，培育品牌。

　　7.3.1.4　应注重节水灌溉，推广管灌、喷微灌等先进灌溉技术。

　　7.3.1.5　推广统防统治、生物防治和高效低毒农药的应用，不得使用明令禁止的高毒高残留农药，遵照 GB 4285、GB/T 8321(所有部分)的要求合理用药。采用测土配方、营养诊断、平衡施肥，推广施用有机肥、缓释肥。

7.3.1.6　沿海或水资源丰富的建制村,应用现代生产方式引导渔业发展,提高渔业组织化程度。推广水产良种和渔业科技,发展渔业生态养殖。通过控制捕捞强度、改进捕捞作业方式和增殖渔业资源,发展可持续的捕捞业。

7.3.1.7　发展生态畜牧业,改进畜禽饲养方式,推进畜禽排泄物资源化利用。

7.3.1.8　充分发挥农业现代经营主体的作用,提高农业生产的组织化程度,带动农民致富。

7.3.2　服务业

7.3.2.1　休闲旅游服务业

依托乡村自然资源、人文禀赋及产业特色,发展多样化的休闲旅游服务业,包括:

——利用农业景观资源、农业生产过程、农民生活和农村生态,发展以观光、采摘、游钓、农作体验、享受乡土情趣等为主的休闲观光农业。按 DB33/T 669 的要求规范农家乐经营服务。

——发展以山水、地质遗迹资源、乡村、田园等景观为依托的休闲度假旅游。50个餐位以上的旅游餐馆其设施与服务经营应符合 GB/T 26361 的要求。适度发展家庭旅馆,鼓励发展高质量的乡村民宿。

——注重传统乡土文化的培育与利用,结合乡土风情(包括农耕、生态、民俗、民居等),打造特色文化品牌,发展特色文化产业。

——以满足旅游服务功能为原则,配备适当的乡村休闲旅游基础设施。

7.3.2.2　生产性服务业

发展商贸、现代物流、信息服务、金融服务、房屋租赁等生产性服务业。构建以农业基本公共服务为基础,多元化农业服务组织为主要力量,公益性服务和市场化服务相结合的新型农业社会化服务体系。

7.3.2.3　生活性服务业

发展住宿和餐饮业、家政服务、商业、美容美发、维修服务等生活性服务业,满足居民生活中的物质和文化生活消费等产品和服务需求。商业零售店经营按 GB/T 28840 的要求进行规范。

7.3.3　其他产业

结合产业发展规划,以生态经济的理念为指导,适度发展农副产品加工业、来料加工等乡村生态工业,引导工业企业进入工业园区,防止高污染、高能耗、高排放企业向农村转移。

7.4　其他

加强就业引导,村内适龄劳动力就业率高于95%。加强农民的素质教育和

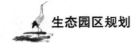

技能培训,鼓励农民参加"双证制"等各类实用技术培训。

8　社会事业发展

8.1　社会保障

8.1.1　医疗卫生

8.1.1.1　医疗保险参保率巩固在95%以上,60岁以上参合老年人健康体检率达65%以上,免费妇女病普查服务率两年高于80%。残疾人社区康复服务率达到90%以上。

8.1.1.2　应建有建筑面积大于60平方米的村卫生室,人口较少的建制村可合并设立,乡镇卫生院所在地的建制村可不再设。村卫生室应配有适当数量的具有执业资格的医生,医疗过程符合卫生操作规范,药品来源符合药品管理规范,并做好维护运行管理。

8.1.2　养老

8.1.2.1　农民养老保险参保率高于当地县(市、区)平均水平,全年月人均养老金水平不低于上年度水平。

8.1.2.2　鼓励建设社区居家养老服务照料中心。

8.2　教育

8.2.1.1　按照教育部门幼儿教育布点规划设有幼儿教育点的村庄,应建有符合DB33/1040要求的幼儿园,幼教和保育人员具备任职资格,管理与教育工作应符合相关部门对幼儿园的规定。

8.2.1.2　普及学前教育和九年义务教育,学前三年入园率高于95%,九年义务教育普及率达到100%。

8.2.1.3　定期开展普法教育。

8.3　公共安全与防灾

8.3.1　有完善的村级自然灾害救助应急预案,预案响应机制健全,按GB 50445的要求开展防洪及内涝整治、气象防灾减灾整治及避灾疏散整治。位于地震设防区、台风多发区的建制村应按DB33/1066的要求设立容量不少于50人的村级避灾场所。按DB33/881的要求进行地质灾害危险性评估,及时治理地质灾害隐患点。

8.3.2　消防管理制度健全,有应急响应处置能力。农村消防规划、建筑的防火设计及防火改造、消防安全管理按照GB 50039的要求执行。

8.3.3　农村用电安全事项应符合DL 493的要求。

8.3.4　治安管理制度健全,应急响应迅速有效,刑事案件年发生率低于

3‰。有条件的可在人口集中居住地和道路交通要道边等地安装社会治安动态视频监控系统,技术要求符 DB33/T 502。

8.4　其他公共服务

8.4.1　按照生产生活需求,建设比较完善的商贸服务网点。

8.4.2　建有具备便民服务、综治调解、农业服务、社会事业服务、劳动保障、救助服务、法律服务等功能的综合服务中心,建立村法律顾问制度。

8.4.3　按照每户不少于1辆车的标准,利用空余场地、道路周边、农户庭院等,适当规划布设停车场(位)。

9　社会精神文明建设

9.1　文体基础设施

9.1.1　建有文化活动场所,如文化活动中心、农村文化礼堂、农家书屋(图书室)、科普园地、读报栏、村广播室等。定期组织活动,提高设施运行使用率。具有历史文化遗存的村庄,通过挖掘古民俗风情、历史沿革、典故传说、名人文化,修建展示长廊、展示馆(博物馆)、文化墙等优秀传统文化传播载体。

9.1.2　建有体育活动场所,配备如篮球场、乒乓球台等体育设施。

9.2　文体活动

9.2.1　丰富农民的文体活动,定期组织开展民俗文化活动、文艺演出、讲座展览、放映电影、体育比赛、体质测试等全村范围的群众性文体活动。

9.2.2　制定村规民约。通过广播、报刊、电视、网络、会议、标语、科普宣传栏等形式向村民宣传村规民约、卫生健康教育,生育文化、生态文明知识,倡导文明、健康、低碳的生产生活和行为方式等。建立生态文化活动的档案记录。设有健康教育固定宣传栏。

9.3　社会文明风尚

邻里关系和谐,对外来人员态度友善。村民生活方式健康、文明,具备良好的生态道德和行为习惯,不应有封建迷信活动。

10　组织建设与常态化管理

10.1　民主管理

10.1.1　基层党组织、村级组织健全。村民自治章程、村规民约、居民公约等民主管理制度完善,定期召开村民代表会议。村级经济发展、社会事业建设和村内重大事务采取民主决策,程序完善。村务公开制度和档案管理规范,村民对村务公开的满意率高于95%。建立规范的财务制度,并定期公开。

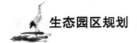

10.1.2　村干部工作作风群众满意度不低于上年水平。

10.1.3　社区志愿组织、老年协会、经济合作社等社区组织发展完善,参与社会管理作用明显。

10.2　常态化管理

10.2.1　以政府引导、市场化运作、村民参与相结合,建立运行维护常态化管理模式,创建常态化管理机制,提供必要的资金保障。

10.2.2　配备合理数量的保洁、清运、园林绿化养护、公共设施维护等人员,制定岗位职责,明确各类人员管理维护区域、责任,加强对相关人员的管理和培训。

10.2.3　制定公共卫生保洁、园林绿化养护、基础设施维护等的监督考核制度,每月进行检查考核,并记录归档。

10.3　公众参与

10.3.1　依托信息平台,及时向公众发布美丽乡村建设动态及乡村旅游资源、商务、农事、防控、民生、村务管理等信息。

10.3.2　定期开展第三方居民满意度调查,居民满意度高于95%。居民满意度调查问卷可参照附录A。

11　其他

指标解释见附录B。

附录A
(资料性附录)

居民满意度调查问卷

问卷编码□□□□　　　　　　请在所选项数字上打"〇"

性别:1. 男　2. 女

年龄:1. 16~20岁　2. 21~30岁　3. 31~40岁
　　　4. 41~50岁　5. 51~60岁

Q1. 与上年相比,您的收入状况变化?

1. 增长10%以上　　　　2. 增长1%～10%　　　　3. 持平
4. 下降1%～10%　　　　5. 下降10%以上

Q2. 您对自己的就业(学业)情况满意吗?

1. 很满意　　2. 满意　　3. 基本满意　　4. 不太满意　　　5. 不满意

Q3. 你对自己的住房条件满意吗?

1. 很满意　　2. 满意　　3. 基本满意　　4. 不太满意　　　5. 不满意

Q4. 您认为本地的环境状况好吗?

1. 很好　　　2. 好　　　3. 一般　　　　4. 不太好　　　　5. 不好

Q5. 您对本地的交通状况满意吗?

1. 很满意　　2. 满意　　3. 基本满意　　4. 不太满意　　　5. 不满意

Q6. 您认为本地的公共设施配套建设(休闲、娱乐、购物等)能够满足当地民众需求吗?

1. 足够满足　2. 满足　　3. 基本满足　　4. 不太满足　　　5. 差距很大

Q7. 您对本地的安全感(包括社会治安、人身财产安全等)如何?

1. 有安全感　　　　　2. 比较有安全感　　　　3. 一般
4. 安全感不强　　　　5. 没有安全感

Q8. 您对本地的食品、药品安全是否满意?

1. 很满意　　2. 满意　　3. 基本满意　　4. 不太满意　　　5. 不满意

Q9. 您对本地的医疗条件和医疗服务满意吗?

1. 很满意　　2. 满意　　3. 基本满意　　4. 不太满意　　　5. 不满意

Q10. 您对本地的养老防老状况满意吗?

1. 很满意　　2. 满意　　3. 基本满意　　4. 不太满意　　　5. 不满意

Q11. 您的身体健康状况如何?

1. 很好　　　2. 良好　　3. 一般　　　　4. 不太好　　　　5. 很差

Q12. 您对本地的教育(学前教育)满意吗?

1. 很满意　　2. 满意　　3. 基本满意　　4. 不太满意　　　5. 不满意

Q13. 您与您的家人及邻里关系和睦吗?

1. 很和睦　　2. 和睦　　3. 一般　　　　4. 不太和睦　　　5. 关系不好

Q14. 您对本地的选举权利保障状况满意吗?

1. 很满意　　2. 满意　　3. 基本满意　　4. 不太满意　　　5. 不满意

Q15. 与过去相比,您感觉现在的精神压力程度如何?

1. 压力很大　　　　　2. 压力大　　　3. 没变化
4. 没压力　　　　　　5. 说不清楚

附录B
（规范性附录）

指标解释

B.1　农村饮水安全覆盖率

是指农村饮水安全人数占农村总人数的比率。

B.2　林木覆盖率

村域范围内乔木、小乔木、竹林、经济灌木的垂直投影面积占该范围总面积的百分比。

B.3　绿化覆盖率

绿化覆盖率＝村域内绿化覆盖面积/村庄总面积×100%。

绿化覆盖面积指村域内乔木、灌木、草坪等所有植被的垂直投影面积。包括公共绿地、居住区绿地、单位附属绿地、防护绿地、生产绿地、道路绿地、风景林地的绿化种植覆盖面积、屋顶绿化覆盖面积以及零散树木的覆盖面积。乔木树冠下重叠的灌木和草本植物不能重复计算。

水面面积较大的地区在计算绿化覆盖率时水面面积可不统计在总面积之内。

B.4　应实施强制性清洁生产的企业通过验收比例

是指通过验收的实施强制性清洁生产的企业数占辖区内应实施强制性清洁生产的企业总数的比例。

《清洁生产促进法》规定：污染物排放超过国家和地方规定的排放标准或者超过经有关地方人民政府核定的污染物排放总量控制标准的企业，应当实施清洁生产审核；使用有毒、有害原料进行生产或者在生产中排放有毒、有害物质的企业，应当定期实施清洁生产审核。

B.5 工业污染源达标排放率

村域内污染物排放达标的单位数占单位总数的比例。

B.6 生活污水处理或综合利用率

是指村域内生活污水经处理或综合利用的户数占村总户数的百分比。

B.7 饮食业油烟达标排放率

是指辖区内油烟废气达标排放的饮食业单位占所有排放油烟废气的饮食业单位总数的百分比。

B.8 生活垃圾无害化处理率

建成区生活垃圾无害化处理率是指生活垃圾经集中收集,得以无害化处理的户数占全村总户数的百分比。生活垃圾无害化处理指卫生填埋、焚烧和资源化利用(如制造沼气和堆肥)。

B.9 工业固体废物处置利用率

是指工业固体废物处置及综合利用量占工业固体废物产生量的比值。无危险废物排放。

B.10 塑料农膜回收率

是指回收薄膜量占使用薄膜量的百分比。农膜回收率＝回收薄膜量/使用薄膜量×100%。通过查阅农资使用的证明材料;现场察看农膜回收系统及其回收利用证明原件和原始记录单;抽样调查等方式获得要关数据。

B.11 农作物秸秆综合利用率

是指辖区内综合利用的农作物秸秆数量占农作物秸秆产生总量的百分比。秸秆综合利用主要包括粉碎还田、过腹还田、用作燃料、秸秆气化、建材加工、食用菌生产、编织等。通过查阅农业部门或环保部门的证明材料;现场察看综合利用设施并走访群众等方式获得相关数据。

B.12　规模化畜禽养殖粪便综合利用率

是指辖区内规模化畜禽养殖场综合利用的畜禽粪便量与畜禽粪便产生总量的比例。按照《畜禽养殖污染防治管理办法》（国家环境保护总局令第9号），规模化畜禽养殖场，是指常年存栏量为500头以上的猪、3万羽以上的鸡和100头以上的牛的畜禽养殖场，以及达到规定规模标准的其他类型的畜禽养殖场。其他类型的畜禽养殖场的规模标准，由省级环境保护行政主管部门作出规定。畜禽粪便综合利用主要包括用作肥料、培养料、生产回收能源（包括沼气）等。

B.13　清洁能源普及率

是指村域内使用清洁能源的户数占村总户数的比例。清洁能源指消耗后不产生或很少产生污染物的可再生能源（包括水能、太阳能、生物质能、风能、潮汐能等）和使用低污染的化石能源（如天然气）以及采用清洁能源技术处理后的化石能源（如清洁煤、清洁油）。

B.14　农村卫生厕所普及率

是指村域内拥有符合GB 19379标准要求的卫生厕所的农户数占总农户数的比例。

B.15　农村居民人均纯收入

是指辖区内农村常住居民家庭总收入中，扣除从事生产和非生产经营费用支出、缴纳税款、上交承包集体任务金额以后剩余的，可直接用于进行生产性、非生产性建设投资、生活消费和积蓄的那一部分收入。农村居民家庭纯收入包括从事生产性和非生产性的经营收入，取自在外人口寄回、带回和国家财政救济、各种补贴等非经营性收入；既包括货币收入，又包括自产自用的实物收入。但不包括向银行、信用社和向亲友借款等属于借贷性的收入。

B.16　村内适龄劳动力就业率

是指村内劳动年龄段内农村劳动力就业人数占村内劳动年龄段内农村劳动力总数的比例。

B.17　医疗保险参保率

是指本村居民参加医疗保险的人数占全村总人数的比率。

B.18 免费农民健康体检和免费妇女病普查服务率

是指享受免费农民健康体检和免费妇女病普查服务的人数占农民及妇女总数的比例。

B.19 农民养老保险参保率

是指本村户籍居民16周岁及以上人员应保、已保人口的比重。由被征地农民、企业职工、城乡居民社会养老保险三项指标加权计算而成。

B.20 学前三年入园率

是指学前三年就读幼儿园的人数占该年龄段村内总人数的比例。

B.21 九年义务教育普及率

是指学龄人口接受九年义务教育的人数占学龄人口总数的比例。

B.22 居民满意度

是指在被调查村民中,对美丽乡村建设工作及成效满意的村民数占被调查总人数的比例。被调查村民应占全村人口的5%以上,并按年龄结构老、中、青三个层次分层随机抽样。调查问卷见附录A。具体计分方法:Q1—Q15每题计4分,共计60分。选项项目计分方法为:选择选项"1"计4分、"2"计3分、"3"计2分、"4"计1分、"5"计0分。当一份问卷总分为37分及以上,则判定该问卷结果为"满意"。居民满意度=问卷结果为"满意"的问卷数/问卷发放总数×100%。

第二节 浙江省现代农业综合区建设规划编制导则

文件编号:浙农园办〔2010〕2号
发布单位:浙江省现代农业园区建设工作协调小组办公室
发布时间:2010-05-13

一、总则

(一)规划背景

包括综合区所在县(市、区)农(林、渔)业产业发展概况和社会经济状况以及

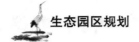

建设综合区的必要性。

（二）规划编制依据

国家的相关法律、政策和省、市、县（市、区）的国民经济和社会发展规划、产业规划、行业规划等。

（三）规划范围与期限

阐明综合区的区域位置、地址和面积；规划基准年和规划期限（三年）。

二、综合区基本情况

（一）基础情况

综合区的区位优势、气候条件、土壤状况等自然条件；与综合区直接相关的土地利用、农业发展、农田水利等建设和规划情况。

（二）农业生产基本情况

综合区农业生产现状，主要农作物种类、种植面积、单产和总产，畜牧、林业、水产等农业生产状况；

综合区内现有农业经营主体（包括专业大户、农民专业合作社、龙头企业等）、农业公共服务体系（包括科技推广、病虫害统防统治、信息化等）、农业产业化经营（包括农产品质量安全、标准化生产、品牌和营销等）等的有关情况；

综合区现有基础设施建设、设施农业、产后加工储藏等设施配套等情况。

（三）综合区建设的有利条件

根据本地实际，从区位优势、农业资源特色、科技依托、生产经营方式和管理理念、产业基础等方面进行分析。

（四）综合区发展存在的问题

根据本地实际，从发展基础、发展规模、发展水平、经营理念和资金投入等各方面进行分析。

三、指导思想、基本原则和目标

（一）指导思想和基本原则

根据现实基础和发展思路，与当地农业发展、农业综合开发、农田水利等规划相衔接，体现现代农业的内涵和特点，突出创建理念、科技应用、设施建设的先进性，强调要素集聚、规模化经营、主体创业、生态循环发展、一二三产业衔接、先进技术和设施建设、提高综合效益等方面的发展。按照因地制宜、全面规划、分步实施、突出重点、三产联动、滚动发展的原则确定建设目标和总体布局等。

（二）建设目标

总体目标：按照主导产业发展、基础设施建设、科技发展、农业产业化、效益等方面，综合分析要求达到的发展水平。

产业目标：坚持综合建区、产业相对集中的要求，合理配置产业间的比例，充分体现产业融合。选择的主导产业原则上控制在3个左右，必须能够体现当地生产优势和特色，产业带动力强，同时提出各产业发展具体目标，包括各产业面积、产量、产值、效益等。

四、总体布局和重点建设项目

（一）选址和基本布局

在选址时，要把握以下要求：

1. 与当地城镇发展、农业发展、农业综合开发、农田水利等规划相衔接，交通便利，当地政府重视、群众积极性高。

2. 有基础设施。综合示范区内水、电、路、沟、渠等农田基础设施基本配套，排灌方便，并有利于农牧结合、种养结合型高效生态循环农业发展。

3. 有产业优势。结合粮食功能区和十大主导产业发展，综合区内主导产业必须相对集中，宜于生产、加工、营销一体化发展。

在进行产业布局时，综合考虑规划区内交通、水、电、立地条件、不同产业种植需求，提出各产业分区的布局，并把握以下要求：

1. 体现园区发展特色。要突出园区内重点产业建设，以该重点产业为纽带，注重一二三产业联动，多功能拓展，以此体现园区发展特色。

2. 明确产业循环流程。考虑园区内资源的承载能力，按照生态循环发展的要求，合理配套畜牧业；按照拓展产业功能的思路，适度建设农业休闲观光等产业；按照一二三产业相衔接的要求，合理发展产后加工储藏销售等设施。科学布置园区内产业间循环流程，制定流程图。

3. 加强园区内外衔接。合理安排园区内和园区外的项目互为关系，综合利用园区外现有的设施和设备，提升园区发展水平。

4. 明确综合区建设规模。核心区面积2万亩以上，辐射面积达5万亩以上。种植业由3个左右产业相对连片组成，其中必须有2个面积3000亩以上的农业主导产业示范区和若干个特色农业精品园。

（二）明确实施主体

实施主体是有一定规模、带动能力强的龙头企业或规模化的农民专业合作社、专业种养大户等。

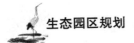

（三）重点建设项目选择

根据园区的不同基础条件,按照规划要求,坚持"缺什么补什么"的建设原则,选择一批储备项目,分批分期进行建设,内容包括:项目基本状况、建设目标和规模、详细建设内容、资金投入概算,省补助资金重点支持环节和使用内容。项目建设重点为:

1. 基础设施建设。完善水、电、路、渠等农田基础设施建设;加大钢架大棚、喷滴灌、温湿调控设施与设备、农牧结合生态养殖场(小区)等设施农业建设。

2. 规模化、标准化生产建设。大力推行高效、生态、安全、清洁生产模式,完善农产品质量标准体系、安全检测检验体系、产地农产品营销体系和品牌建设。

3. 先进实用技术推广应用。新品种引、繁、推,新技术开发引进,主导产业主推品种和主推技术推广应用,及节水节肥节药、先进耕作、高效生态栽培、健康生态养殖、低产林改造提升、无公害生产、无害化动植物疫病防治、产品季节调控、种养结合、循环利用、农业信息化等技术推广应用。

4. 培育新型主体。支持经营主体购置服务设备、改善服务设施、推广应用农业信息化等技术,加强培训技术骨干、科技示范户和农户。

5. 农产品加工。完善农产品产地加工、储藏、保鲜、冷藏等设施建设及原料收购,产品质量检测仪器设备配置等。

五、投资估算和资金筹措

（一）投资估算

按照每个项目的总投入、建设主体自筹、地方财政投入、申请省及省以上补助资金等分项内容,对所有项目进行汇总,估算园区项目分项投资和总投资额。

（二）资金筹措

按照"政府引导、主体运作,地方为主、省级扶持"相结合的方式和"目标统一、渠道不变、有效整合、管理有序"的要求,整合农业、林业、渔业、水利、科技、环保、农业综合开发等相关支农资金,结合现有的投资政策和渠道,综合考虑建设主体、地方的责任和财力,提出资金筹措方案。

（三）分年实施计划

按照"一次规划、分项实施、逐年建设、滚动发展"的要求,根据建设内容和资金能力,按照轻重缓急,合理提出各个项目建设分年实施方案。

六、效益分析

1. 经济效益:分析各产业的效益情况,并进行汇总。包括增产增效、节本增效,提高三产综合效益的情况。

2. 社会效益:分析区域产业结构优化、产业升级、农业组织化发展、农业增效农民增收、增加农民就业机会、区域内村级经济发展的示范带动作用。

3. 生态效益:分析推动集约化生产和资源利用率提高、对促进清洁生产、农业废弃物的资源化利用、生态循环发展和改善生态和人居环境等的作用。

七、项目组织与管理

园区组织管理(包括机构框图)和运行管理机制。

八、保障措施

根据当地实际,从规划的组织领导、部门协调、投入保障、政策支持、技术培训、项目监管、考核评价和宣传推广等方面进行分析。

九、附图

(一)综合区县域区位图(实图)

(二)综合区现状图(实图)

(三)综合区各产业规划布局平面图(实图)

(四)综合区内××产业发展规划平面图

十、附表

附表一:综合区现状表

附表二:综合示范区主要发展指标规划表

附表三:综合区主要建设项目计划汇总表

附表四:综合区基础设施建设分类规划表

附表五:综合区项目效益估算表

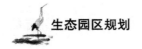

附表一:综合区现状表

序号	项目名称	单位	数量	备　注
一	综合区总面积	亩		
二	综合区农民人口数量	个/户		
三	综合区农民人均年收入	元		
四	农业总产值	%		
五	县级以上龙头企业	家		
六	农民专业合作社(专业合作组织)	家		
七	专业大户	家		
八	农业服务组织	家		
九	县级以上品牌	个		
十	种植业生产情况(包括林业等)			

	产业名称	面积(亩)	其中:设施农业(亩)	产量(吨、万株)	产值(万元)	备　注
1						
2						
3						
4						

十一	养殖业生产情况(包括水产等)				
	品　种	存栏数(头)	其中:规模化养殖(头)	产值(万元)	备　注
1					
2					

附表二：综合示范区主要发展指标规划表

具体指标	单位	起始指标 （2009年）	规划发展指标
农业总产值	万元		
林业总产值	万元		
渔业总产值	万元		
畜牧业总产值	万元		
农民人均收入	万元		
土（林）地产出率	元/亩		
有效灌溉率	%		
耕地流转率	%		
设施农业面积	亩		
测土配方施肥覆盖率	%		
畜禽排泄物资源利用率	%		
农业投入品残留合格率	%		
主导品种覆盖率	%		
农机总动力	千瓦/亩		
有职业证书的从业农民比例	%		
县级以上农业龙头企业	家		
参加专业合作组织农户比例	%		
带动农户比例	%		
农产品加工率	%		
省级以上名牌农产品个数	个		

附表三：综合区主要建设项目计划汇总表

序号	项目名称	项目主要建设内容和规模	总投资				分年投资计划		
			总投资	业主投资	地方财政	省级补助			
1									
2									
3									
合计									

附表四：综合区基础设施建设分类规划表

序　号	内　　容	单位	数　　量		备　　注
			现有（2009年）	建成后	
一	田间工程				
	干渠				
	支渠				
	毛渠				
	其他沟渠				
	田间道路				
	……				
	……				
二	林业基础设施				
	主干道				
	辅助道				

序　号	内　容	单位	数　量		备　注
			现有（2009年）	建成后	
	蓄水池				
	……				
三	加工设施				
	各类加工车间				
	冷藏库				
	……				
	……				
四	生产设施				
	各类仓库				
	各类畜禽舍				
	玻璃温室				
	塑料大棚				
	喷滴灌设施				
	……				
	……				
五	农机设备				
	……				
	……				
六	服务组织设施				
	……				
	……				

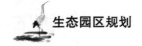

附表五:综合区项目效益估算表

项　　目	单　位	数　　　量	备　注
1. 综合区面积	万亩		
2. 辐射区面积	万亩		
3. 新增农业生产能力	万公斤		
4. 新增设施农业生产能力	万公斤		
5. 新增畜禽生产能力	万头、只		
6. 新增主导产品生产能力	万公斤		
7. 新增农产品加工能力	万公斤		
8. 新增畜产品加工能力	万公斤		
9. 推广新品种数量	个数		
10. 新增新品种推广面积	万亩		
11. 综合区总产值:	万元		
其中新增产值	万元		
12. 一产产值	万元		
其中新增一产产值			
13. 新增利税	万元		
14. 新增固定资产	万元		
15. 农民增收总量	万元		
16. 农民人均增收	元		
17. 节本增效总量	万元		
18. 农民人均节本增效	万元		

第三节　浙江省现代农业园区建设标准

文件编号：浙农园办〔2010〕2号

发布单位：浙江省现代农业园区建设工作协调小组办公室

发布时间：2010-05-13

- 浙江省现代农业综合区建设标准
- 浙江省农业主导产业示范区建设标准
  - ➤ 畜牧类
  - ➤ 蔬菜瓜果类
  - ➤ 茶叶类
  - ➤ 水果类
  - ➤ 食用菌类
  - ➤ 蚕桑类
  - ➤ 中药材类
  - ➤ 花卉苗木类
  - ➤ 竹木类
  - ➤ 经济林类
  - ➤ 渔业类
- 浙江省特色农业（林业）精品园建设标准
- 浙江省特色渔业精品园建设标准

浙江省现代农业综合区建设标准

一、申报条件

1. 有总体规划。规划须由县级人民政府组织编制。

2. 有规模面积。核心区规划建设面积2万亩以上，辐射面积5万亩以上。

3. 有基础设施。综合示范区内水、电、路、沟、渠等农田基础设施基本配套，

排灌方便,并有利于农牧结合、农林结合、种养结合型高效生态循环农业发展。

4. 有产业优势。综合区内主导产业原则上控制在3个左右。结合粮食功能区和十大主导产业发展,有种养加等多个连片的主导产业区块组成,在当地具有资源优势和产业优势,宜于生产、加工、营销一体化发展。

5. 有实施主体。综合区由若干家有一定规模、带动能力较强的龙头企业或规模化的农民专业合作社、专业种养大户实施。

二、建成标准

(一) 总体规划

1. 综合区总体规划与县域社会经济发展和土地利用规划等相衔接,布局合理,定位准确。

2. 建设规划和实施方案符合生态循环经济与产业可持续发展要求,体现多个产业融合发展,可操作性强;综合区内主导产业区块优势特色明显;养殖区位于禁养区外,实行生态循环。

3. 投入产出效益良好,资金筹措方式可行,当地政府有必要的配套政策。

(二) 建设规模

1. 核心区建设面积2万亩以上,辐射面积达5万亩以上。

2. 种植业由3个左右产业相对连片组成,其中必须有2个(面积3000亩)以上的农业主导产业示范区和若干个特色农业精品园。

3. 合理配套畜牧业、渔业和食用菌产业。按照种植业消纳能力,合理配套规模适度的畜禽养殖场,畜牧业单个功能区块为:生猪存栏3000头以上,或奶牛250头以上、蛋禽存栏3万羽以上、肉禽年出栏20万羽以上,食用菌单个功能区块规模为200万包(棒或平方尺)以上,渔业单个功能区块要求规模在1000亩以上。

海岛、山区等地可适当调整建设规模标准。

(三) 基础设施

1. 综合区内外道路畅通,主干道和辅助道能够满足生产需要,各区块沟渠路等农田基础设施配套合理、排灌方便、用电便捷安全,其中林区主干道和辅助道基本满足生产需要,畜牧业区块符合动物防疫隔离条件;核心区有明显的标志牌。

2. 有农作物采后处理场地等配套设施;养殖业的畜禽排泄物原则上按照农牧结合要求做到就近消纳,或建有固定畜禽排泄物综合处理和利用设施,排泄物处理与利用率达95%以上。水产养殖排放的废水须经过一定的生物净化处理才能排放,养殖场应配备相应的废水综合处理等设施。

3. 综合区和主导产业示范区有明显的标志牌。

（四）科技应用

1. 落实责任农技推广制度,实行首席农技专家负责制度,各产业区块责任农技员到位、工作任务量化到人。

2. 实行良田、良种、良机、良制、良法"五良"配套,主导品种覆盖率达到95%;积极推广先进实用技术,林业重点推广"一竹三笋"、"新品种栽培"、"测土施肥"、"低产林改造提升"和"病虫害综合防控"等高效生态经营技术,每个综合区至少推广5项技术以上;推广应用肥水同灌、喷滴灌、设施大棚等现代农业设施和技术;畜禽养殖全面应用先进设施,其中主要生产环节采用机械化、自动化设施。

3. 从业队伍素质提高。主要从业人员持有绿色证书或经过职业技能培训,有若干名大学生创业;农技培训制度健全,示范带动作用明显。

4. 主要农产品有生产技术标准和安全生产操作规程,达到农产品安全质量标准,并建立可追溯制度。注重生态环境建设,坚持"减量化、再利用、再循环"的3R原则,农药、化肥、药物等投入品符合农产品安全生产要求。农作物病虫综合防治、产品质量安全、产销信息网络等设施配套建立。

（五）产业化经营

1. 规模经营水平较高,综合区内耕地流转率达到40%以上,或主导产业专业化统一服务达80%以上。林地流转率或集约化程度30%以上,林业专业化服务50%以上。

2. 实行生产、加工、营销联动,综合区内龙头企业、合作社、专业种养大户建立紧密型利益联结机制。

3. 创立注册商标与品牌。综合区内农产品全部达到无公害农产品要求,主导产业产品实行统一品牌。

4. 合理发展休闲观光农业。在确保主导产业生产功能的基础上,综合区整体与各主导产业区块的休闲、观光、文化、生态等功能得以合理开发与利用。休闲观光活动项目所需用地、排污、卫生、安全等符合有关规定。

（六）保障措施

1. 成立由县领导挂帅的综合示范区建设领导小组。建立由农业、林业、渔业产业主管部门和其他相关部门等组成的工作小组,负责综合区建设工作的协调与服务。

2. 综合区建设相关部门及人员责任制明确,有一套较完整的监督、考核、检查管理办法。

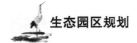

3. 综合区建设资金筹措到位,并出台了相关扶持政策。

(七) 效益评估

1. 经济效益好。综合区单位面积产值处于全省先进水平,比周边高20%以上,农民人均增收在10%以上;生猪、肉禽的出栏率及蛋禽、奶牛单产水平分别高于周边同类企业2%和5%。

2. 社会效益好。综合区建设推动集约化生产水平和资源利用率提高、加快区域产业结构优化和产业升级,使资源优势转化为经济优势,充分发挥示范带动和拉动内需、扩大就业机会的促进作用,对区域未来发展具有潜在的发展优势,发挥示范带动作用。

3. 生态效益好。通过综合区建设,广泛推广高效生态栽培技术和节水灌溉等生态经营模式,减少化肥和农药的使用量,有效减轻面源污染。建立食品安全检测体系,保障食品安全,提高农民食品安全意识,充分发挥了森林保持水土、涵养水源、改善水质,保护生态环境等作用,改善农民的生产环境和居住环境,促进当地农业可持续发展和生态环境的改善。

三、扶持重点

1. 基础设施建设。
2. 新品种、新技术、新设施推广。
3. 农业科技和信息化应用推广服务。
4. 农产品质量安全体系建设。
5. 农产品深加工、品牌建设和市场营销。

浙江省农业主导产业示范区建设标准
畜牧类

一、申报条件

1. 有较好的生产基础。示范区建设地点要求是畜牧业主导产业的重点县(市、区),示范区建设地点符合当地畜牧产业发展规划,区域优势明显,具备农牧结合、资源综合利用的自然地理条件,示范区内各实施主体用地落实,有扶持畜牧业发展政策,有畜禽排泄物处理和综合利用方案。

2. 有明确的实施主体。实施主体为畜禽养殖龙头企业、专业合作组织和符合规模标准的养殖场(小区、户)为主。

二、建成标准

1. 选址布局标准。示范区选址位于禁(限)养区外,符合城镇总体规划、新农村建设规划和环保功能区划要求。示范区内种植业、养殖业、生活管理区等各功能区划分清楚,种养布局合理,各养殖主体间、养殖主体与周边村庄及骨干道路的卫生防护距离300m以上,距离城市规划区、畜产品加工厂等1000m以上。

2. 规模标准。示范区内实现规模化经营。建成后区内常年存栏生猪2万头以上,或奶牛存栏1000头以上、蛋禽存栏10万只以上、肉禽出栏50万只以上;山区、海岛地区的规模标准酌情降低。

3. 设施标准。示范区内畜禽养殖设施先进,主要生产环节采用机械化、自动化、信息化设施,病死畜禽无害化设施完备,动物防疫和畜产品安全监测设施齐全。

4. 生态化标准。按照农牧结合、实现零排放的原则,平原按每亩耕地存栏3头生猪、山区每亩山地2头生猪的标准(其他畜禽按生猪排泄量标准折算)配套种植业基地,畜禽养殖的粪污利用率达到95%以上。示范区内不能消纳的畜禽排泄物,通过有机肥加工、槽罐车等设施实现异地消纳,不发生重大环境污染事故。

5. 饲养管理与质量安全标准。示范区内饲养品种统一,全面推广自繁自养、全进全出等饲养技术,实行标准化生产,养殖档案记录齐全,并建立饲养管理、动物防疫、畜产品安全、投入品监管等为主体的追溯体系,病死畜禽实行无害化处理。产出的畜产品达到无公害以上标准。

6. 公共服务标准。有专职的技术和经营管理人员,并按照专业化、社会化服务要求配套公共服务网络,有效开展生产技术、动物防疫和畜禽产品质量监管等服务。

7. 绩效评价标准。示范区畜禽主要生产技术指标、综合经济效益分别高于本县同类养殖企业平均水平的2%和5%以上;产品具有较强的市场竞争力。

三、扶持重点

1. 基础设施建设。重点包括水、电、路等配套建设,标准化畜禽栏舍和机械设施,病死畜禽无害化设施,粪污集中处理设施建设。

2. 科技创新建设。包括标准化养殖技术,新型饲料、畜产品质量安全及疫病防控新技术推广应用等。

3. 产业化建设。重点是示范区需要配套的畜禽品牌化建设和冷链、仓储设

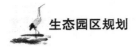

施建设。

4. 信息化体系建设。重点是信息设施以及视频控制系统、RFID技术的能繁母猪信息预警体系等。

5. 公共服务体系建设。包括人才培养、畜牧兽医技术服务网络建设。

浙江省农业主导产业示范区建设标准
蔬菜瓜果类

一、申报条件

1. 区域范围。蔬菜瓜果产业列为本县的农业主导产业,全县蔬菜(含果用瓜)种植面积分别为浙北和沿江沿海平原区域10万亩以上、山地丘陵区域7万亩以上。

2. 产业水平。主导产品特色明显,有较高的产品知名度和市场占有率,有较好的产业基础,已实施过省级蔬菜特色优势基地和"蔬菜产业提升项目"等项目建设。有一定规模的龙头企业和规范化运作的农民专业合作社等实施主体。

3. 规划建设面积。平原示范区面积不少于3000亩;山地示范区面积不少于2500亩。示范区辐射带动面积1万亩以上。

4. 规划编制。当地农业部门已编制蔬菜瓜果产业示范区框架性建设规划。

二、建成标准

1. 基础设施和生产设施完备。沟渠路电等基础设施配套合理、排灌方便,生产设施装备规范配套,排涝能力达到暴雨(日降雨50～100mm)后24小时内排至作物耐淹深度。标准化钢管大棚达到可建面积的50%以上,排列布局规范整齐;建有相应的种子种苗展示平台和集约化育苗中心;肥水一体化微灌和新型育苗生产比例占70%以上;田间生产操作道路面硬化;育苗、耕作、移栽、灌溉、病虫防治、分级包装保鲜等装备配套。

2. 科技支撑体系完善。建成农科教相结合、省市县镇四级联动的科技支撑体系。主导品种覆盖率达到95%以上,安全生产关键技术、高效节水灌溉技术等蔬菜瓜果多样化增效技术应用率达到90%以上。制约生产发展的重大生产障碍得到有效治理。

3. 组织化程度提高。形成一批带动能力较强的龙头企业和专业合作社。专业合作社有较强的产销统一服务功能,资产实力达到100万元以上,合作社覆盖农户或覆盖耕地比例达75%以上。合作社和龙头企业的年销售值达到500万元以上。

4. 从业队伍素质增强。培育出专业素质较高的基层技术队伍和生产技能熟练的生产群体,中高级专业技术人员和农民技师比例提高30%。

5. 主导产品特色明显。带动开发出具有区域特色和市场影响力的主导产品,地域品牌得到培育。产品质量100%达到无公害农产品标准,部分达到绿色食品以上标准。

6. 产业功能齐备完整。产地收购交易、生产资料服务等产销服务体系和产业发展所需的种植、加工、流通等综合配套设施完备,形成较强的产业化全程服务功能。

7. 产业循环模式良好。与园区内其他产业形成粮菜轮作、菜畜结合等循环生产和生态生产方式。

8. 综合经济效益良好。设施栽培年亩产值万元以上,露地栽培年亩产值6000元以上。

三、扶持重点

1. 基础设施建设。重点完善微灌、沟渠、生产操作道、农用电等基础设施建设。

2. 生产设施建设。建设棚架、耕作、育苗、肥水灌溉等现代生产设施,种子种苗示范展示平台和集约化育苗中心;建设分级包装、贮藏保鲜"冷链"系统、产地交易场地等初加工和产销设施。

3. 科技推广。组建专家技术团队、基层专业技术人员、合作社和企业专业技术人员相结合的生产技术队伍,加强蔬菜生产大户和大中专毕业生等新型从业人员的专业培训;提升产品品质,推进产品标准化、生产标准化和安全生产技术应用,发展高效、循环、生态生产模式,开发特色、精品、绿色产品;推广综合集成技术,解决优质高效、抗灾减灾和连作障碍等重大生产技术问题。

4. 市场开发。提升专业合作社营销服务功能,创新产销运行方式,建设产销信息体系,开发产品市场,培育产品品牌,推进产地拍卖、产品配送、直销专卖、电

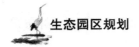

子商务等新型现代营销方式;延伸产业链,扩大产业功能,提高产品附加值。

浙江省农业主导产业示范区建设标准
茶叶类

一、申报条件

1. 茶叶主导产业地位突出,列入本县的农业主导产业规划区域。生态环境良好、无"三废"污染源。

2. 园区茶园集中连片,区位优势明显,路、沟、道、防护林有一定基础,茶叶加工设施基本配套。

3. 产业化基础较好,园区有茶叶龙头企业、专业合作组织等经营主体。

4. 主导产品突出、有自主品牌。

二、建成标准

1. 规模化。示范区集中连片茶园面积3000亩以上,能辐射带动1万亩以上,主干道路面硬化,沟、渠、防护林、水、电等基本配套,有明显标志牌。

2. 良种化。茶树主栽品种突出、搭配合理,无性系良种率达70%以上。

3. 机械化。耕作、修剪、采茶基本机械化,茶叶加工标准化、清洁化,加工企业通过QS认证,加工设备先进。

4. 组织化。专业合作组织规范、健全,覆盖茶农户90%以上,主导产品实行统一品牌销售。

5. 科技支撑。首席专家、农技指导员与责任农技员配套、到位,技术指导覆盖面达到100%。标准化技术覆盖面95%以上,病虫害统防统治覆盖面达90%以上,生产、加工档案制度健全,茶农培训制度化。

6. 优质高效。产品质量达到无公害标准,无质量安全事故,示范区投产茶园平均亩产值达5000元以上,比周边平均增20%以上;辐射带动茶园平均亩产值达4000元以上。

三、扶持重点

1. 基础设施。低产低效茶园换种改植,茶园沟、渠、路、水、电等基础设施,生态防护林带建设,黑光灯诱杀、性诱杀等设施及喷滴灌、防灾(霜冻)设施等。

2. 机械设备与加工。茶园耕作机械,修、采茶机械;茶叶加工设备、冷藏保鲜设施,初制厂改造,名优茶加工中心建设等。

3. 先进适用技术推广与培训。茶园测土配方施肥,名优茶机剪、机采、机制,病虫统防统治,茶厂优化改造及清洁化生产等先进技术推广。

4. 品牌建设、市场营销等。

浙江省农业主导产业示范区建设标准
水果类

一、申报条件

1. 水果主导产业地位突出,列入本县农业主导产业规划区域。

2. 园区建设规划合理,生态环境优良,立地条件良好,符合无公害水果生产要求。沟渠、道路、电力等田间设施基本配套,生产设施较为齐全。

3. 果园生产条件良好。园相整齐一致,树势健壮,无检疫性病虫。园地土层深厚,有机质含量丰富,土壤通透性好,pH值、地下水位合理,坡度在15度以下,沿海果园有天然屏障或防风林带。

4. 申报区域内有现代园区实施能力、经营规范的水果专业合作社、产销或加工龙头企业等。

二、建成标准

1. 示范区集中成片。示范区相对集中连片建设面积3000亩以上,示范带动周边1万亩以上。单树种连片规模1000亩以上。示范区内有明显的标志牌,区块合理布局,功能明确定位。

2. 设施先进完善。果园排灌沟渠,机耕路、田间操作道,电力设备等基础设施配套完善;喷滴灌、标准大棚、棚架、杀虫灯等生产设施先进(梨园有50～100亩棚架设施;葡萄园全部为设施栽培,标准大棚比例30%);配备自动选果机、果品保鲜冷库、冷藏车等先进采后商品化处理设施,柑橘、梨、桃等机械选果率在40%以上。

3. 良种覆盖率高。示范区全面推广应用优良品种,良种覆盖率达到100%。

4. 技术管理规范。园区实行病虫防控、配方施肥和树体管理等统一技术服务,病虫统防统治率80%以上;实行投入品登记制度,强化质量安全管理;果树标

准化栽培技术普及率95%以上,有机肥使用率80%以上。

5. 产业化经营。园区实施主体专业合作社或龙头企业等运作规范,品牌知名度高;园区推行土地流转,规模化经营,合作社等规模经营主体面积占园区面积90%以上,带动园区果农数达到90%以上。

6. 经济效益良好。园区水果产量稳定,达到果树品种的经济产量:柑橘2～3t/亩,杨梅1.0～1.5t/亩,梨1.5～2t/亩,桃、李1.0～2t/亩,葡萄1.25～1.5t/亩;果品质量达到优良品种特性要求,商品果率95%以上、优质果率80%以上,精品果率35%以上,综合经济效益达到5000元/亩以上。

三、扶持重点

1. 精品生产基地建设。重点支持基地田间基础设施和生产设施,具体包括果园排灌沟渠、蓄水池、田间操作道、山地轨道式运输设施、电力设备等基础设施和喷滴灌、标准化大棚、避雨棚架、梨棚架、耕作机械、杀虫灯、防虫网、果园地膜等生产设施。

2. 采后处理及加工装备。重点扶持水果生产、加工企业推广应用果品分级包装等商品化处理设施,水果测糖仪等产品质量检测仪器设备,冷库、冷藏运输车等果品采后冷链技术设备。果品罐头、果汁、果酒等加工设备。

3. 果树新品种、新技术推广。果树优新品种的引进改良,无公害标准化生产技术及优新技术的示范推广。

浙江省农业主导产业示范区建设标准
食用菌类

一、申报条件

1. 区域范围。食用菌产业为本县的农业主导产业,全县食用菌种植规模为3000万袋或1000万平方尺(1平方尺约为0.11平方米)以上。

2. 产业基础。主导产品和生产模式特色鲜明,在省内外有较高的知名度。有较好的产业基础和发展潜力,已实施过省级食用菌特色优势基地项目。有可用于发展食用菌生产的山地丘陵缓坡和原料资源,与其他种养产业衔接形成循环生产。可集聚建设菌包生产中心,分级包装初加工中心。有农业龙头企业、合作社等实施主体。

3. 规划面积。集中连片规模1000万袋或500万平方尺以上,示范带动2000万袋或1000万平方尺以上。

4. 规划编制。当地农业部门已编制食用菌产业示范区建设规划。

二、建成标准

1. 产业规模化集约化生产水平显著提高。生产规模集中连片,规模1000万袋或500万平方尺以上。可实现机械化的生产环节机械应用率80%以上。菌种全部实现专业化生产,主导品种覆盖率100%;有1家以上年产超100万包的菌包专业化生产企业,并开展社会化供应。

2. 产业循环生产水平显著提高。以食用菌为节点的循环生产模式全面应用,种养产业搭配衔接合理,产业实现可持续良性发展。原料资源得到高效循环利用,对林木资源的依赖程度逐年下降,畜禽粪、桑果枝条、稻草及其他农作物残料与菌糠二次利用的综合利用率达到50%以上。

3. 产业组织化程度显著提升。建有原辅料供应及菌糠收集利用的服务网络,菌种、原辅料等投入品订单供应率80%以上;专业合作社覆盖农户和生产规模的面积75%以上。

4. 全面推行标准化生产。生产档案齐全规范,产品质量可追溯,配有产品质量快速检测仪器和设施,有产品分级、包装、冷库场地,产品100%达到无公害农产品要求,拥有自主商标。

5. 经济效益良好。亩产值3万元以上,亩效益1.5万元以上。工厂化栽培亩产值80万元以上,效益15万元以上。

三、扶持重点

1. 基础设施建设。田间操作道、沟渠、输水管道、电力等公共保障设施。

2. 生产设施建设。接种室、菌种培养室、菌包(棒)培养房、规范化栽培菇棚、雾喷设施等设施;粉碎机、拌料机(或翻堆机械)、高效节能灭菌(或发酵)设备、接种设备、机械化菌包生产线、温控设备等集约化机械设备。

3. 科技推广。新品种引选和展示,品种提纯复壮,母种出菇试验。新型基质配方研究和推广,循环生产新模式、新技术中试,适用农机应用、培训等公益性投入。培育农林副产品资源收集服务和循环利用组织。示范统分结合的"集约式菌包生产(龙头企业)+分散式出菇管理(农户)"等集约化生产模式。

4. 市场开发。主产地交易市场建设和品质安全监管。产品分级包装、冷链设施、烘干机械等采后处理、产地初加工场地和设施。小包装标准化产品市场开

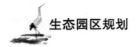

发。食用菌产品健康理念公益性宣传。

浙江省农业主导产业示范区建设标准
蚕桑类

一、申报条件

1. 具有一定的产业基础和发展潜力,年产茧500t以上的蚕茧主产县。

2. 当地政府重视,为本县的农业主导产业,并有配套的扶持政策。

3. 制订合理的示范区建设规划,示范区选址合理,远离污染源,生态环境优良,立地条件良好,路沟渠基本配套。

4. 实施主体为有一定规模、带动力较强的蚕桑专业合作社、茧丝龙头企业等。

二、建成标准

1. 统一规划。有可行的发展规划和年度建设计划,明确投资估算和资金筹措方式;合理区块布局,明确功能定位。

2. 集中成片。相对集中连片3000亩以上,带动周边1万亩以上。示范区内有明显的标志牌。

3. 路沟渠配套。主干路面平坦坚实,沟、渠、路配置合理,建有蓄水池或固定机埠等,能排能灌,旱涝保收。

4. 品种优良。农桑系列、育711、丰田系列和果桑等新品种覆盖率达到100%。菁松×皓月、秋丰×白玉、丰1×54A和雄蚕品种等优质蚕品种覆盖率达100%。积极引进新蚕桑品种进行试验示范。

5. 栽培管理规范。制订发布标准化的桑树栽培技术规范,标准普及率90%以上。要求基肥充足,种植标准、树型养成规范,成活率在95%以上。开展病虫防控、配方施肥和桑树管理等统一服务。制订标准化的养蚕技术规范,标准普及率达到90%以上。要求全面应用小蚕一日二回育、大蚕省力化等先进实用技术;上蔟管理科学,全面运用方格蔟营茧技术,蔟中管理规范,监管制度健全;蚕茧质量优。

6. 设施配套。配套桑园耕作、病虫防治、桑枝修剪粉碎、供排水(含喷滴灌)、桑叶采摘运输切碎等机械装备。至少建设一期小蚕共育蚕种达到500张以上的共育中心1座,配备电子加温、消毒等蚕用机械设备,开展小蚕共育和统一消毒服务,小蚕共育率达到80%以上。合理配置简易蚕室、大棚养蚕等大蚕饲养设施。

7. 桑园综合利用。开展桑枝食用菌、桑园养鸡、桑园套种、桑枝加工等生产,促进资源的有效循环利用。

8. 产业化经营。示范区内至少有一家运作规范的有蚕茧收购权的蚕桑专业合作社(或茧丝龙头企业),入社社员达到蚕农总户数的80%以上,带动蚕农数达到100%(或与80%以上的蚕农签订订单,带动蚕农数达到100%)。合作社(或茧丝龙头企业)与社员之间签订优质蚕茧收购订单,建立蚕茧优质优价、最低保护价和二次分红等机制。

9. 经济效益良好。全年亩桑产茧量达到150kg以上,能缫制5A以上的优质茧率达到85%以上;亩桑综合经济效益达到4000元以上。

三、扶持重点

1. 桑园沟、路、渠等基础设施建设,小蚕共育中心以及大蚕饲养简易蚕室、大棚建设。

2. 优良新品种、新机具、新技术引进试验示范,蚕桑机械设备添置,技术培训推广。

3. 蚕桑资源综合利用。

4. 规范化蚕桑专业合作社和茧丝龙头企业扶持,包括收烘设施、蚕茧收购资金贴息等。

浙江省农业主导产业示范区建设标准
中药材类

一、申报条件

1. 区域范围。中药材产业为本县的农业主导产业,建设内容符合中药现代化建设和生态循环经济发展要求。全县种植面积1万亩以上。

2. 产业基础。主导产品特色明显,市场信誉度好。建设主体明确,运行管理规范,以中药企业、饮片企业或新型产业合作经济组织为主,实行紧密型订单生产。有较强的科技成果应用示范与转化能力。

3. 规划建设面积。要求相对集中连片,中药材核心基地规模在2000亩以上

(其中铁皮石斛等珍稀类药材规模在100亩以上),辐射带动1万亩以上。

4. 规划编制。当地农业部门已编制中药材示范区建设规划。投资估算合理,资金筹措方式可行。

二、建成标准

1. 基础设施和生产设施完备。示范区布局合理,科学规划,生态条件良好,沟、渠、路、电等基础设施和生产加工设施配套规范。

2. 科技支撑体系完善。建成农科教相结合、省县镇三级联动的科技支撑体系。主导品种覆盖率达到90%以上,全面实行规范化种植和质量管理制度,规范化、标准化技术应用率达100%。

3. 组织化程度提高。形成"利益共享、风险共担、共谋发展"的产业运行机制。产品订单率达90%以上,中药材产品精加工率达到50%以上,形成产、加、销产业链。产品质量全面达到无公害质量标准要求,培育出地域品牌和产地证明商标。

4. 从业队伍素质增强。培育出专业素质较高的基层技术队伍和生产技能熟练的生产群体,从业队伍整体素质明显增强。

5. 综合经济效益良好。核心区亩增收20%以上,辐射区亩增收15%以上,提升浙产药材种植技术和品质。

三、扶持重点

1. 基础设施建设。合理配置示范区的排灌设施、生产操作道、喷滴灌、大棚、农机具、保鲜库、污水处理装备等设施。搞好药材加工、仓储、运输等基础设施和产地市场信息服务系统建设。

2. 集成应用适用先进技术。种质资源保护、良种繁育,统一提供良种和服务。示范推广中药材安全生产技术和标准化生产技术。制订实施中药材规范化技术规程和生产质量管理制度建设。

3. 产业化服务组织建设。培育产业主体服务功能,创新产销运行方式,开发产品市场,加工技术和设备改造,开发中药功能性产品。培育自主品牌、中药文化建设。

4. 提高农业劳动者素质。组建专家技术团队、基层专业技术人员、合作社和企业专业技术人员相结合的生产技术队伍,开展对生产经营者的绿证培训、技能训练和科普教育。

浙江省农业主导产业示范区建设标准
花卉苗木类

一、申报条件

1. 园区规划科学。示范园区布局合理,符合当地农业主导产业发展和土地规划,园区用地在较长时间内(10年以上)保持稳定。

2. 产业基础较好。产业优势明显,基础较好,特色明显,全县花卉苗木生产面积万亩以上,现有花卉面积不少于3000亩,在省内已有一定影响力,继续扶持将具有很好的示范带动效应。

3. 当地政府重视。当地政府已将该产业列入当地农业主导产业,编制产业发展规划,制定产业发展实施意见,并出台相应的扶持政策,配套资金到位。

4. 实施主体明确。园区建设以花卉龙头企业、专业合作社和园艺场等作为实施主体,生产经营实行企业化运作,自筹资金落实,内部管理规范。

5. 园区地理位置优越。交通便捷,园区内路、沟、渠、水、电、通讯等基础设施配套齐全,有一定的喷滴灌面积,有储藏、包装、加工等采后处理场地和设施。

二、建成标准

1. 总体规划科学、布局合理,建设内容符合产业发展要求,园区选址科学合理,主导产业优势明显,符合产业发展方向。

2. 建成后园区面积在3000亩以上,示范推广面积在10000亩以上,园区集中连片面积在2000亩以上,连片区域内连栋大棚面积在40000m²以上,园区标准化钢管大棚和自控荫棚达到可建面积的50%以上,设施栽培(钢管大棚、自控荫棚、自动喷滴灌等)达到1000亩上。

3. 园区建成后,有较强的科技研发能力和成果应用转化能力,研发和引进新品种、新技术5个(项)以上,科技成果转化率达70%。

4. 注重生产技术和质量标准建设,主要产品制定栽培技术规范,并按标准组织生产,标准的普及率达到90%以上。生产档案齐全规范,产品质量可追述。加强环保和安全意识,加强知识产权保护,产品必须有注册商标和品牌。

5. 经济效益、社会效益、生态效益好。单位面积产值比周边普通地区花卉苗

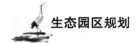

木产值高20%以上；亩均收益花卉在15000元以上，苗木在10000元以上；并能成为大专院校学生的技术依托和实验基地。

三、扶持重点

1. 完善基础设施。加强"四通一平"工作（通路、通水、通电、通信网络和土地平整），进一步改善园区内的道路、渠道、泵站、配电给水、组培室、锅炉房、冷藏保鲜库、整理包装车间、基质加工车间、育苗容器生产车间等基础性设施。

2. 改善生产条件。加强连栋大棚、自控荫棚，特别是智能温室的建设，提高温控、水控、湿控能力和抗灾防灾能力。发展设施栽培，提高温室大棚覆盖率，合理配置连栋大棚内部喷滴灌系统、加温管道、循环风机、活动苗床、内遮阳网等设施；合理配置播种机、起苗机、粉碎机、搅拌机、轻基质网袋容器生产设备、肥料配比机、浇水机、打药机、修剪机等。

3. 标准化生产。加强产品生产技术和质量标准建设，创立花卉主导品种的商标和品牌，提升产品核心竞争力，重点扶持品牌建设，对通过市级以上工商部门注册的商标和品牌予以适当奖励。

4. 提高从业人员素质。开展对生产经营者的技能培训和科普教育。主要生产者要掌握先进农业机械和设施装备的使用技能；经营者要成为具有现代农业知识、掌握现代物流程序、了解产销信息，善经营、会管理的高素质复合型人才。

5. 花卉新品种引进、研发和新技术示范推广。重点是新品种、新技术引进推广所需设备器材，包括组培、试种、繁育设备，以及推广示范。

浙江省农业主导产业示范区建设标准
竹木类

一、申报条件

1. 建区范围。申报县（市、区）有示范区建设方案，竹木产业是当地农业主导产业，纳入地方经济社会发展规划。竹林面积10万亩以上（欠发达县面积5万亩以上），定向培育用材林面积5万亩以上（主要树种为杉木、国外松、珍贵树种等，树龄为3年以上的林分）。

2. 基础条件。示范区建设规划合理，生态环境优良，立地条件良好，笋竹符合无公害食品生产要求。道路、灌溉等设施基本配套，生产设施较为齐全。

3. 实施主体。区域内有具备建设实施能力、经营规范的笋竹或木业专业合作社、产销或加工龙头企业等。

二、建成标准

1. 示范规模化。竹产业示范区规模1万亩以上,用材林示范区2000亩以上,分区布点不超过5处,要求基本集中连片。建设规划科学,功能布局合理,资源利用充分,建设内容符合三产联动、循环经济与可持续发展要求,竹产业示范区必须有特色精品园。

2. 设施现代化。竹类示范区基础设施完善,林道密度每千亩不低于3km,示范区主要干道2.5m以上,作业道不小于1m,主要道路路面硬化;科学配置自然引水和动力引水等设施,有效灌溉设施控制面积1000亩以上;用材林示范区要求道路畅通,便于经营管理。示范区内有管理用房等其他辅助设施,有明显的标志牌。

3. 生产标准化。全面按技术规程和有关要求组织生产,实现标准化生产。竹类示范区全面推广应用测土配方施肥、密度调控、生态复合经营等先进实用技术,用材林示范区按经营方案开展抚育间伐和管理,符合大径材或珍贵树种培育方向,林分生长良好。示范区科技应用、成果转化和示范能力强,科技贡献率达到70%以上。以示范区为载体,通过技术引进、试验示范和集中推广,建立健全农民技术培训和示范户联系制度。

4. 经营产业化。全面建立产业合作社、合作联社等多种形式的合作化生产组织。林农入社率达到80%以上。推行区域化布局、专业化生产、一体化经营,形成市场、企业、基地、合作社和林农紧密相连的产业化格局,实现综合开发、循环利用、品牌整合、多次增值。

5. 环境生态化。坚持因地制宜、持续经营的原则,倡导竹阔合理混交,严格控制使用化肥和农药,禁止使用化学除草剂,推广竹林专用配方复合肥和生态经营措施,保护生物多样性,示范区周围有防护林带,实现示范区生态环境优美。

6. 效益最优化。示范区效益居全省前列,竹类示范区亩均度产值超2000元、菜竹超8000元,比当地同类产品产值高20%以上,产品达到无公害食品以上标准。用材林示范区林分密度合理,生长旺盛,林分生长量比当地同类林分高20%以上。

三、扶持重点

1. 核心示范基地建设。竹类示范区重点建设材用竹林、笋用竹林和笋竹两

用林的核心示范基地,总规模在2000亩以上。用材林示范区重点建设核心示范基地500亩以上。

2. 林道和灌溉等设施建设。一是示范区的材笋、木材和生产资料运输道路和作业道路建设,改善示范区生产条件,降低生产成本。二是加强水利喷灌设施建设,提高抵御自然风险能力,促进设施栽培开展。

3. 规模化标准化生产。示范区连片集中建设,规模化开展竹林改造提升和抚育间伐。推行区域化布局、专业化生产、一体化经营模式,加强竹产品品牌建设,形成市场、企业、基地、合作社和林农紧密相连的产业化格局。

4. 先进技术推广应用。建立首席专家和科技示范户等为重点的林业技术推广制度。加快推广一竹三笋和测土施肥等竹子高效生态生产经营技术,积极开展林分抚育管理,提高蓄积量,不断提高示范区的综合效益。

浙江省农业主导产业示范区建设标准
经济林类

一、申报条件

1. 建区范围。建设县(市、区)有示范区建设方案,产业为当地农业主导产业或地方特色产业,纳入地方经济社会发展规划。主导产业种植面积5万亩以上,地方特色经济林种植面积2万亩以上。

2. 基础条件。示范区建设方案规划合理,生态环境优良,立地条件良好,产品符合无公害食品生产要求。道路、灌溉等设施基本配套,生产设施较为齐全。

3. 实施主体。示范区内有具备建设实施能力、经营规范的专业合作社、产销或加工龙头企业等。

二、建成标准

1. 示范规模化。示范区规模1000亩以上,要求基本集中连片。建设规划科学,功能布局合理,资源利用充分,建设内容符合循环经济与可持续发展要求,有特色精品园。

2. 设施现代化。示范区基础设施完善,林道密度每千亩不低于3km,示范区主要干道2.5m以上,作业道不小于1m,实现主要道路硬化。科学配置自然引水和动力引水等设施,有效灌溉设施控制面积500亩以上。有管理用房等其他辅助设施,有明显的标志牌。

3. 生产标准化。全面按技术规程和有关要求组织生产,实现标准化生产。示范区全面推广应用测土配方施肥、密度调控、生态复合经营等先进实用技术,科技应用、成果转化和示范能力强科技贡献率达到70%以上。以示范区为载体,通过技术引进、试验示范和集中推广,建立健全农民技术培训和示范户联系制度。

4. 经营产业化。全面建立产业合作社、合作联社等多种形式的合作化生产组织。林农入社率达到80%以上。推行区域化布局、专业化生产、一体化经营,形成市场、企业、基地、合作社和林农紧密相连的产业化格局,实现综合开发、循环利用、品牌整合、多次增值。

5. 环境生态化。坚持因地制宜、持续经营的原则,严格控制使用化肥和农药,禁止使用化学除草剂,推广专用配方复合肥和生态经营措施,保护生物多样性,示范区周围有防护林带,实现示范区生态环境优美。

6. 效益最优化。示范区效益居全省前列,亩年产值香榧8000元以上、山核桃4000元以上、其他经济林1000元以上,产品达到绿色食品标准。

三、扶持重点

1. 示范基地建设。重点是新造示范林、低改和复合经营示范林建设。

2. 基础设施建设。重点是示范区的林道建设、蓄水池、输水管道和喷灌设备建设等。

3. 规模化标准化生产。示范区连片集中建设,规模化开展高效栽培和改造提升。推行区域化布局、专业化生产、一体化经营模式,形成市场、企业、基地、合作社和林农紧密相连的产业化格局。

4. 先进实用技术推广应用。建立首席专家和科技示范户等为重点的林业技术推广制度。加快推广矮化早实、测土施肥、节水灌溉等高效生态生产经营技术,不断提高示范区的综合效益。

浙江省农业主导产业示范区建设标准
渔业类

本标准规定了渔业主导产业示范区的选项要求、建设标准和建成后的综合效益等内容,适用于渔业主导产业示范区的建设与验收。

一、选项要求

1. 选址要求

建设区域要求交通、通讯便捷,水源充足、水质良好,排灌方便。渔业主导产业示范区(以下简称示范区)布局科学合理,符合当地产业发展和土地利用等相关规划,用地(海)在较长时间内不被征用(原则上10年以上)。

2. 建设规模

示范区核心区面积集中连片1000亩以上,辐射带动周边1万亩以上。传统老渔区及海岛、山区可适当降低标准。

3. 产业基础

示范区主导产业属当地渔业主导产业之一,有1个突出的主导品种,在当地和省内有一定知名度,市场竞争力强,县(市、区)内种苗、养殖、加工、产品营销和物资供应等一二三产有一定的发展基础,区内生产产业链比较完善,渔工贸一体化发展潜力大,综合生产能力强。

4. 建设主体

示范区须承建主体明确、产权关系清晰,为1家具有独立法人资格的有投资能力和建设意愿的渔业规模化企业、渔业专业合作社,同时,应具有较强的示范带动作用和辐射能力。

5. 政府重视

当地政府已将该产业列入当地渔业主导产业,并出台相应扶持政策,已列入当地政府批准的现代农业(林业、渔业)园区建设总体规划。

二、建设标准

(一)规划布局

示范区整体规划科学,生产、管理、配套服务等功能区布局合理,主导品种的养殖面积占总养殖面积的70%以上;不同产业的发展重点明确。

示范区生产区和管理区分开,能保证示范区内水源、投入品、产出品的独立性;区内环境整洁,主要道路硬化且有绿化率配套,不低于3%(浅海、滩涂养殖园区除外)。

(二)设施装备

1. 管理设施

具备"三室一库"。

办公室应具备日常的办公设施和办公条件,能及时与外界进行信息的交流和传递。

检测室应配备基本的化验、检测仪器设备,具备一般的水质化验和病害检测能力等。

档案室要建立技术档案、财务档案、基建档案及实物标本、图像、录像、照片等,特别是要建立起完整的生产、销售和用药等"三项记录"档案,实行电脑化管理。

仓库应离生产区较近,且方便车辆出入,通风良好、避阳、防潮等,并应有单独配置的药房。

鼓励有条件的示范区与科研院所、高校合作,联合建设渔业科创中心或研发中心。

2. 生产设施

具备符合标准化生产要求的养殖塘、大棚、温室、浅海筏架、深水网箱等基础设施,路、渠、电、房等配套设施完善,进排水独立,投饵机、增氧设备等生产所需渔业机械齐全、足量;区内养殖南美白对虾的,应有一定比例的可控大棚、温室或高位池等设施化养殖;设施养殖、池塘养殖、苗种繁育的生产区应配有占总养殖面积5%～10%的蓄水池、净化设施及废水处理系统,养殖废水排放需经过一定的净化处理,符合DB33/453—2006要求;园区有条件的应配备水质在线监控设备;示范区内拥有水产加工企业的,要求企业生产环境良好,设施装备现代化,工艺流程先进,能基本满足区内水产品的加工需求。

(三) 生产管理

1. 资质证书

区内养殖生产应取得水域滩涂养殖证、无公害水产品产地认定证书和产品认证证书。

2. 养殖苗种

区内要求有配套一定规模的优质种苗繁育基地或投放的苗种来源清楚,质量符合国家和省有关标准。

示范区应具有较强的新品种和优良品种引进和推广能力,主导产品的优质种苗或良种比例要求不低于80%。

3. 生产要求

技术模式创新,园区应配备专职的专业技术人员1～2名以上,区内普遍采用高效生态养殖模式,标准化生产(按企标或地标)比例达到100%。

质量管理到位,"三项记录"完整,建立投入品管理制度,严格控制投入品使用,认真落实各项质量控制措施,产品通过无公害认证率达100%。

养殖废水达标排放,鼓励循环利用。

(四)产业化水平

1. 规模化经营

通过土地(水面)流转,推行规模经营,核心区建设面积1000亩以上。

2. 组织化程度

示范区内应以1家具独立法人资格的企业或渔业专业合作社管理、经营,基本做到"统一渔需物资供应、统一生产技术、统一包装和品牌、统一销售";企业法人为承建主体的,应与广大渔农民建立规范的利益联结机制,积极推行"订单渔业"。企业的年销售额原则上应达到500万元以上。

3. 实行品牌经营

示范区须拥有注册商标,产品品牌具有一定的知名度,产业链相对完善,产业化水平较高,区域竞争力和影响力较强。

在营销模式上有创新,产品配送、直销专卖、电子商务等现代营销方式得到应用,产品市场占有率提高,产品功能扩大,产业链得到延伸,附加值明显提高。

4. 实施产业联动

示范区至少须包括该产业的产业链2个以上环节,并建立健全相关体制机制,实现了一二三产联动,使主导产品在加工、流通环节实现增值。

5. 从业队伍素质增强

示范区落实了渔技推广责任制,要有责任渔技员进行重点联系和工作指导;从业人员须有一定的养殖经验和管理技能,每年参加技术培训不少于1次,固定养殖工应经培训考核并获得职业资格证书后上岗。

三、综合效益

1. 经济效益

建成后,示范区单位面积产量、经济效益均应高于当地同类养殖平均水平的20%以上,渔农民增收显著,示范带动作用明显。

2. 社会效益

建成后,示范区应具有较强的辐射带动作用。一是能有效带动周边渔业产业发展。通过示范区创建,为周边渔业发展提供示范,促进产业要素集聚,有助于当地渔业一二三产业融合、产业结构优化升级,提高土地、水资源的利用率和产出率,增强渔业综合生产能力;二是能为周边渔业产业发展提供服务平台。通过示范区创建,在技术模式、生产经营、管理体制等方面为周边渔业发展提供可借鉴的经验和典范,同时,依靠示范区良好的硬软件设施条件,在良种供应、技术指导、产品销售等方面给予周边从业者更好的服务和支持。

3. 生态效益

示范区建设按照资源节约、环境友好和可持续发展的要求,科学规划养殖区域、加工区域等功能区块,大力推广节地、节水、节能型养殖模式和加工方式,全面推行生态健康养殖,有利于渔业的持续健康发展和生态环境的改善。

浙江省特色农业(林业)精品园建设标准

一、申报条件

1. 产业范围系农业主导产业或地方特色优势的种养业。

2. 实施主体由一家农民专业合作社、农业专业大户、家庭农庄或工商业主承建,实行市场化运作。

3. 实施方案建设内容符合生态循环经济与产业可持续发展要求,建设水准高、产品质量优、特色优势明显的精品园。

4. 农业基础设施较好,水、电、路、沟、渠等农田基础设施基本配套。

5. 在两年内能够建成。

二、建成标准

1. 建成规模。种植业精品园面积达1000亩以上;养殖业精品园生猪存栏5000头以上(或奶牛250头以上、蛋禽存栏3万羽以上、肉禽年出栏20万羽以上),其余畜禽规模按排泄物产生量折算达到相应标准。

2. 基础设施。园内道路畅通,农田基础设施配套合理、排灌方便;农作物有采后处理场地等配套设施,园缘有必要的防护林带;养殖业全部采用标准化饲养栏舍。园内有明显的标志牌。

3. 设施应用。种植业精品园普遍应用肥水同灌、喷滴灌等现代农业灌溉设施,喷滴灌配套设施率达50%以上,蔬菜、花卉苗木类精品园的标准大棚面积达50%以上,花卉苗木类自控荫棚覆盖面积达20%,自动喷滴灌设施栽培面积达80%;养殖业动物防疫、无害化设施、场内监测和排泄物处理与综合利用等配套设施齐全,主要环节采用机械化,自动化、信息化设施,排泄物利用率达95%。

4. 品牌建设。有自主商标、农产品生产技术标准和安全生产操作规程;引进、转化或创新应用国内外高新技术和农业先进适用技术2项以上;农药、化肥、

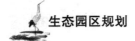

药物等投入品符合农产品安全生产要求,建立农产品质量安全可追溯制度,农产品质量原则上达到绿色食品要求。

5. 综合效益。园内种植业单位面积产出比周边同类产业区高20%以上,养殖业比同类产区高10%以上。

三、扶持重点

1. 基础设施建设:园内道路,包括主干道和辅助道。蓄水池、管道埋设,以及供电、通信网络和土地平整等基础性设施。营造防护林带、标准化养殖栏舍等。

2. 设备购置:大棚、滴喷灌设施、农业机械、养殖设备、产品储藏与保鲜设施、质量安全检测检验仪器设备购置等。

3. 技术推广:标准化生产技术的研发和推广应用和产品质量标准体系建设。良种引进、繁育,品种优化改良,先进实用技术和高效生态模式推广应用等,品牌建设和信息化服务建设。

浙江省特色渔业精品园建设标准

本标准规定了特色渔业精品园的选项要求、建设标准和建成后的综合效益等内容,适用于特色渔业精品园的建设与验收。

一、选项要求

1. 选址要求

建设区域要求通讯、交通便捷,水源充足、水质良好,排灌方便。特色渔业精品园(以下简称精品园)布局合理,符合当地产业发展和土地利用规划,用地(海)在较长时间内不被征用(原则上10年以上)。

2. 建设规模

精品园核心区面积集中连片200亩以上,辐射带动周边1000亩以上。传统老渔区及海岛、山区和主养品种价值特别高的可适当降低标准。

3. 产业基础

主导品种属珍稀、特色品种或产业属新兴产业,特色明显,经济效益显著,能充分体现渔业特色、产业精品的特点,系当地渔业优势或特色产业。

4. 建设主体

承建主体为有投资能力和建设意愿的渔业规模化企业、渔业专业合作社,具有较强的示范带动作用和辐射能力。

5. 政府重视

当地政府重视支持,已列入当地政府批准的现代农业(林业、渔业)园区建设总体规划。

二、建设标准

1. 设施现代化

园内养殖塘及其配套的增氧机械、泵站、电、路、渠、房等附属设施建设科学,底增氧等现代渔业设施配套率达50%以上;温室大棚、工厂化生产车间设计合理,系砖混或钢架结构,顶棚设保温、遮光层,并具有配套的水处理、控温、增氧等系统。园内道路硬化通畅,环境整洁宜人,绿化率不低于3%。

2. 品种特色化

以观赏鱼、鲟鱼、娃娃鱼或区域性(县级以上)特色优势品种、高档品种等名特优新品种为主导品种,应具有较大的影响力和辐射范围。达到"一品一园",单个主导品种的产值、产量占精品园总产量和产值的90%以上。

3. 养殖生态化

实施生态健康养殖,具有较强的新品种和优良品种引繁推能力,推行良种化养殖,优良品种覆盖率80%以上;全面普及标准化养殖技术,主导品种按标准组织生产比例达到100%;大力发展高效生态型、环境友好型养殖,先进适用技术应用率不低于80%;养殖废水达标排放,建设养殖废水处理设施,做到循环利用或达标后排放,配备水质监控设备,对园区环境进行全程监测。

4. 质量安全化

精品园在建设期内应取得"无公害"双认证或绿色、有机食品认证,配备水质监测、产品质量检测、病害防治等基本设备;注册商标,创建县级以上知名品牌;社会化服务水平高,统一苗种、渔需物资供应、生产技术、品牌、产品销售,确保产品质量安全。产品的精深加工及包装销售达一定比例。

5. 管理制度化

实施规范化管理,建立健全各项管理制度。生产操作技术规程、产品销售、财务、卫生等日常管理工作制度完善;具有完善的产品质量安全管理体系,"三项记录"、投入品管理制度齐全,积极创建水产品产地准出规范化管理示范单位,实现产品质量安全可追溯;落实责任渔技员制度,加强园区建设的指导和服务。

三、综合效益

1. 经济效益

建成后,示范区单位面积产量、产品规格、经济效益均应高于当地同类养殖平均水平的30%以上,渔农民增收显著,示范带动作用明显。

2. 社会效益

通过创建精品园,达到一是能体现特色,建设精品,满足不同层次生活需求,拓展产业发展空间,实现渔农民增收、渔业增效;二是能发展珍稀品种养殖,促进生物资源多样化发展;三是能推动高效设施渔业发展,促进产业要素集聚,提升产品市场竞争力和产业整体素质;四是推进各地区域特色产业发展。

3. 生态效益

精品园按照高标准建设、园区化管理的要求,坚持资源节约、环境友好、质量安全、可持续发展的建设原则,促进水产养殖业的持续健康发展,实现生产发展和生态文明的和谐统一。

第四节　设施农业设备建设标准

文件编号:浙农计发〔2012〕19号
发布单位:浙江省农机局
发布时间:2012-05-02

1. 单栋塑料钢架大棚

（1）单体塑料钢架大棚结构性能与配置:

项目型号	GP—C622	GP—C825	GP—C832
跨度(m)	6	8	8
顶高(m)	2.5	3.3	3.3
肩高(m)	1.5	1.6	1.8
通风部位	肩下部	上肩部	上肩部
拱管材料 （直径及厚度mm）	22/1.2	25/1.5	32/1.5
拱间距(m)	0.6	0.65	0.8

续表

项目型号	GP—C622	GP—C825	GP—C832
纵拉杆(道)	3	3	3
卡槽(道)	2～4	4	4
下卡槽高度(m)	如有两道卡槽高0.5～0.8m,否则高0.8～1m	0.5～0.8	0.5～0.8
上卡槽高度(m)	1.5	1.6	1.8
加固斜撑(根)	4	4	4
门	摇门	摇门或移门	摇门或移门
卷膜杆及卷膜器(套)	0～2	2	2
螺旋桩、地拉杆、立柱等	根据需要配置		
其他	纵拉杆钢管外径及壁厚等与拱杆、斜撑相同		

（2）单体塑料钢架大棚主要零部件材料及技术要求：

零件名称	选用材料			技术要求
	标段一：GP—C622	标段二：GP—C825	标段三：GP—C832	
拱杆	直缝焊管Ø22mm×1.2m/Q235 A,其中拱杆每根长度大于4.7m、重量大于3.1kg,纵拉杆5.1m、重量3.4kg以上。	直缝焊管Ø25mm×1.5m/Q235A,其中拱杆每根长度大于6.3m、重量大于5.5kg,纵拉管5.1m、重量4.4kg以上。	直缝焊管Ø32mm×1.5m/Q235A,其中拱杆每根长度大于6.3m、重量大于6.5kg,纵拉管5.1m、重量5.3kg以上。	材质符合GB/T 700,力学性能、焊缝质量和尺寸规格符合GB/T 13793,镀锌层质量符合GB/T 13912,Ø22mm×1.2m钢管的镀锌层厚度达0.035 mm以上,Ø25mm×1.5m、Ø32mm×1.5m钢管镀锌层厚度达0.045 mm以上。
纵拉杆				
斜撑				
棚头立柱				
卷膜杆	直缝焊管Ø22mm×1.2m/Q235A			同上。
地拉杆				
拱连接管	直缝焊管Ø27mm×1.5mm×250mm/Q235A	直缝焊管Ø30mm×2mm×300mm/Q235A	直缝焊管Ø37mm×2mm×300mm/Q235A	成150度夹角,其余同上。

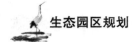

续表

零件名称	选用材料			技术要求
	标段一：GP—C622	标段二：GP—C825	标段三：GP—C832	
卡槽	热镀锌薄钢板0.7mm /Q235A			符合GB/T 2518
管槽固定卡	热镀锌薄钢板1.5mm /Q235A			符合GB/T 2518
楔形卡				
管管固定卡				
卡簧	油淬火碳素弹簧钢丝Ø2.5—65Mn			符合GB/T 18983
钢丝夹	碳素弹簧钢丝Ø3—C级			符合GB/T 4357
塑料薄膜	采用防老化防雾滴聚乙烯农膜,厚度不少于0.07mm,压膜线采用大棚专用压膜线。			

2. 连栋塑料钢架大棚

（1）GLP622的具体要求

跨度6m,主立柱60mm×40mm×2.5mm热浸镀锌矩形钢管,材质Q235,间距3m;副立柱60mm×40mm×2mm热浸镀锌矩形钢管,材质Q235,间距1m;拉幕梁60mm×40mm×2mm热浸镀锌矩形钢管,材质Q235;顶拱杆外径Φ22mm,壁厚1.2mm,间距0.6m,拱杆钢管采用带钢先成型再热浸镀锌的生产工艺,单重4.2±0.15kg,材质Q235;天沟高2.2m,顶高3.8m,天沟采用热浸镀锌板冷弯成型,厚度1.5mm;塑料薄膜采用防老化防雾滴聚乙烯农膜,厚度不少于0.1mm,基础采用预制钢筋混凝土(250#),顶部预埋Ø12螺栓连结立柱,边侧和顶部采用手动卷膜通风装置,通风口安装防虫网,卡槽4道,拉杆3道,采用大棚专用压膜线,压膜线间距1.8m,专用地锚固定,压膜线顶部侧面用八字簧固定。包括外遮阳,遮阳率为70%。

（2）GLP832的具体要求

跨度8m,主立柱80mm×60mm×2.5mm热浸镀锌矩形钢管,材质Q235,间距4m;副立柱采用4根Φ32×1.5mm热浸镀锌圆管,材质Q235,间距1m;拉幕梁60mm×40mm×2mm热浸镀锌矩形钢管,材质Q235;顶拱杆外径32mm,壁厚1.5mm,间距1m,拱杆钢管采用带钢先成型再热浸镀锌的生产工艺,单重5±0.15kg,材质Q235;天沟高3m,顶高4.5m,采用热浸镀锌钢板冷弯成型,厚度1.5mm;纵向设2组"×"形斜拉加强杆,横向设水平或斜加强杆;立柱基础为

200mm×200mm×700mm水泥墩,塑料薄膜采用防老化防雾滴聚乙烯农膜,厚度不低于0.12mm,采用大棚专用压膜线,间距1.8m,压膜线顶部、侧面均用八字簧固定。带外遮阳,遮阳率为70%,外遮阳骨架立柱间距4m,棚顶以上0.5m处,采用尼龙托网线。每栋顶部靠天沟处有机械传动双向卷膜机构,卷膜机构有自锁装置。

3. 玻璃温室

文洛式结构,配置天窗通风、侧移窗、外遮阳、内遮阳、内保温、侧开窗、二氧化碳施肥、风机湿帘降温、热水管道加热、电气控制系统、智能水肥一体化系统。内部立柱采用120mm×60mm×3mm热镀锌矩形管,侧立柱采用120mm×60mm×3mm热镀锌矩形管,端面立柱采用120mm×120mm×3mm热镀锌方管,天沟采用3mm厚冷弯热镀锌板,积露水槽采用铝合金型材,温室用钢结构材料符合国家Q235优质碳素钢标准,镀锌符合《GB/T 13912—1992金属覆盖层—钢铁制品热镀锌层技术要求》,铝合金推拉门按国标《GB/T 8480—1987推拉铝合金门》设计生产,覆盖材料采用4mm厚浮化玻璃覆盖,透光率90%,符合国标《GB11614—1999浮法玻璃》中建筑级浮法玻璃质量要求。

4. 标志要求

各标段设施农业设备安装完成后,在门框上方安装标牌,标牌内容包括生产企业名称、厂址、编号、类别、规格型号、建设面积、安装日期以及"国家补贴设备"等字样。标牌尺寸(建议)40cm×60cm。

第三章 绍兴市农业高新技术示范园区规划

第一节 农业高新技术示范园区立项背景

一、农业可持续发展

农业可持续发展,已成为21世纪我国农业发展的战略与政策。20世纪,随着科技进步和社会生产力的极大提高,农业得到较大的发展,但是由于人口剧增、资源过度消耗、环境污染、生态破坏,农业过度依赖高的外部投入,农业出现了一系列问题,传统的农业发展模式已不再适应当今和未来发展的要求,而必须努力寻求一条人口、经济、社会、环境和资源相互协调的、既能满足当代人的需求又不对满足后代人需求的能力构成危害的农业可持续发展道路。我国已制订了《中国21世纪议程》,议程中明确指出:农业是中国国民经济的基础,农业与农村的可持续发展,是中国可持续发展的根本保证和优先领域。农业高新技术示范园区的建设,必须走农业可持续发展的道路,同时也是农业可持续发展的试验园区、示范园区、辐射中心。

二、农业高新技术的发展与应用

以生物技术、信息技术、空间技术、新材料、新能源、海洋工程为代表(核心)的高新技术发展突飞猛进、日新月异。而生物技术、信息技术、空间技术则对传统的农业产生了深刻的影响,农业生产从品种的选育、作物的栽培设施与技术、养殖业的管理技术、生产的管理、农产品的加工及贸易,都发生或将要发生革命性的变革。大量的优质、高产、稳产、抗病的动、植物品种被培育,转基因作物已培育成功,农业生产环境已从露天方式逐步转变为工厂化的计算机控制温室,地理信息系统(GIS)、遥感(RS)和全球定位系统(GPS)已被应用到农业的大田管理(精确农业),计算机信息技术已经被应用到农产品的生产与销售。随着互联网的发展,电子商务必将对农业贸易产生极大的推动作用。农业高新技术从研究到推广到农村、农场、农户和农民,都需要示范与培训基地,通过基地这个桥梁作用,将农业高新技术传送到广大的农村、农业高新技术示范园区的建设,正好构造了这么一座通往农业、农村、农民的高科技绿色通道。

三、农业产业结构调整与效益农业

我国的农业从计划经济体制逐步转变到了市场经济体制,农业生产已从政府的指令性计划转向了市场调节,虽然经过了近二十年的调整,农业结构得到了初步的调整,农业生产力得到了提高,农产品的供求已从卖方市场转向了买方市场,许多农产品出现结构性的过剩,农业产业结构不合理等深层次的问题逐渐暴露出来,农民增产不增收,农业的效益下降。如何进一步调整农业产业结构,改变低质量农产品相对过剩,而高档农产品又供给不足的矛盾,提高农业的效益,是当前农业发展中的重大问题。农业高新技术示范园区的建设,可以充当农业产业结构调整的龙头,带动周边地区农业产业结构的调整,提高农业的效益。

四、中国加入WTO

加入WTO是符合我国改革开放战略目标的,在总体上对国民经济发展有利。对我国农业与农村发展来讲,也将产生深远的积极影响。但是,加入WTO,由于要取消非关税措施、降低关税,国内农产品市场将逐步扩大对外开放,因此,不可避免地对农业与农村发展将产生一些冲击。加入WTO将改善我国农产品的出口环境,如享受无条件的最惠国待遇、减少歧视性待遇、利用相关机制解决贸易争端等。这样就可以降低农产品贸易谈判成本和交易成本,并获得解决农产品外贸问题的规范的“渠道”。加入WTO有利于调整国内农业产业结构和农产品进出口结构,有利于出口劳动密集型产品,包括水果、蔬菜、畜产品、水产品等具有比较优势的农产品。同时加入WTO,还有利于农业扩大对外开放,如吸引更多的国外资金、技术和管理经验进入我国农业领域。农业高新技术示范园区建设,必须抓住加入WTO的有利时机,利用加入WTO的优势,克服加入WTO的弱势,将示范园区建设成农产品出口的窗口,国外农业技术引进的基地,在我国农业国际化进程中,起领头羊的作用。

五、浙江省必须率先实现农业现代化

江泽民总书记在视察我省农村及农业时,明确指出,浙江省地处东南沿海经济发达,必须在全国率先实现农业现代化。我省已经制订了《浙江省农业和农村现代化建设纲要》,并已进入全面实施和整体推进阶段。农业现代化对浙江的农

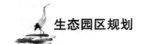

业提出了更高的要求,要以现代的科学技术来武装农业,来改造传统的农业,农业现代化不仅要求生产的现代化,更要求农业生产经营管理的现代化,要以现代化的管理技术来管理农业、经营农业,加强对农业生态环境的保护。绍兴市地处我省东部平原地区,建立绍兴市农业高新技术示范园区,以加大对农田基本建设的投入,园区采用农业高新技术,以农场企业来运作,采用现代管理技术,因此该园区建设的启动,正是促进我省农业和农村现代化建设的重要步骤和举措。

六、实施种子种苗工程

目前我省正处于农业结构调整的关键时期。如何发展效益农业,改变我省种植业结构现状,实施种子种苗工程,使我省农业生产上一个新台阶,是各级政府、职能部门、农业科技人员和广大农户所面临的重大课题。建立绍兴农业高新技术和农业现代化示范园区,在示范园区中应用先进的生物技术和现代工程技术,进行水稻、蔬菜、花卉、果树、草坪等农作物和珍稀水产新品种、新技术的试验示范和培训,成为绍兴市乃至浙江省、东南沿海地区农业高新技术和种子种苗工程的示范点和辐射源,以此促进我省效益农业的可持续发展。

七、农科教结合与农业技术推广体制的改革

长期以来,我国的农业科研、教育、推广等部门呈条块分割,结构上相互之间没有紧密的联系,以至农业部门与教育、科研部门严重脱离,许多研究成果不能及时转化为生产力。而农业技术推广体系完全依靠政府的推广部门,这对多元化的经济结构极不适应。建立绍兴市农业高新技术与农业现代化示范园区,园区依靠国家、省部在浙江的农业教育和科研单位,与教学、科研单位合办或联办教学、科研、实习和培训基地,成为农科教结合的榜样,从农业技术推广上进行示范,促进我省农业技术推广体制的改革进程。

八、中小学生的素质教育和农业劳动者的终身教育

科技兴国的重任最终应落在教育上。全国教育工作会议决定加强素质教育,特别是中小学生的素质教育。中小学生的素质教育已越来越受到各级政府、学校和全社会的广泛关注,而且各地的中小学校基本上无农业科普和生产实习基地,中小学生鲜有机会接触大自然,更无机会接受农业生产的实际。农业管理人员和农业技术人员也存在着知识更新的问题,农民存在着新技术学习和培训的问题。在绍兴建立市农业高新技术示范园区,既可使中小学生了解农业知识,接受农业启蒙教育,还可通过为他们开辟实践场所,从而使他们加深对农业的认

识,丰富他们的农业科学知识,让他们掌握一些简单的农业劳动技能,为今后成为现代化建设的合格人才打下良好的基础。农业高新技术示范园区,还可以作为农业管理干部,农技人员及农民培训的理想场所,不仅可以提供学习场所,而且还能进行农业高新技术实地或田间参观,便于教师进行现场教学,使园区成为农业知识的终身教育(成人教育)基地。

九、旅游农业、观光农业的兴起

随着劳动生产力的提高和我国经济的发展,越来越多的劳动力从传统的农业中分离出来,进入二、三产业,农业人口所占的比例越来越低;经济的发展则促进城市化进程,我省已经提出在全省实现城市化战略。现代都市中人们的工作、生活节奏越来越快,所面临的压力不断增加。因此在节假日,人们更多地希望回归大自然,沐浴宁静,寻求心理和生理上的放松,陶冶情操。现在农业的功能已经发生了变化,已不再是传统意义上的食物生产,农业具有另外两项非常重要的功能:(1)保护自然资源,特别是保护物种的多样性、地下水、气候和土壤等;(2)乡村景观为人类提供诱人的生活、工作和休闲的场所。在绍兴东湖边建立农业高新技术示范园区,发展观光旅游农业,正好满足人们的这一需求。

十、新的农业生产、管理和经营模式

家庭联产承包责任制在我国已实行了30多年,这一制度是我国农村的基本制度,极大地调动了广大农民的积极性。但随着农业市场化过程的推进,农户的生产规模过小,效益不高,小规模生产与大市场连接之间的矛盾日益突出,在推进农业现代化进程中,现代农业园区代表着一种新的农业生产管理和经营模式。由于园区的规模较大,易形成产、加、供、销一体化,易成为农业龙头企业,从而带动千家万户的小规模生产,促进当地农业的发展。建立绍兴市农业高新技术示范园区,必能带动园区的周边地区,甚至绍兴市或东南沿海地区的农业生产,促进新的管理和经营技术在农村的推广,促进本地区的农产品进入国际大市场。

第二节 农业高新技术示范园区立项条件

农业高新技术示范园区选址于绍兴市东湖镇的美女山脚,本示范园区具有以下六大优势:

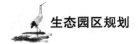

一、地理优势

绍兴属于长江三角洲经济区,本区为我国最为主要的经济带,以上海为龙头,连接江苏和浙江,本区的技术、经济资源丰富,发展的潜力巨大。长江三角洲的农业地理优势明显,光温条件较好,年降雨量大,水资源丰富,土地肥沃,农业资源多样化,农业生产历史悠久、技术高、产量高、行业齐。绍兴位于长江三角洲的东南部,粮、畜、渔、油、花果、蔬菜全面发展。在绍兴建立农业高新技术示范园区,能较好地利用本区的地理优势,融入该经济带。

二、交通优势

东湖位于绍兴市郊,宁绍平原西部,北傍沪、杭、甬高速公路,距绍兴城区仅5km,距杭州、宁波不到1个小时车程,距上海也仅2个半小时车程,火车经杭甬铁路沿园区而过。杭宁运河也沿园区流过。宁波是个国际深水良港,货物由水路可从宁波运往世界各地。空运可从萧山国际机场进行吞吐。

三、技术优势

绍兴市农业高新技术示范园区以绍兴市农科所为技术基础,以浙江省农科院、浙江大学、在杭的部属农业科研院所为技术依托,特别是浙江大学的农业及生物技术优势,力争成为浙江大学农业高新技术教学、科研、示范基地和农业高新技术的孵化器,配以先进的组织培养、无性繁殖等生物技术手段和智能自控室等高效设施园艺技术为园区建设提供了必要的保障。

四、资金优势

绍兴经济发达,企业众多,可以股份制形式吸收企业资金参与园区建设,以企业方式动作,把园区建设成为高效益的高新农业科技企业。由于具有资金上的优势,示范园区能高起点进行建设。

五、资源优势

示范园区地貌类型以平原为主体,有少量丘陵相嵌其间,耕地以水田为主,土壤肥力条件较好。气候温和湿润,光照充足,年平均气温16.1~16.5℃,≧10℃年积温5100~5250℃,无霜期235~240d,年降雨量1370~1600mm。示范园区内河网密布,水深适宜,水质肥沃,是发展水产和水禽的宝贵资源,丘陵可以发展果木。

六、文化和旅游优势

绍兴为文化古城,历史上有许多名人出自绍兴,在绍兴城里建有鲁迅纪念馆、周恩来故居等,并有三味书屋、咸亨酒店等一批文化品位较高的景点。近年来绍兴开发了一批新的旅游胜地,如柯岩等,使得绍兴的旅游知名度大增,每年有大量的游客来绍兴观光、旅游。本园区临近东湖,近年来,东湖每年接待的游客近50万人次,来东湖的游客在游东湖的同时,可以到示范园区来观光、休闲,两个景点相辅相成,互相补充,成为一个新的旅游亮点,农业高新技术与现代农业示范园区将与东湖、柯岩、大禹陵、兰亭等景点一起,形成绍兴市外的旅游圈,产生协同效应。

第三节 农业高新技术示范园区定位

绍兴市农业高新技术示范园区位于东湖风景区的东北面,平水东江以西,美女山以北(包括美女山),东桐公路以东,呈扇形分布,行政隶属于东湖镇,总面积3000亩,其中山地1000亩。按照总体规划、分步实施的建设思路,本园区实行滚动式开发与建设。一期规划面积600亩,其中水田480亩,山地120亩(见图3-1)。

本园区初步定位于:种子种苗示范;旅游、休闲、观光、垂钓及体育健身;科研、教学实习和培训、中小学生素质教育;农产品加工及出口贸易和计算机农业信息管理五位一体的综合农业示范园区。以种子种苗示范为突破口,建设目标明确,特色鲜明。具体定位:

(1)水产种苗繁育的示范

(2)花卉、草坪、苗木种苗繁育和示范

(3)水稻育种和示范

(4)中小学生素质教育(农业知识参观与实践)

(5)浙江大学农业与生物教学、科研、实习基地

(6)农业观光及休闲、垂钓与健身

(7)农产品深加工、农业贸易及农产品电子商务

(8)计算机农业信息化管理示范

本园区规划要充分体现高科技、高效益、保护环境、持续发展、人文自然合一的原则。在规划时要遵循如下的原则:

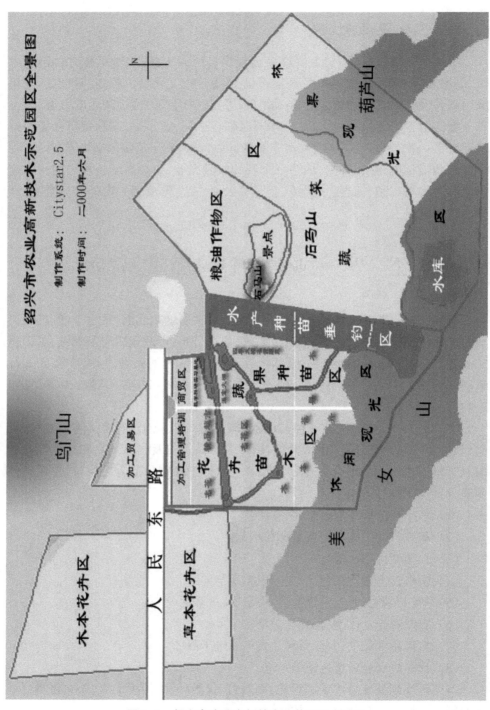

图3-1　绍兴市农业高新技术示范园区全景图

①保护景观多样性及生物多样性的原则

②农业示范与旅游观光结合与并举的原则

③农业高新技术示范与农业技术培训、教学实习及中小学生素质教育相结合的原则

④保护环境与资源利用并举的原则

⑤生产与加工、贸易一体化规划的原则

⑥一期规划带动二期规划的原则

示范园区建设以种子种苗工程为重点,观光旅游、教学、实习为特色,以加工、贸易为龙头,提高园区的经济、社会、生态效益,应用现代生物技术、工程技术和管理技术,改造和提升传统农业产业,建成省内一流,在东南沿海地区具有代表性的农业高新技术示范基地。

第四节　总体规划

按照园区的建设目标和规划原则,首先对园区进行功能分区,以水产、花卉、苗木、草坪、蔬菜种苗工程建设为重点,以旅游、观光、休闲、健身、垂钓、实习、培训、加工、商贸为主要功能,总体规划将园区划分为八大功能区和两大绿化带(见图3-2)。

八大功能区:

(1) 水产种苗垂钓区

(2) 花卉、苗木、草坪种苗区

(3) 蔬果种苗区

(4) 粮油良种示范区

(5) 林果种苗区

(6) 科研、实习、培训区

(7) 休闲观光区(珍稀植物区)

(8) 加工、管理、绿色商贸区

两大绿化带

(1) 农田、路边、房边绿化林带

(2) 路边、林下、房边绿化花草带

而一期规划区包含其中的六大功能区和两大绿化带。即:水产种苗垂钓区;花卉、苗木、草坪种苗区;蔬果种苗区;科研、实习、培训区;休闲观光区(珍稀植物

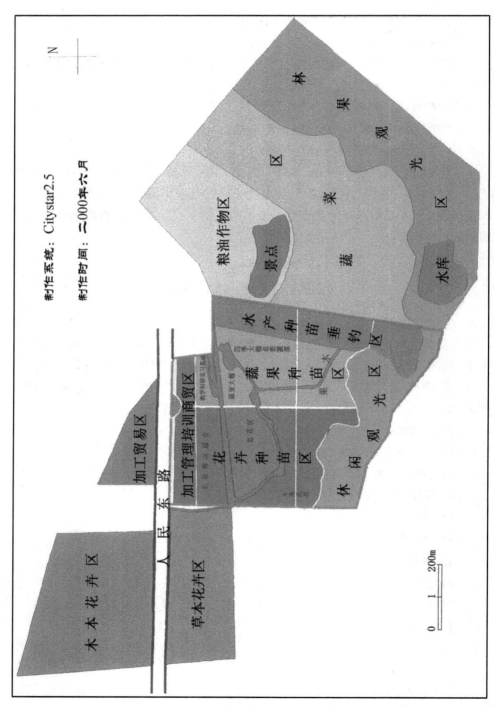

图3-2　绍兴市农业高新技术示范园区总体规划图

区);加工、管理、绿色、商贸区;绿化林带;绿化花草带。

在总体规划中,重点建设一期规划,以一期项目带动二期规划的实施。整个一、二期项目中,各个功能区均有旅游功能,可以观赏到各种名花异草。在休闲区可以看到各种珍稀植物,在教育、培训、管理区可以参观露天农业博物馆、现代农业科技展览,并可以进行体育健身运动,在果园和蔬菜温室区,游人可以自行采摘成熟新鲜的水果、蔬菜,在贸易区则可以买到园区的所有无污染绿色食品。因此整个园区就如一座大花园、果园、公园,既是一座现代的高新技术农业示范园区,又是一个具有农业特色的新的旅游景区。

第五节　实施内容

本示范园区总面积为3000亩,在实施时分一期与二期分步实施,重点先规划实施一期工程,一期工程共六大功能区(见图3-3)。

一、花卉种苗区

本区位于一期示范园区的西面,东与蔬果种苗区相连,南接休闲观光区,西面部分接项目的二期木本花卉区,北连加工、管理、培训、商贸区,占地165亩。花卉种苗区分为三个小区。即:草坪、盆景小区;名花小区;花卉种苗区和实践小区。

(一) 草坪、盆景小区

草坪是重要的绿化草种,公园、广场、道路、房前屋后、城市绿地的绿化、工厂绿化都需要大量的草坪草种,高质量的足球场及高尔夫球场都需要优质的草种苗。草坪区分为草坪引种试种区和绿化草坪种苗区。引进、培育适宜各种功能的国内外草坪新品种,主要有运动草坪、休闲草坪、花坛草坪等。盆景大世界,占地20亩,主要以高档四季时花为主,如仙客来、郁金香、名贵兰花,以及各种观赏植物(如荷兰铁、铁树)的种苗繁殖。

(二) 名花小区

(1) 春兰繁育和生产区。春兰是绍兴的市花,也是绍兴乃至浙江及华东地区人民所喜爱的花卉之一。本区根据这一情况,配合组织培养中心,进行名优兰花的繁育与生产。这里的兰花除作展示外,可向市民和游客供应。

(2) 特色花卉种苗。本区以草花、盆花为主,一年可搞3~4期花展。如春季的郁金香展,春兰展,秋季的菊花展等。展示必须有一定的规模,在连栋大棚

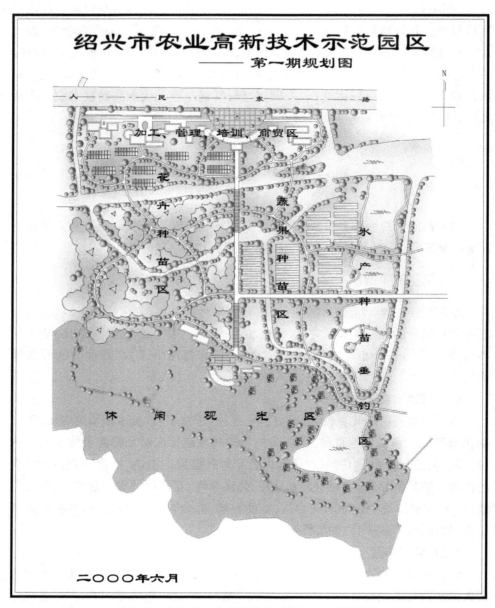

图3-3　绍兴市农业高新技术示范园区一期规划图

内进行。

（3）花坛花卉种苗示范区。本区生产的花坛花卉主要供应城镇街道以作节日花坛美化之用。也可满足大观园自身景观布置之需。花坛花卉品种甚多，一年可栽培3季。主要品种如下：百日草、万寿菊、孔雀草、波斯菊、矮牵牛、三色堇、一串红、鸡冠花、雏菊、长春草、夏堇、四季海棠、瓜叶菊、雁来红、大岩桐、羽衣甘蓝、凤仙花、报春花、古代稀、勋章菊等。

（4）室内盆花苗示范区。随着生活水平的提高，鲜花已成为美化居室之必需，且鲜花作为节日之礼品也已成为当今之时尚。本区主要针对元旦春节礼品鲜花市场，生产各种盆栽花卉种苗和成品，同时也作为效益农业之示范基地。以下是室内盆花的主要品种：仙客来、一品红、欧洲报春花、蟹爪兰、球根海棠、比利时杜鹃、金橘、四季橘等。

（三）花卉种苗中心

（1）名花种苗示范区。占地48亩左右，建造花卉温室2000m²。引进世界各国和我国各地之名花异卉品种，种于区内；根据对环境要求之不同，植于温室内外，培育名贵花卉种苗。区内可用卵石水径分隔，根据类型和季节，分专题布局和搭配，如热带花卉、球根（茎）花卉，常绿观赏植物、按季节用不同种类的草花布置花坛。

（2）花卉养护中心。位于全园的西北，占地80亩。建造单栋大棚2000m²，单栋提高型大棚5000m²，遮阳棚架10000m²。本区的主要功能是生产和养护花卉种苗、常绿观赏植物，出售或租用给宾馆、饭店、机关、公司，并为居民或花木爱好者提供养护服务。

（四）中小学生实践小区

专列3单栋大棚供中小学生实践和游客参与之需。实践小区要求花卉的品种呈现多样性、季节化、短期性，选择多个品种，拓宽中小学生的视野，做到一年四季，季季有花。同时要选择生长期较短的品种，让中小学生实践与参观植物生长的全过程，掌握一些基本的劳动技能及花卉栽培知识。

二、蔬果种苗区

该区位于一期规划区的东侧，在水产种苗垂钓区与花卉种苗区之间，占地108亩。本区建设3000m²智能温室1个；连栋大棚8个，约15000m²；单栋大棚一排，共计10000m²。本区分以下几个部分：（1）蔬菜种苗区。采用数控智能温室、连栋或单栋大棚等现代设施，应用二氧化碳施肥、无土栽培、瓜类嫁接、微滴微喷、电子计算机、有机和绿色农业生产高新技术，培育蔬菜等种子种苗。（2）名优

果树种苗区。(3)实践圃。

(一) 蔬菜种苗区

(1) 新品种繁育区。①引进国内外名优瓜菜品种。国外引进品种如荷兰的彩色甜椒、日本的网纹甜瓜、美国的甜玉米、意大利的抱子甘蓝以及青花菜、结球生菜、紫花菜、黄秋葵、球茎茴香等;国内各地特色品种如武汉红菜薹、荔浦竽头、兰州百合、湖南湘莲、台湾小型西瓜等。②野生蔬菜、保健蔬菜品种。包括芦荟、食用仙人掌、芦笋、马兰头、荠菜、紫苏、紫背天葵、香椿等。

(2) 栽培方式示范区。展示各种先进栽培方式,包括水培、岩棉培、沙培、基质培立体栽培、气培等。

(3) 反季节蔬菜生产示范圃。主要在冬春季节种植各种喜温蔬菜和夏秋季种植各种喜凉蔬菜,作为效益农业的示范点。

(4) 绿色蔬菜生产示范区。本区内严格按照绿色蔬菜要求生产各个季节的绿色蔬菜,作为绍兴市绿色蔬菜生产的样板,示范引导农户进行绿色蔬菜生产。

根据观光旅游之需要,每月或1~2个月安排2种以上蔬菜作为主要观赏作物。这些蔬菜必须具有较强的观赏价值,如3~6月的网纹甜瓜,7~8月的彩色甜椒等。

(二) 名优果树种苗区

(1) 名优品种和特色水果种苗示范区。有日本的梨、新西兰的猕猴桃、美国的甜橙、西安的石榴、山东的大枣、甘肃的核桃、奉化的水蜜桃、余姚的杨梅、黄岩的枇杷等;内分常绿果树区和落叶果树区,常绿果树植于南部,落叶果树可安排在北侧。

(2) 栽培技术示范区和奇果区。栽培技术示范区位于北部,有日本最先进的梨的棚架栽培,新西兰猕猴桃的Y架栽培等;奇果区位于南部,通过嫁接和基本技术手段,如将衢州香泡、玉环的四季柚、黄岩本地早等集于一身;或一棵树上桃、李、梅、杏共生;诸如此类奇果树将真正在这里得到体现。

(3) 大棚水果栽培示范区。置1个3连栋棚或3~5个单栋大棚。种植枇杷、杨梅等常绿省内特色水果和提子、脐橙等引进名优品种,可作为效益农业之展区。

(三) 实践圃

用3~5个单栋大棚,作为中小学生或其他游客临时参与农业活动场所;另辟5~8个棚,专门提供给各中小学,以作为学校的实习场所。这些棚平时由工作人员管理,可根据学校实习之需要和某种蔬菜之生长周期,在播种到采收的整个过程中,安排学生参加3~5次农业实践。

三、水产种苗垂钓区

水产种苗垂钓区位于示范园区一期工程的东部,占地135亩,与休闲观光区、蔬果种苗区相邻。本区分为三个小区,即:垂钓休闲区,观赏鱼种及生产用名优水产种苗区,现代水产养殖技术示范区。

(一)垂钓休闲区

该区位于美女山脚,三面依山,环境幽静,占地28亩。垂钓休闲区呈不规则椭圆形,在鱼塘的四周种以水杉、柳树、红枫等遮阴观赏树木和花草等,使垂钓者的情操得到自然的陶冶。

(二)观赏鱼种和生产用名优水产种苗区

该区主要培育和繁殖比较名贵的观赏鱼种和生产上用的水产种苗,如:蟹苗、虾苗、鲶鱼苗、芦鱼苗等。

(三)现代水产养殖技术示范区

引进各种高档经济水产品种和养殖技术,配备各种养殖必须之设施,如饲养温室、鱼苗饲养池、成鱼饲养池,营养配制和分析室等。为高档水产养殖提供示范。

四、休闲观光区(珍稀植物区)

休闲观光区位于一期规划区的南部,即美女山,占地120亩,该处为一期规划区的低丘山地,海拔在60~70m。本区主要是保护自然的植被,同时大力引进种植多种亚热带植物种类,特别是珍稀植物,力争办成植物园,每一种植物都实行挂牌,标出植物的学名、植物的分类(科、属)、原产地、功能等,供中小学生参观、实习、学习之用,增长学生的植物知识。

本区主要引种的植物有:银杏、水杉、红枫、红叶李、日本樱花、白玉兰、广玉兰、香樟、桂花、茶花、含笑、迎春花等等。

在该区设立一些小茶馆、棋艺馆、小卖部等,供游人休闲时品茶、娱乐、购物。并在山上的道路边布置一些石椅及石板凳,供游人休息时用。

五、科研、实习、培训区

该区紧邻加工、管理、绿色、商贸区和蔬果种苗区,占地15亩。主要实施有以下几项。

(一)农业科研培训中心

开展以效益农业为主的农业新品种、新技术研究,农业技术培训和以中小学

生为主要对象的农业生物学科普教育。

由水稻育种实验及培训大楼、实验温室、育种试验场和新品种示范区组成。大楼为五层楼结构,第一层为培训中心,设3个大小不等的教室,小教室可容纳30人、中教室可容纳50人、大教室可容纳100人,以满足不同需求。大教室以阶梯教室为宜。每个教室配置幻灯机、投影仪和电脑文稿演示仪及黑板、课桌等常规设施,配置教师休息室。二层建种质资源库1个,占地面积100m²,考种实验室2个,各50m²。三层为科研人员办公室。四层为各种实验室和仪器设备,包括遗传育种实验室、生理生化实验室、植物病理实验室等。五层为成果和产品陈列室、会议室和资料室。

建成水稻育种实验温室1000m²,内隔成若干水泥槽,用于株系或小材料的试种、加代、繁育或隔离种植。

建高标准水稻试验场和新品种示范区20亩(二期工程),要求沟渠配套,排灌分系,电力设施配备齐全。

（二）组织培养中心

以组织培养为手段,快速繁育以绍兴市市花——兰花等名贵花卉苗木、蔬菜等其他园艺名优品种。组织培养中心建设以"不求大、但求精"为原则,引进国际上先进的设施仪器,引进人才,在硬件和软件上均达到国内先进水平。具体配置包括:接种室、培养室、绿化室、消毒室,并配置专用温室或大棚等等,达到年生产组培苗10万株的能力。

（三）露天农业博物馆

以农业生产和农业史为中心,展示古越农业生产的发展史,供中小学生参观、学习农业劳动知识。露天农业博物馆占地10亩,分为三大块,一块是农具展示,对古代的农具进行展示,供学生参观及实习用;第二块是农居、农舍,建造原始风貌的古越农家建筑,展现古代农家的生活;第三块是古代农产品加工及饮食区,展示水车碾米、牛车榨油等古代农业加工方法,古饮食文化展区展示古代越国的饮食历史。以实物展示为主,图片文字展示为辅,要让中小学生能亲自参与这一活动。

六、加工、管理、绿色、商贸区

本区的主要功能在农产品的粗及精加工、园区的管理、餐饮服务及绿色商贸。

（一）绿色超市和商贸区

主要销售农业园区生产的绿色产品,沿人民东路建设绿色超市,进行批发和零售业务。销售示范园生产的各种作物种子种苗、时鲜果菜、盆花苗木,组织培养的兰花苗,花肥等等;与农业设施、生产资料供应商、种子公司、农药厂等进行广泛合作,使示范园成为他们产品的推广试验场所,并展示各种新颖的农业生产资料、新优品种种子、新农药等等。既可从厂方获得无偿展示材料,也可从场租、销售等方面获得一定的利益,解决广大农户的实际需要。利用互联网,建立园区的网站,进行电子贸易,成为农产品出口的基地与龙头。

（二）农产品的粗加工及精加工

建立2～3家花卉、蔬菜、果品和水产品加工厂,对农业产品进行保鲜、包装及深加工,增加农产品的附加值和市场竞争力。

（三）管理及服务业

建造一幢1000m²二层砖混结构的园区管理大楼,大楼由行政管理、技术部门、生产部门、商贸部门组成,整个园区实行电子计算机信息管理,将所有的园区资源、生产、经营等数据输入到计算机,实行全程计算机辅助管理,以提高园区的管理水平及工作效率。

另建造示范园区餐饮大楼,供应园区农业生产的绿色无污染食品,倡导绿色消费。餐饮业要突出古越绍兴风味,使游客能"玩得开心、吃得放心"。在管理区建一个中型停车场和国际国内通信设备。

第六节 运行机制和组织机构

一、管理体制

1. 本示范园由绍兴市农业局组织实施,是一个既体现政府意志,又具独立企业资格的股份制企业。

2. 董事会由出资单位组成,董事长由董事会决定。企业实行董事会领导下的总经理负责制,总经理由董事会聘任。

3. 园区设首席专家1名,由董事长聘任;设项目专家2～3名,由首席专家提名,总经理聘任。

二、运行模式

1. 示范园实行企业化运作,可以货币出资,也可以土地使用权、技术作价出资,构成企业资本金。

2. 通过销售种子种苗、园艺产品、培训观光等企业行为,获得经济收益;同时可通过竞争,承担省、市的研究和开发项目。

3. 所有的项目都实行全成本核算,以利润作为考核指标。

三、组织机构

示范园机构设置如图3-4所示:

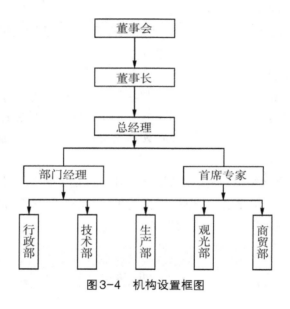

图3-4　机构设置框图

第七节　实施进度

本项目建设期为两年。具体进度见表3-1。

表3-1　项目实施进度计划表

建设期	起止时间	建设内容	投资额(万元)
第一期	2000年1月—12月	果蔬种苗中心 水稻育种中心	2000
第二期	2001年1月—12月	花卉种苗中心 水产种苗中心	2038

第八节　经济、社会和生态效益分析

一、经济效益

园区的收入主要来自以下几个方面:一是种子种苗收入,利用先进的设施和新品种优势,以原种生产和二级种苗基地相配套,成为种子种苗龙头企业,生产水稻、蔬菜、花卉、水果、草坪和果树种子种苗和组织培养;二是产品销售收入,园区内生产蔬菜、花卉、水果、草坪等高档次的农产品;三是观光旅游收入,以年游客50万人次,门票按不同年份以10~20元计;四是培训收入,园区可配合种植业结构调整这一大趋势,开展种植业、养殖业等效益农业的培训;五是中小学生科普教育收入;六是综合服务收入。园区的经济效益预测见表3-1。利用园区完善的休闲功能、幽静雅致的良好环境和风味之优势,增加园区收入(见表3-2)。

表3-2　经济效益预测表(单位:万元)

收费项目	第一年	第二年	第三年	第四年	第五年	第六年	第七年
蔬菜种苗、成品	5	10	25	50	80	100	130
花卉种苗、成品	3	8	30	80	150	200	300
果树种苗、成品		1	5	20	50	100	150
水产种苗、成品			10	30	100	200	300
草坪			5	20	40	80	120
门票	10	30	100	200	400	700	1000
综合服务	20	100	200	400	500	700	900
培训		2	4	6	10	15	20
合计	38	151	379	806	1330	2095	2920

说明:1. 表3-2前6年总收入累计4799万元,成本累计1428.1万元,净利润3370.9万元。第7年总收入场2920万元,成本816万元,利润2104万元。

2. 据表3-2估测,本项目投资回收期为6.32年。

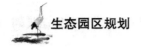

二、社会效益

园区的社会效益主要体现在以下几个方面:

1. 建立农业高新技术示范园,实施种子种苗工程,可以加快蔬菜、果树等农作物、名优水产新品种、新技术新设施示范推广,真正成为农业名特优新品种和高新技术新设施示范推广,真正成为农业名优新品种和高新技术"辐射源",促进绍兴效益农业的发展。

2. 利用园区的技术力量和先进的设施,对各级农业领导干部、农技人员和农民进行种植、养殖等各种效益农业技术方面的培训,为中小学生了解现代农业知识、接触大自然、培养对农业科学的兴趣,提供教育实践基地。同时,还可为广大游客提供一个现代农业的休闲观光场所。

三、生态效益

作为观光旅游基地,园区将十分重视生态效应,真正做到桃红柳绿、鸟语花香。在生产上,以无公害食品或有机食品的要求,严格控制农药和化肥的使用,做到整个园区布局园林化、生产标准化、产品绿色化,增强农业可持续发展的能力。

第四章 余姚牟山湖园林生态园总体规划

第一节 园林生态园定位

余姚牟山湖园林生态园位于牟山湖东南面,牟山镇公路以南,姜山村以东,以高瑶岭和渚山的东西分水岭为界,莫家岭横贯其中,呈棱形分布。行政隶属于牟山镇湖山村,总面积970亩。区位图见图4-1。

余姚牟山湖园林生态园的建设,必须以市场和效益为导向,以生态保护为核心,以生态旅游和休闲为主题,以园林花木的培育、繁殖与销售为重点,利用现代农业生物技术、农业工程技术、农业信息技术,进行农业产业结构的调整,把园林生态园建设成为具有高标准基础设施、高新技术支撑、高水平管理、高质量服务、高效益产出,集园林花木品种引进、生产与示范、生物多样性保护、中小学生素质教育、生态旅游休闲、观光、垂钓及体育健身于一体的综合性、多功能具有东南沿海特色的生态园区,成为城乡园林绿地的花木培育场,同时争取成为市民旅游、休闲、观光点,中小学生素质教育基地。力争成为余姚市农业产业结构调整和生态保护的示范基地。

本园区规划要充分体现高科技、高效益、保护环境、持续发展、人文自然合一的原则。

园林生态园区建设要遵守以下几个原则:

- 苗木生产与生态观光旅游相结合的原则;
- 自然保护、苗木销售与中小学生素质教育相结合的原则;
- 品种、技术引进与示范相结合的原则;
- 保护景观多样性原则;
- 保护物种多样性原则;
- 保护环境与资源利用并举的原则;
- 无污染生产原则,生产有机、绿色、无污染食品;
- 一步规划、分步实施、滚动发展的原则。

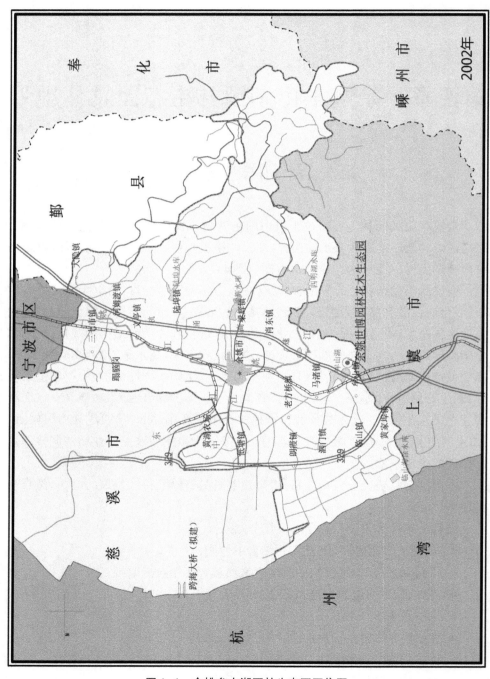

图4-1　余姚牟山湖园林生态园区位图

具体功能定位为：

● 乔木、灌木苗木的生产功能；

● 物种多样性的保护功能（特别是鸟类和珍稀植物物种）；

● 景观多样性的保护功能（如沼地景观、森林景观等）；

● 中小学生素质教育（植物的识别与鸟类观察）；

● 生态旅游、观光、休闲、垂钓与健身（登山运动）。

第二节　园林生态园现状

园林生态园土地利用现状图见图4-2。

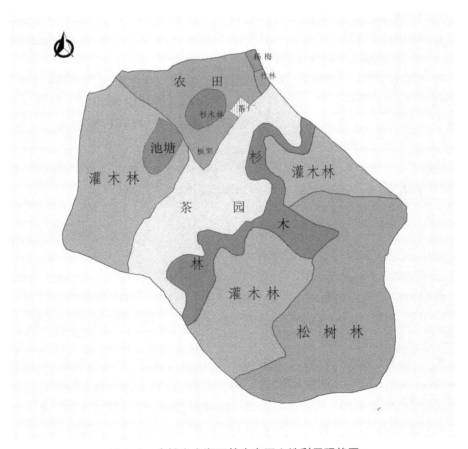

图4-2　余姚牟山湖园林生态园土地利用现状图

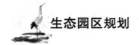

一、森林与植被

属亚热带常绿阔叶林区,常绿阔叶林因长期的人类活动已逐步演替为常绿针叶林和竹类。主要植被有:松杉柏类如马尾松、短叶松、刺杉、柳杉、刺柏等;常绿阔叶类如木荷、青冈、香樟;竹类如毛竹、龙竹、燕竹;落叶阔叶类如麻栗、板栗、檫木、枫香;灌木类如短柄枹、山楂、乌饭树、黄栀子、盐肤木、六月雪;藤本类如猕猴桃,还有蕨类及草本植物。

二、气候

属亚热带季风气候,温暖湿润,四季分明,阳光充足,雨量丰沛。

本市年平均气温 11.0～16.4℃,最冷月 1 月平均气温 0.6～5.8℃,最热月 7 月平均气温 23.5～30.4℃,极端最低气温 -9.8℃,极端最高气温 39.5℃,≥10℃积温 3493～5156℃。

年光照时数 1502～2081 h,七八月光照最多,每月 177～266 h,2 月最少 90～110 h,年太阳辐射总量 110kcal/m²。

年降雨量 1263～1987mm,年际和时空差异较大。全年有两个雨期,即 6 月的梅雨期占全年降水 13%,和 9 月份的台风雨期占全年降水 16%。年平均相对湿度在 78% 以上,无霜期 198～228d,初霜期在 10 月下旬至 11 月中旬,终霜期在 3 月下旬到 4 月上中旬。

灾害性天气频繁,春季低温阴雨,夏季高温干旱,夏秋台风暴雨,冬季风雪严寒,并常有龙卷风、冰雹、飑线、大风等局部灾害性天气出现。

三、土壤

土壤属于红壤类:黄泥土、石砂土。

水稻土类:青粉泥田(湖田青粉泥)。

青粉泥田母质为湖海相沉积体,质地中壤至重壤,以重壤为多。

湖田青粉泥,由近代的湖积体发育,质地重壤,土性冷,通透性差,土壤偏酸,pH 值为 6.4 左右。

黄泥土母质为酸性岩浆风化体,多分布在山麓缓坡,土体较深厚,一般均在 60～70cm 以上,质地以重壤为主,含不等量砾石,适宜于种植茶、桑、果。地处阴坡的黄泥土,则是毛竹生长的良好基地。土壤偏酸,pH 值一般为 5.8～6.0。

石砂土母质为各类岩石的风化残积体,侵蚀和冲刷严重,植被稀疏,土层浅薄。本土属分布于丘陵山区的山腰岗背,因所处地形较陡,物理风化强烈,侵蚀和冲刷严重,砾石含量较高,pH值5.7左右。

四、交通

牟山镇地处余姚西大门,居杭州—绍兴—宁波—舟山浙东黄金旅游线上中心区域。牟山水陆空交通便利,沪杭甬高速公路横跨牟山湖与牟山道口相接,329国道、319省道、萧甬铁路穿镇或沿镇而过,杭州湾跨海大桥南岸西连接线经过牟山镇界,宁波栎社机场和萧山国际机场均在1小时车程以内,杭甬运河500吨级航道改造工程即将开工,区位交通得天独厚。

第三节　总体规划

按照园区的建设目标和规划原则,首先对园区进行功能分区。以园林花木的培养、繁殖与销售为重点,以生态旅游、观光、休闲、健身、垂钓、登山、中小学生素质教育、生物多样性保护为主要功能,总体规划将园林生态园区划分为十三大功能区块。

- 生态湿地景观区;
- 湿地苗木生产区;
- 樱花枇杷岛;
- 管理与绿色商贸区;
- 水·鸟景观保护区;
- 百花苗木休闲区;
- 会展中心;
- 乔木苗木生产区;
- 灌木苗木生产区;
- 花果带;
- 观赏林带;
- 生态植被保护带;
- 盆栽树桩、盆景生产区。

园区功能区块分区的空间布局图见图4-3。

园区总体规划图见图4-4。

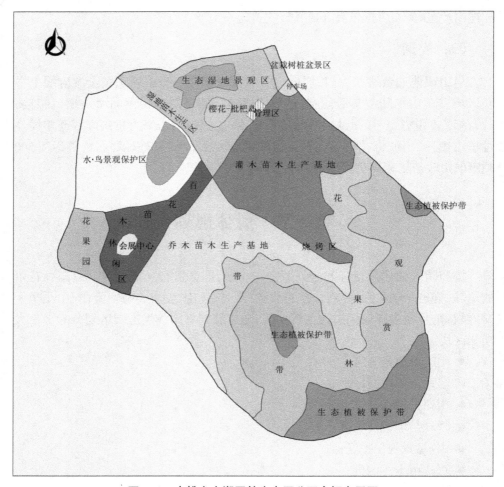

图4-3　余姚牟山湖园林生态园分区空间布局图

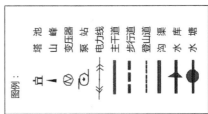

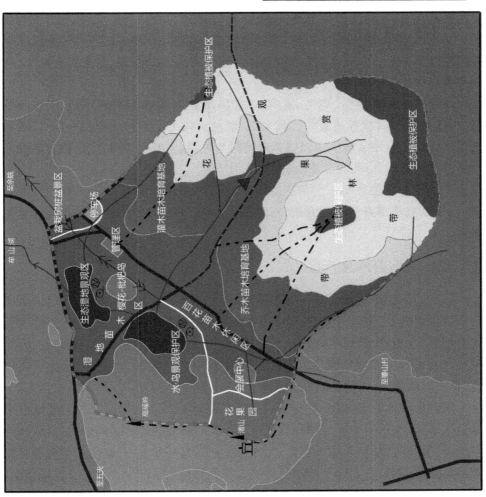

图4-4　余姚牟山湖园林生态园总体规划图

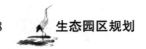

第四节　分区规划

一、生态湿地景观区

本区位于生态园的北部,占地14.5亩,北临园区外的公路,与湿地苗木区相邻。该区为生态园的湿地景观,主要功能为垂钓、休闲和水产养殖。该区所在区域原为稻田,由于地下水位较高,长年浸水,苗木难以种植与生长,故取土挖塘而成。为了营造景色,该塘呈不规则椭圆形,在塘埂的四周种以金丝垂柳、红枫等观赏树木和花草,使垂钓者的情操得到自然的陶冶,塘埂的上方支起水泥架,种植葡萄。

水中主要放养鲫鱼、草鱼、鲢鱼、芦鱼和鲶鱼等,并少量放养甲鱼、鳜鱼和鳗鱼,供垂钓。同时放养适量的五色大鱼,彩色的鱼可供游人观赏和投料,以增加游览的乐趣。水中放养的鱼以自然的饵料为主,适当的投饵料,按绿色食品的要求进行水产养殖,以鱼的品质取胜。

在鱼塘的北面种植一定面积的荷花,夏天荷花盛开形成一道特殊的湿地景观,秋天则有荷塘月色般的意境,形成荷、鱼、果、杉(水杉)层次分明的湿地生态景观。

二、湿地苗木生产区

该区位于生态湿地景观区的西南侧,西北至水·鸟景观保护区,东南以莫家岭园区道路为界,占地70.7亩,本区由于地势较低,因此地下水位偏高,土壤为湖田青粉泥,由近代的湖积体发育,质地重壤,土性冷,通透性差,土壤偏酸。因此主要种植目前平原湿地绿化的主要树种金丝垂柳、湿地松、水栀子,水栀子花白色,有浓郁的香气,为优良的观赏树种。

同时种植部分湿地松,并少量引种墨西哥落羽杉。这样就形成了湿地苗木以金丝垂柳、水栀子为主,以湿地松、墨西哥落羽杉为辅的多品种搭配,形成针叶与阔叶、落叶与常绿、无花与有花、无香与有香的互补互益,具有良好市场适应性的多元品种结构。

三、樱花枇杷岛

该区成岛状,位于湿地苗木生产区中,高程20m左右,面积13亩。该区原为杉木林，但林相单一，观赏功能很差，而且杉木的密度较高，游人无法进入林丛进行活动，因此必须对林相进行改造、更新。根据余姚市的气候特点，余姚属于亚热带季风气候，温暖湿润、四季分明、阳光充足、雨量丰沛，最适宜于常绿阔叶林的生长。在此选择樱花、枇杷作为林相改造树种，砍伐原有杉林，种植樱花、枇杷，最后形成以樱花、枇杷为主，以银杏、杜仲、柿、枣为辅的樱花-枇杷岛。

在岛上建立1～2座木结构的小凉亭，供游人休闲、品茶、观花，在顶部修建1～2座木结构炮楼式的观鸟台，供客人登高观察水·鸟景观保护区的野生鸟类，因为此处距鸟的栖息地较近，是一个理想的天然观鸟台地。

四、管理与绿色商贸区

该区西北与湿地苗木区相接，东南以莫家岭园区道路为界，与灌木花木生产区相邻，占地5.4亩。本区的主要功能在生态园区的管理、餐饮服务、绿色商贸。

建造一幢1000m²二层砖混结构的园区管理大楼，大楼由行政管理、技术部门、生产部门、商贸部门组成，整个园区实行电子计算机信息管理，以提高生态园区的管理水平及工作效率。

另建造生态园区餐饮大楼和绿色小超市，供应花木苗木和绿色无污染食品，倡导绿色消费，使游客能"玩得开心，吃得开心"。在管理区建一个中型停车场。

五、水·鸟景观保护区

本区位于园区的西北部，包括高瑶岭的大部分和水库及周边部分，占地113.5亩。本区由于是野生鸟类白鹭的自然栖息地，为了保护野生鹭鸟，让该鸟类种群成为生态园区的一道自然的独特景观，特设立保护区，以保护其自然景观。

在水库中仿生态养殖草鱼、鲫鱼，同时放养少量的野鸭和鹅，野鸭和白鹅在水中畅游，则更添几份生机与和谐。在水面上养一些萍类植物，以净化水质，增加水生饲料。

六、百花苗木休闲区

本区位于莫家岭园区道路的西北侧，三面分别与湿地苗木生产区、水·鸟景观保护区、花果带（渚山）相邻，占地面积47.5亩。该区的主要功能为观花类苗木生产与旅游、休闲。该区四季有花、花香鸟语。观花类苗木种植品种主要为：红玉兰、黄玉兰、白玉兰、紫玉兰、樱花、花石榴、金桂、银桂、丹桂、四季桂、蜡梅、梅花，形成玉兰、樱花、石榴、桂花、梅花五大系列观花类苗木。春天有红、黄、白三色玉兰花、粉红色的樱花,夏天有花期长、花朵大、香味浓的白色广玉兰和红色的石榴花,秋天则有丹桂飘香,冬天则是梅花怒放。

在该区的林木间建造数座分散在林间的小木屋,供游人观花、散心、交友及娱乐。

七、会展中心

会展中心位于百花苗木休闲区内,占地面积3.3亩。建造一幢500m²二层楼的会展中心楼,大楼中设计有三个小型的会议室和两个中型的报告厅,在会议室和报告厅配备有多媒体设备,供会议使用。

八、乔木苗木生产区

本区位于生态园区西南部,以莫家岭园区道路为界,东临灌木苗木生产区,南与花果带相连,西北与百花苗木休闲区相接,占地130亩。此区的主要功能为乔木苗木的培养与繁殖,同时兼顾观景。

根据园区的定位与市场预测,乔木苗木生产区的种植品种主要为:红枫、杜英、银杏、红豆杉。红柿、紫叶矮樱、北海黄道杨、香花槐则为彩色植物。杜英则为常绿阔叶树种。杜英和银杏则在城市绿化中具有十分重要的地位,杜仲、枇杷、柿和枣则是耐性和抗性较好的城市绿化树种,市场前景广阔。

九、灌木苗木生产区

本区位于乔木苗木生产区的东北面,西北与湿地苗木区相邻,东南与花果带相接,占地130.6亩。本区的主要功能为灌木苗木生产,同时兼顾观赏、游览。

依据市场预测、土壤特性、气候条件及园区定位,灌木苗木生产区种植的主要品种为:红叶李、红枫、红羽毛枫、紫叶矮樱、金叶连翘、金边阔叶麦冬。

十、花果带

花果带由渚山的一部分和乔木苗木生产区、灌木苗木生产区上的山地带组成,占地150.3亩。花果带基本做到四季有果,种植的主要品种为:杨梅、枇杷、枣、柿子等,因此将花果带再分为:杨梅林、枇杷园、枣林、柿子林。

春季有杨梅、枇杷,夏天有枣,秋冬有柿子。

十一、观赏林带

观赏林带位于花果带之上,占地215.6亩。此带主要进行林相改造,提高林地的第一生产力和观赏价值,分四大块分别种植:松、刺杉。大片的(紫、红、白、黄)玉兰构成玉兰山;夏季紫薇色彩艳阳,花期长,是一种理想的木本观赏林;枫树林在秋天叶片变红,远远望去火红一片。

十二、生态植被保护带

生态植被保护带由三座山头组成,占地75.8亩。山头由于地势较高和坡度较大,必须进行生态保护,对原有的植被进行保护。

十三、盆栽树桩、盆景生产区

位于园区进口处,占地5亩,主要生产各类树桩和盆栽红枫、罗汉松等。

本区位于示范园区一期工程的东部,占地135亩,与休闲观光区、蔬果种苗区相邻。

第五节　专项规划

本生态园区总面积970亩,实行一步规划分步实施战略,基础设施先行,生产项目快上,再逐步进行旅游休闲设施建设和林相的改造。在产品设计上做到因地制宜、因土制宜,以市场为导向,做到"人无我有,人有我优,人优我特",突出名、优、精、特,逐步走向良性循环和可持续发展。

一、产品设计

(一)主要苗木参考价格(见表4-1)

表4-1　几种主要苗木不同苗龄参考价格

单位:元/株

名称	1年	2年	3年	4年	5年	6年	7年
红枫	3.0	15	25	40	70	100	180
樱花	2.0	12	17	35	80	100	130
杜英	2.0	15	30	60	75	90	110

续表

名称	1年	2年	3年	4年	5年	6年	7年
紫、红、白、黄玉兰	1.2	10	20	30	90	200	330
桂花	1.0	9	20	30	50	90	160
杜仲	3.0	8	20	40	60	80	116
银杏	0.45	9	20	30	60	110	180
红豆杉	1.8	10	20	50	80	160	300
红丝鸡爪槭	1.5	13	24	40	70	180	280
紫叶矮樱	2.0	6	13	18	30	39	60
北海道黄杨	0.5	6	15	30	45	60	80
香花槐	1.7	6	13	25	40	65	88
湿地松	0.3	4.5	10	18	35	50	80
金丝垂柳	1.0	7	15	25	32	38	50
紫薇	1.0	5	16	25	30	55	70
红叶李	0.85	4.5	10	18	32	40	50

（二）项目产品设计（见表4-2）

表4-2　项目产品设计（每年）

项目产品	水产	湿地松	金丝垂柳	玉兰	樱花	桂花	杜英	银杏	红枫	红豆杉
生产面积（亩）	14.5	35.70	35	17.5	10	10	10	10	10	50
生产方式	养殖	种植	种植	种植	种植	种植	种植	种植	种植	种植
年产量（株或吨）	1450	4284	4200	2100	1200	1200	1200	1200	1200	6000
销售量（株或吨）	1450	4284	4200	2100	1200	1200	1200	1200	1200	6000
生产成本总价（万元）	0.29	2.64	2.92	1.51	0.97	0.84	1.10	0.76	1.10	4.70

续表

项目产品	水产	湿地松	金丝垂柳	玉兰	樱花	桂花	杜英	银杏	红枫	红豆杉
单价（元/株或吨）	7.0	32.9	27.8	113.0	62.0	60.0	63.0	68.0	72.0	103.3
销售收入（万元）	1.02	14.10	11.69	23.73	7.44	7.20	7.56	8.16	8.64	62.0

项目产品	杜仲	红叶李	红丝鸡爪槭	香花槐	紫叶矮樱	紫薇	北海道黄杨	盆栽盆景	果树
生产面积（亩）	50	20	30.6	20	20	20	20	5	150（杨梅、枇杷、枣、柿等）
生产方式	种植	种植	种植	种植	种植	种植	种植	种植	种植
年产量（株或吨）	6000	2400	3672	2400	2400	2400	2400	1000	150
销售量（株或吨）	6000	2400	3672	2400	2400	2400	2400	1000	150
生产成本总价（万元）	3.27	1.63	2.75	1.85	1.93	1.67	1.53	1.50	6.00
单价（元/株或吨）	54.0	26.0	101.2	39.5	27.7	36.0	39.3	80.0	1000
销售收入（万元）	32.40	6.24	37.16	9.48	6.65	8.64	9.44	8.00	15.0

（三）苗木投入及产出

● 种苗投入估算

水产种苗	200元/亩	14.5亩		2900元
湿地松苗木	0.3元/株	800株/亩	35.7亩	8568元
金丝垂柳	1.0元/株	800株/亩	35亩	28000元
红、白、黄玉兰苗木	1.2元/株	800株/亩	17.5亩	16800元
樱花苗木	2.0元/株	800株/亩	10亩	16000元
桂花	1.0元/株	800株/亩	10亩	8000元
杜英	3.0元/株	800株/亩	10亩	24000元
银杏	0.45元/株	800株/亩	10亩	3600元

红枫	3.0元/株	800株/亩	10亩	24000元
红豆杉	1.8元/株	800株/亩	50亩	72000元
杜仲	0.40元/株	800株/亩	50亩	16000元
红叶李	0.85元/株	800株/亩	20亩	13600元
红丝鸡爪槭	1.5元/株	800株/亩	30.6亩	36720元
香花槐	1.7元/株	800株/亩	20亩	27200元
紫叶矮樱	2.0元/株	800株/亩	20亩	32000元
紫薇	1.0元/株	800株/亩	20亩	16000元
北海道黄杨	0.5元/株	800株/亩	20亩	8000元
盆栽盆景	3000元/亩	5亩		15000元
果树	200元/亩	150亩		30000元
观赏林木	50元/亩	215亩		10800元
合计:				40.92万元

● 经济产出预测(见表4-3)。

表4-3　不同年份产出估算表

单位:万元

名称	第一年	第二年	第三年	第四年	第五年	第六年	第七年
湿地松(35.7亩)	0	1.92	4.28	7.71	14.99	21.42	34.27
紫、红、白、黄玉兰(17.5亩)	0	2.10	4.20	6.3	18.90	42.00	69.3
樱花(10亩)	0	1.44	2.04	4.2	9.6	12.00	15.60
桂花(10亩)	0	1.08	2.40	3.60	6.00	10.80	19.20
紫薇(20亩)	0	1.20	3.84	6.0	7.2	13.2	16.8
北海道黄杨(20亩)	0	1.44	3.60	7.20	10.80	14.40	19.2
杜英(10亩)	0	1.80	3.60	7.20	9.00	10.80	13.20
银杏(10亩)	0	1.08	2.40	3.60	7.20	13.20	21.60
红枫(10亩)	0	1.80	3.00	4.80	8.40	12.00	21.60
金丝垂柳(35亩)	0	2.94	6.30	10.50	13.40	15.96	21.00
红豆杉(50亩)	0	6.00	12.00	30.00	48.00	96.00	180.00

续表

名称	第一年	第二年	第三年	第四年	第五年	第六年	第七年
杜仲(50亩)	0	4.80	12.00	24.00	36.00	48.00	69.60
红叶李(20亩)	0	1.08	2.40	4.32	7.68	9.60	12.00
红丝鸡爪槭(30.6亩)	0	4.77	8.81	14.68	25.70	66.09	102.80
香花槐(20亩)	0	1.44	3.12	6.00	9.60	15.60	21.12
紫叶矮樱(20亩)	0	1.44	3.12	4.32	7.20	9.36	14.40
盆栽盆景(5亩)	0	8.00	8.00	8.00	8.00	8.00	8.00
小　计	0	44.33	85.11	152.43	247.67	418.43	659.69
第二年开始平均生产成本	40.92	39.46	39.46	39.46	39.46	39.46	39.46
利润(苗木)	0	4.87	45.65	112.99	208.21	378.97	620.23
水　产	0	0.73	0.73	0.73	0.73	0.73	0.73
果　树	0	9.00	9.00	9.00	9.00	9.00	9.00
总利润	−0.92	14.6	55.38	122.72	217.94	388.7	629.96

*每亩种苗800株,从种植后第二年出售苗木,第七年售完。每年平均出售苗木为800/6,约133.3株;成品率90%,实际年出售120株/亩。用不同苗龄的单位售价计算得表4-3。

二、供、排水规划

(一) 水资源概况

本园区自然环境幽静,三面环山,北邻牟山湖的低山与丘陵坡地,现有山林郁葱,茶园翠绿。园区内既无村庄,又无工厂污染,也无外界(区外)流水进入园区。土壤靠天然雨水湿润,遇到中、大暴雨,地面出现径流,汇集成小股山水,流入牟山湖。流走的山水,水质很好,不仅可作灌溉用水,也可供为优质生活用水。

为了充分利用天然优质雨水,应适当增建小型山塘、水库,尽量减少雨水流失。园区的集雨总面积为710000m²(1065亩);园区所在地域的年平均降雨量达1348mm,园区常年总降雨量为957000m³,而年平均蒸发量为925mm。所以,在正常年景,园区水资源较丰富。

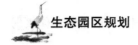

（二）供水规划

蓄水设施的规划

为充分集蓄和利用优质水资源,作下列小型山塘水库规划,水塘位置如图4-4示。

①建Ⅰ号小水库

在园区南山北坡、中部小山岙原有的小溪沟里,在高程为35～38m处,建造小型水库,堤坝高12m,坝长约85m,水库面积6300m²(约9.5亩),水库底的纵向坡度约为6～7度,横向坡度约为18～20度,蓄水量约16000m²。以地形地貌初步分析测算,Ⅰ号山塘(小水库)集雨面积为136000m²(204亩),常年平均总降水量约为184000m³,除了山体吸水、地表蒸发外,在丰雨期,雨水径流年均总量在45000m³以上。所以在正常年景能完全满足Ⅰ号山塘(小水库)的蓄水要求。

②水塘扩容,建成Ⅱ号小水库

将原鸟栖息地旁水塘挖深、拓大,建成Ⅱ号小水库,面积13500m²(20亩),水库深(平均)2.5m,库容约为29000m³。根据对地形地貌的初步分析测算,Ⅱ号小水库的集雨面积为389000m²(584亩),年集雨总量为525000m³,除去Ⅰ号小水库蓄水量约16000m³后,尚有雨水500000m³以上,是Ⅱ号小水库库容量的16倍以上,所以完全能满足其蓄水要求。

③挖建Ⅲ号水塘

在距云夫公路邻牟山湖路段以南13米的园区最低处,将原沼泽田挖建成Ⅲ号水塘,面积约6000m²(约9亩),塘深(平均)2.5m,可蓄水量约14000m³,Ⅲ号水塘总集雨面积为710000m²以上(约1065亩),常年平均总降水量约为957000m³,除了Ⅰ号和Ⅱ号水库的蓄水库容,以及园区地表蒸发外,在丰雨期,雨水径流量至少年均在20万m³以上的水量流经Ⅲ号水塘排入牟山湖。

④新挖引水渠道450m

在园区最西边的山岙原有条小溪沟,当水流到莫家岭(在高程20m处)后就流出园区向姜村方向流走。此小山岙集雨面积为100000m²(150亩),现雨水大部分未能被本园区所利用。经过对该小山岙的实地考察和分析,建议从小溪沟的中游,在沟底高程45m处开始,另挖栏水分流渠道450m,栏水分流到莫家岭的高程23m处,转而向北引进Ⅱ号水塘。如此,该山岙的大部分雨水可为本园区所利用,而且工程投资也较少。

Ⅰ号水库、Ⅱ号水库和Ⅲ号水塘,合计总面积38.5亩,占园区总面积的4.4%。

⑤生活用水规划

按园区管理和生产的常住人口40人,休闲、娱乐、观光的流动人口100人次/日,耗水量以0.2m³/人次计,用水量为35m³/日;全年用水量为12600m³,全部由Ⅰ号水库供给优质天然水。

⑥灌溉用水规划

园区分为东灌区、西灌区和中灌区:

东灌区,位于园区的东山北坡,地面高程在40m以下、25m以上,面积95亩,可由Ⅰ号水塘和新开分流引水渠道分别供水,计为13000m³。按农林旱作一般灌水定额(采用小管出流或低压涌泉灌)35m³/亩,灌水周期10d计,可解决连续干旱49d以下的灌溉用水。

东灌区采用PVC管道输水,可利用地势高差大部分作自流灌溉。

西灌区,位于园区的西山南坡,地面高程为15～40m,面积约85亩,由Ⅱ号水塘供水12000m³,但需建泵站和PVC管道压力输水,仍以35m³/亩的定额。10d的灌水周期计,采用微喷灌或小管出流,可解决西灌区连续干旱50d以下的用水。

泵站、塔池规划:

在Ⅲ号水塘建灌溉用水泵站,泵组类型为农用离心泵,铭牌扬程50m、流量70m³/h,可满足灌溉要求;在Ⅱ号水塘建水泵站,装置两套机组。

机组Ⅰ,生活供水专用,类型为多级清水离心泵,铭牌扬程90m、流量15m³/h,可满足生活供水要求。

机组Ⅱ,为西灌区供水,铭牌扬程50m、流量60m³/h,类型为离心泵,可满足供水要求。

中灌区,位于东山北坡与西山南坡之间,地面高程10～25m,是低丘缓坡地带,面积约110亩,可由Ⅲ号水塘供水12000m³,需建泵站和PVC管道压力输水,采用小管出流或微喷灌,可解决中灌区连续干旱49d以下的用水。

(三)排水规划

1. 自流排水系统(如图4-4所示)

园区的东、西部是山坡,中部是南北向的长形丘陵缓坡,南高北低,北临牟山湖。在大雨、暴雨时,地面形成径流,分别汇流到各山岙的小溪沟里。经次干、主干排水渠道流入Ⅰ号水塘(库)→Ⅱ号水塘→Ⅲ号水塘;或经各次干、主干排水渠道直接流入Ⅱ号水塘或Ⅲ号水塘,先蓄后溢,当水塘蓄水满后,最后经Ⅲ号水塘溢排到牟山湖内。

2. 排水系统的疏浚与理顺沟通

为了使园区排水良好,必须疏浚原有的各条排水小溪沟,使之排水畅通。同时,大小溪沟之间必须联通,构成完整的排水系统。

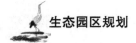

3. 排水渠道的规划

为减少园区内优质山水在原有小溪沟里渗漏;也为减少溪沟的排水阻力,以免在大雨、暴雨期间因排水太慢而满溢遍地,造成水土流失。因此,对园区原五条支干排水溪沟计1100m、两条主干排水溪沟计1150m,都分段用砼预制件建成梯形三面光排水渠道。由于排水溪沟的坡比(比降)在1/50~1/500,排水的流速较快,因而排水渠道可以较小,以节省建造成本,但应按规范计算,考虑渠道最大流量设计,渠道有足够的排水过流断面。为减少渠道和水塘的泥沙沉积,同时需要配建砼沉沙池,分别串通在各条排水渠道中。

三、道路规划

按园区经营的需要及各区块功能的人、货车流动情况,道路分五个级别配置,道路级别配置如下。

(一)主干公路

主干公路在沿原穿过园区的简易公路基础上修建,向南通姜村,向北与云夫公路相接;路长760m;路宽6m,沙石硬化路面,路基石层厚0.4m,允许10t车通行。

(二)次干公路

次干公路沿原人行道为基础拓建,分别与云夫公路、园区的主干公路交接,路长380m,路宽4m,沙石硬化路面,路基石层厚0.3m,允许5t车通行。

(三)作业道

作业道按区块功能和种植结构配置,总长1050m,路宽3.5m,沙石硬化路面,其宽2.2m,路基石层厚0.25m,允许小于1t的人力车或小卡车通行。

(四)步行道

步行道总长1450m,路宽0.8m,路中为沙石路面。

(五)登山路

登山路通向山顶,是砼预制板块叠成的台阶路,路宽0.5m,总长1150m,可满足健身、休闲的登山运动。

四、管理和服务设施规划

- 行政管理用房1000m²(办公、会议、咨询、仓库、工具房);
- 停车场200m²;
- 生态园大门一座;
- 电视、电讯等;
- 会展中心500m²。

五、预计投资分年度计划（见表4-4）

表4-4　基础设施投资估算及年度安排

单位：万元

项目	2003	2004—2005	2007	2012	合计
一、水利					154.60
1 Ⅰ号水库（含石方、土方、水泥沙、施工）			45.00		
2 Ⅱ号水库（含石方、土方、水泥沙、施工）		28.00			
3 Ⅲ号水塘（含石方、土方、水泥沙、施工）		26.00			
4 栏水引水渠（土方、石砌）		3.60			
5 泵站（机组、泵房、电器）		8.50			
6 排水渠（水泥预制、施工、运输）		18.00			
7 输水管道（PVC管、施工费）		16.00			
8 喷、涌泉灌器材		9.50			
二、道路					32.10
9 主干公路760m		10.30			
10 次干公路380m		5.60			
11 作业道1050m		6.50			
12 步行道1450m		3.50			
13 登山路1450m		6.20			
三、管理区					176.50
14 管理用房1000m²	50（500元/m²）				
15 会展中心500m²			100（2000元/m²）		

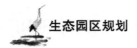

续表

项目	2003	2004—2005	2007	2012	合计
16 停车场200m²	2 （100元/m²）				
17 大门一座	2				
18 50kVA变压器(一台)	7.5 （1500元/kVA）				
19 10kV高压线2000km	5 （25元/m）				
20 电视、电讯2.5km线路		10.00			
合　计	66.50	151.70	145.00		363.20

第六节　投资和效益估算

余姚牟山湖园林生态园,苗木生产为主要经营项目,结合休闲观光旅游。建设期暂考虑十年,2003年开始建设,2012年完成。

一、投入

基础设施建设投入

基础设施建设:分水利、道路和管理区三部分。拟三期完成:2003年66.5万元;2004—2005年151.7万元;2007年145.0万元。总计363.2万元。未考虑不可预见费用、无形资产和递延资产投资及铺底流动资金。

一次性赔偿金

一次性土地和面上作物赔偿金83.65万元,其中茶叶地117.135亩,赔偿费50.0万元[7.985亩个人茶地,按每亩8000元(含30年租金)计赔];个人自由地粮田23.24亩,赔偿金8.87万元(含30年租金);杉树山336.36亩,赔偿金14.0万元;地面作物赔偿金10.6万元。

每年租金

每年应付租金4.9万元。其中;茶叶地109.15亩,租金133.33元/亩·年,计1.45万元;粮田45.2亩,租金250元/亩·年,计1.13万元;山地336.36亩,租金60

元/亩·年,计2.0万元;水库15亩,租金200元/亩·年,计0.3万元。

种苗投入

"种苗投入估算",其中383.2亩,每亩800株,每株价格以平均价计算。盆栽盆景5亩,每亩投入3000元;果树150亩,每亩投入200元;观赏林木215亩,投入50元计算。总投入计40.92万元。

生产成本

见表4-2:不同年份以平均值估算,包括肥料、农药、人工和管理等费用,每年38.96万元。

二、效益分析

按照一次规划、分步实施;边改造(茶园等经济林)边生产的原则。2003年重点建设管理区块,投入66.5万元,生产种苗投入40.92万元,共计107.42万元;2004—2005年完成基础设施建设,投入151.7万元。2007年建1号山塘水库,投入45万元(经济条件允许可提前投入),投入100万元建设会展中心。完善生态园的建设。生态园进入正常盈利期,效益(理论计算值),理论上收回期限,详见表4-5。

表4-5　效益分析

单位:万元

项　目	2003	2004	2005	2006	2007	2008	2009	合计
一、投入								
基本建设	66.5	151.70			145.0			363.2
一次性赔偿	83.65							83.65
租　金	4.9	4.9	4.9	4.9	4.9	4.9	4.9	34.3
种　苗	40.92							40.9
合　计	195.95	156.6	4.9	4.9	149.9	4.9	4.9	522.05
二、利润								
生产利润	−40.92	4.87	45.65	119.99	208.21	378.97	620.23	1329.0

续表

项　目	2003	2004	2005	2006	2007	2008	2009	合计
休闲观光旅游	0	30.0（5000人、60元/人次）	60（1万）	120（2万）	120（2万）	120（2万）	120（2万）	570
合　计	−40.92	34.87	105.65	231.99	328.21	498.97	740.23	1899.0

2003—2009年总共投入522.05万元。

当不计算休闲观光旅游收入，即只计算生产性（第一产业）利润收入，2008年（5～6年）可全部收回投资。考虑休闲观光旅游，2006—2007年（4～5年）全部收回投资。2008年后生态园进入正常盈利期，经济效益明显。

第七节　社会效益、生态效益和环境影响

一、社会效益

"余姚牟山湖园林生态园"建成后，陆续向社会提供名贵、优质园林绿化苗木：年均小苗10.6万株，二年苗10.6万株，大苗10.6万株，为绿化、美化城镇做贡献；高档鲜、干水果150t。年均接纳青少年活动11667人次。随着生态园的深度开发，可安排数十个就业岗位，并为地方增加财政收入。

二、生态效益

森林是陆地生态系统的主体，"园林生态园"林木覆盖率达95%以上，其中有45%左右是天然异龄混交灌木林，具有良好的水源涵养和保土功能，引进种植的花木果树具有较高的观光价值。虽然目前牟山湖南岸周边砖瓦厂较多，从烟囱出来的烟雾中含有SO_2、N氧化物、氟及氟化物等污染空气，但园区茂密的林带树冠，对以上物质起着阻挡、过滤、吸收净化作用。特别是樟树，其抗SO_2、抗F（吸F）能力相当强。"生态园"经过科学规划、精心开发，其林木、果树、花木苗木对全园的绿化、净化、美化的主导作用显得越来越明显，Ⅱ号水塘西边树林已栖息500多只水生野鸟，以后将会成为多种鸟类的栖息地。园林生态园为优化牟山湖生

态环境,焕发牟山湖的生机,提升牟山旅游资源的品位做出表率,生态效益十分显著。

三、环境影响

"园林生态园"的规划、建设工作均以生态环境保护为中心展开的。种植业施用有机肥,禁用高毒、高残留农药,严格控制投入物对土壤与水体的污染,保持整个园区土壤、水质、空气的净洁度,有利于营造园区山清水秀、风景优美的环境。

第八节　实施策略

一、处理好周边和地方的关系

致力于生态环境建设、改造。这对周边农业而言,不构成影响。但周边农业生态环境现在和将来对生态园可能产生这样那样的影响。这就要通过地方政府的协调和支持。为此,生态园规划纳入余姚市牟山湖综合治理和开发规划之中。首先在项目区内做好工作,起到带动示范作用,并在技术、种子种苗、甚至种植结构和市场销售方面起到示范作用,使项目建设对周边生态农业建设有所带动,对村(乡)经济发展有所拉动,对周边农民增收有所帮助,走共同富裕之路。使周边农民关心、支持、爱护生态园的建设。成为牟山湖治理开发中的一个亮点。

二、使生态园的建设纳入牟山湖开发的总规划,成为支持牟山湖开发的重大举措

生态园的建设,是改善牟山湖生态环境的一种示范,希望政府对项目的建设和发展提供优惠政策、补偿机制,予以重点扶持:

● 在立项、用地、资金和技术、设施引进方面给予优惠和政策倾斜,改善投资环境,大力发展外向型的生态农业产品;

● 为确保生态建设,提高建设水平,园区内需要引进新技术、新品种,给予必要的补贴;

● 在生态园注册投资生态农业的企业,可以享受比农业产业化龙头企业更加优惠的政策;

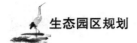

● 生态园内生态农业土地使用,可免征地方土地使用税若干年;

● 对生态性休闲用地、湿地保护用地,免征多项费用,对培肥能力、生态模式实验给予经济支持。

三、设置生态园外围环境保障带

建立与生态园和谐的优良环境,是经济效益持续发展的保证。在生态园建设中,突出绿色、环保的优先地位,坚持禁止污染项目的进入。

为保障生态建设有一个相对隔离环境和外围条件,建议:①西边的采石场,有一个开采时间表及恢复生态建设的规划,不要影响牟山湖整个景观和生态园的建设。②区内坟墓,逐步纳入牟山湖整体治理视野,适时迁移,有一个时间表。

四、规划区污染控制

生态园,由于游客的进入,将会使区域内废水、固体废弃物等数量增加,成为潜在的生态问题,为此建议:①采用清洁能源:规划区内主要以电能、太阳能、生物质能作为主要能源。减少或避免对大气的污染。②污水要处理,生态园内的污水,主要是生活污水,对其处理可有两种方法:一是通过暗管集中后经化粪池处理,直接输出到苗木种植区,作为有机肥,通过区域内生态各组分的物理交换,实现污水的资源再利用。此为简易又有效的方法。可优先采纳。二是经化粪池处理后,再进入污水土地处理系统处理(规模较大时),山体土壤质地,具备快速渗滤处理的条件,而且土地较容易建成快滤池,这样可以在快滤池表面种植景观植物,而经渗滤的水可用于补充区内淡水体。土地处理系统中,污水通过土壤—植物系统对污染物的降价,吸附作用,得到净化。这种办法,系统投资少、运行费用低,且维护简便,对有机污染物和氮、磷营养都有较好的处理效果。减轻了水体富营养化的威胁。此外,处理后水可以用于灌溉,养殖和景观等多种用途。滤池表面,可以种植多种有价值的景观植物,获得经济效益。③固体废弃物,对生态园内固体废弃物采用区别对待,最小量排放的策略。首先,对于农业生物性固体废弃物,原则上全部返田,参与系统内物质再循环。对农业上非生物性废弃物如薄膜等,采取尽可能回收,送相应的再生企业进行资源再利用。其次,生活垃圾采用分类处理,对于塑料袋、易拉罐、各种玻璃瓶以及金属硬物等提倡回收再生。最好在区域开发实体下能设这类收购项目。而对一般性生活垃圾,则利用与家庭式的动物厩物共同堆制,作为有机堆肥的组成部分进行资源再利用。为了保持生态园的整洁、美观,在旅游线上设置密度较大的生态型垃圾箱,并有专人负责清理。

五、以生态学原理，建设生态园

项目区的现状，已是一个生态基础较好的区块，地形地貌的多样性，生物的多样，还有独突自然的景观（鸟）。在规划时，已充分注意到，所以道路布局、排灌水系规划，以及山体丘陵地开发上，充分尊重原有生态的植被、地形地貌。在规划实施时，也要注意，比如道路基本采用原有路，只是加宽路面，不求直、平。渠系统，在原有基础上加以改善，在适当地点建造小型水库，增加雨水的收集、存贮。在鸟栖居地实施保护。在茶地和林地建设时，实施改造，逐步砍伐，保护绿地防止造成水土流失。山体开发实施山顶戴帽（保护）（植树造林，消灭秃山），山腰实施围山转经济林带。山脚目前茶园地逐步改造苗木种植，沼泽地边保护边开发利用。

总之生态园建设主要以补充、完善、提高，不同于农业现代示范园的建设，可以推倒重来，搞人工营造景观。

六、生态效益、社会效益和经济效益的统一

生态园的建设立足点在社会和生态效益，但是必须与投资者经济利益相统一，才能调动投资者积极性，才能使生态园建设落到实处，可持续发展。这是规划的出发点，也是难点，但必须找到结合点。

● 总体规划分步实施解决资金投入问题。

● 种植结构选择，一年生、二年生和多年生苗木以一年生为主，经济林带，桃、梨、柿树除了提供观赏生态景观的特色体验外，还充分考虑经济效益。

● 另外，结合开发观光、休闲、旅游等和青少年教育地建设，增加经济收益。

总之，生态园的建设，立足点要鲜明，要以生态效益为主，但必须解决经济的支撑点。否则，生态园建设不可能实现可持续发展。

七、大苗盆栽技术的应用

从生态园可持续发展的要求出发，生产销售苗木，特别是大苗木，大都是带土移植，土壤损失较大，建议建立客土的补偿机制以保护土壤不流失。或引进大苗盆栽技术，有利于保护生态环境，实施可持续发展。

第五章 永嘉县表山乡生态旅游资源详查与规划

第一节 生态旅游资源详查与规划的意义

永嘉县表山乡地处永嘉县中北部山区,属楠溪江中大楠溪江流域的支流上游,距永嘉县城上塘镇56.6km,距温州市区近90km。乡域面积为51km²,近90%为山地,耕地面积2534亩,其中水田1663亩,旱地871亩,山地森林植被保护较好,森林覆盖率达83%,其中生态公益林2.1万亩。全乡共有14个行政村,76个村民小组,1872户农户,总人口为7238,其中劳动力为4261人,外出务工人员达2768人。14个行政村中有12个村通了公路和自来水,14个村都通了电话,其中6个深山村为无线电话(一种简易的无线通信)。其行政区划见图5-1。

永嘉县表山乡由于地处山区,人多耕地少,交通不便,农业产业结构单一,是浙江省一百个欠发达乡镇之一,2002年全乡农村经济收入1482万元,农民人均收入1670元,远远低于我省农民的年平均收入。

但是表山乡地处国家级风景名胜区楠溪江的上游,是下游平原地区自然生态屏障,必须进行保护。表山乡植被生态良好(见图5-2和图5-3),山青水秀,奇石瀑布星罗棋布,具有丰富的生态旅游资源。如该乡具有天然的大小瀑布几十处,由于地处高山,终年云雾缭绕,春天是满山遍野的杜鹃,夏天气温较低,是天然的避暑良地。因此表山乡发展生态旅游,对于该乡农民的脱贫致富奔小康,对于发展当地的经济,带动交通、文化、信息业的发展,具有十分重要的战略意义,同时有利于保护自然资源,促进山区的生态建设,与省委省政府提出建设生态省的目标相一致,是山区落实生态建设的具体举措,对于我省山区欠发达地区奔小康,实现可持续发展具有重大的现实意义。

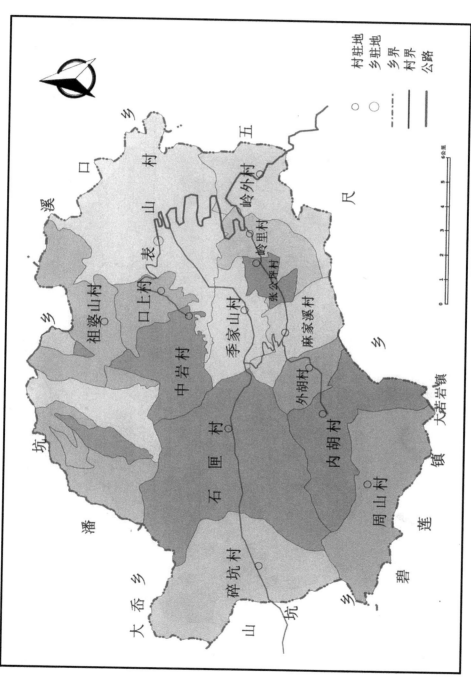

图5-1　永嘉县表山乡行政区划图

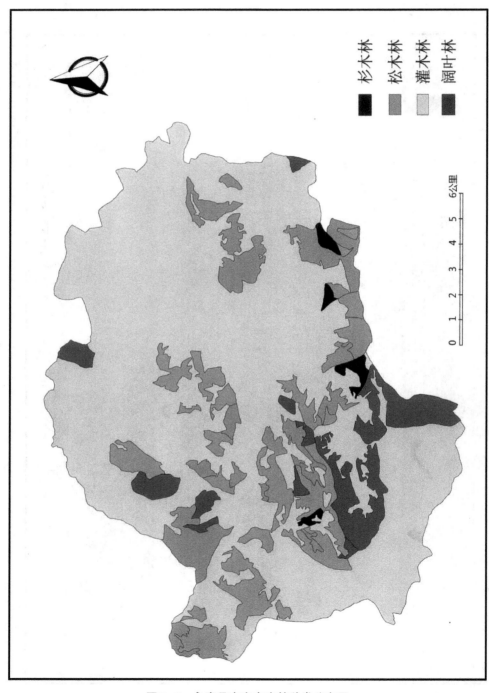

图5-2　永嘉县表山乡森林种类分布图

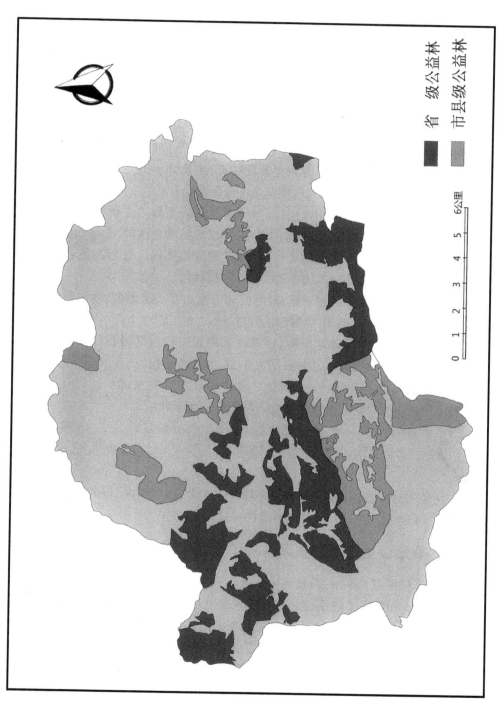

图5-3　永嘉县表山乡生态公益林分布图

第二节　生态旅游资源详查

一、表山乡生态旅游资源详查的内容

生态旅游资源主要是指自然的景观及生物资源,同时也包含一些历史人文景观,根据表山乡的自然及历史人文景观特点,主要详查的对象为:瀑布、水潭、岩洞、岩石、古建筑、历史古迹和古树名木七个大类。

瀑布的详查内容为:①地理坐标(经纬度和海拔高程),②所在地的地名,③瀑布的名称,④瀑布的长度,⑤瀑布的宽度,⑥瀑布的垂直落差,⑦瀑布的特性。

水潭的详查内容为:①地理坐标(经纬度和海拔高程),②所在地名称,③水潭名称,④水潭的大小,⑤水潭的深度,⑥水潭的特性。

岩洞详查项目为:①地理坐标(经纬度和海拔高程),②地名,③岩洞的名称,④洞深,⑤洞高,⑥岩石类型,⑦岩洞的特性。

岩石的详查内容:①地理坐标(经纬度和海拔高程),②岩石所在地地名,③岩石的名称,④岩石的形状,⑤岩石的大小,⑥岩石的特性。

古建筑的详查项目为:①地名,②古建筑名称,③古建筑的年代(朝代),④古建筑的面积,⑤建筑风格,⑥保护价值,⑦古建筑的特性。

历史古迹的详查内容:①地理坐标(经纬度和海拔高程),②古迹所在地地名,③古迹的名称,④古迹的种类,⑤始建年代,⑥尺寸,⑦保护价值,⑧古迹的特性。

古树名木的详查信息:①地名,②树种(中文名,拉丁学名,科名),③树龄,④保护级别,⑤胸围,⑥树高,⑦古树名木的特征。

二、表山乡生态旅游资源详查的方法

本详查利用现代的高新技术:地理信息系统(GIS)技术和全球定位系统(GPS)技术,地理信息系统采用北京大学开发研制的城市之星中文版地理信息系统计算机软件,将表山乡的基础地理信息数字化,GPS采用美国Tribmle公司生产的手持式(Geo-3)和袖珍型(Pocket)定位仪,以永嘉县五尺乡南部岭根村的国家测绘控制点作为基准点,进行差分校正,用GPS测得地理坐标(经纬度)、海拔高程、落差、长度、宽度、面积等参数。详查在表山乡进行了野外实地勘察与测量,并将所有的勘测数据输入计算机,形成数字化、电子化的信息系统。

三、表山乡生态旅游资源的详查结果

（一）瀑布和水潭资源详查结果

1. 内胡村

在内胡村的济下有一处瀑布,瀑布的地理坐标为:东经120°36′47.05242″,北纬28°21′45.29806″,海拔317.796m,瀑布的顶点经纬度与起点相同,海拔为350.722m,因此该瀑布的垂直落差为32.926m,瀑布的宽度为4m,瀑布到目前还没有被命名,该瀑布的下部被岩石遮住,有移步易景的特性。

2. 石匣村

从外胡村村口至石匣村,有一处瀑布和水潭群,在石匣村的界岩有一处瀑布。

①棺材小潭

该潭由于形似棺材,故土名为棺材小潭。它的地理坐标为:东经120°37′31.66078″,北纬28°22′43.40285″,海拔213.688m。潭的长度为10m,宽度7m,为矩形水潭,水潭深度不详。

②月亮潭(水鸭潭)

月亮潭的地理坐标为:东经120°37′26.13062″,北纬28°22′41.11893″,海拔228.822m,该潭的长度为40m,宽度20m,水潭紧连着潭上瀑布。

③潭上瀑布

该瀑布的土名为潭上瀑布,瀑布的起点地理坐标就是月亮潭的地理坐标,顶点的地理坐标经纬度相同,海拔为:261.880m,因此垂直落差为33.06m,瀑布宽度10m。该瀑布终年流水不断,春夏季水流较大时颇为壮观。

④美女潭

美女潭处在潭上瀑布的顶部,水流先流经美女潭,再由瀑布泻下。该潭的地理坐标为:东经120°37′22.40672″,北纬28°22′39.63542″,海拔261.880m。该水潭长10m,宽8m,深不见底。该水潭传说由一仙女跳水不起而成,故称美女潭。在美女潭上方的岩石上,有仙人睡觉、仙人跳舞等景点,形象逼真,非常奇特。

⑤北济潭

北济潭处在石匣村最大的瀑布下方,由瀑布飞流下泻而产生,该潭的地理位置为:东经120°37′16.65198″,北纬28°22′39.57552″,水潭的长度为82m,宽度为50m,面积有数千平方米,是表山乡少有的一个大型水潭,该谭为观看大瀑布的最佳观景点。

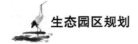

⑥大瀑布

大瀑布位于北济潭的上方,它的地理坐标为:东经120°37′13.57355″,北纬28°22′42.59492″,起点海拔为273.010m,顶点海拔:354.787m,因此瀑布的垂直落差为81.8m,瀑布的总宽度达82m,但主瀑布区宽为25m。该瀑布还没有被正式命名,由于在瀑布的顶部在20世纪70年代建了小水坝,引水进行水力发电,瀑布水源在旱季受到影响,如果没有在顶端建坝引水,此瀑布一年四季都极为壮观。

⑦济高潭

济高潭处在大潭布上方的中间,是一个小潭,使大瀑布分为两级,第一级小而秀,第二级大而宽,呈面状。该潭的经纬度与瀑布相同,海拔为341.887m,潭长8m,宽7m。水潭所处地形非常险要,可供远处观赏。

⑧珍珠瀑布

珍珠瀑布位于石匣村的界岩。它的地理位置为:东经120°35′42.66800″,北纬28°22′24.19263″,起点海拔457.396m,顶点海拔474.062m,垂直落差为16.7m,宽度为5m。该瀑布因为下落水流似珍珠状,故名珍珠瀑布。

3. 碎坑村

在碎坑村有一个长缓坡瀑布、一个大水潭和一处垂直瀑布。

①长缓坡瀑布

长缓坡瀑布是由一条平坦岩石底的长坡构成,瀑布坡面长度为245m,起点的地理坐标为:东经120°34′59.57987″,北纬28°22′41.50986″,海拔445.097m,终点的位置为东经120°34′56.48123″,北纬28°22′46.51167″,海拔474.644m,因此长缓坡瀑布的垂直落差为29.6m,宽度为25m。该长缓坡瀑布宽阔平坦,非常适合游人在瀑布里行走嬉水。

②大潭角水潭

大潭角水潭位于长缓坡瀑布的终点,地理位置与长缓坡瀑布终点相同。该水潭长20m,宽10m,面积为140～150m²,水深2m。该潭水清澈见底,适合游人游泳嬉水。

③潭上瀑布

潭上瀑布在大潭角水潭之上,经纬度与水潭相同,起点海拔为474.644m,顶点海拔为490.750m,垂直落差16.1m,瀑布宽度为6m。该瀑布紧连着长缓坡瀑布和大潭角水潭,形成景点群。

4. 祖婆山村

祖婆山的吊马坑有一处瀑布群,深谷中有一级连着一级的阶梯状瀑与潭,瀑布、水潭、奇石、青山构成了奇特的山水景观,该处交通便捷,地势不高,具有极高的生态旅游开发潜力。

①1号水潭

1号水潭位于山间小溪瀑布水潭群的起始位置,在水流的下游,该潭的地理坐标为:东经120°37′58.80509″,北纬28°24′53.45684″,海拔123.255m。该水潭长20m,宽5m,深5m。水质好,为山泉水,其中一侧的岩石可攀登,由于水较深,极适于跳水。

②1号瀑布

1号瀑布在1号水潭之上,地理位置即经纬度同1号水潭,起点海拔129.5m,顶点海拔135.6m,瀑布垂直落差为6.1m,宽度5m。该瀑布落差不大,但水流大而急,几乎成垂直而落,瀑布底部有一平坦的岩石位于水潭的上方,游人可在底部的岩石上嬉弄瀑布。

③2号水潭

2号水潭的地理坐标为:东经120°37′57.85834″,北纬28°24′54.11140″,海拔129.5m。水潭长度20m,宽度10m,水深不见底,上小下大呈坛状,具有奇异的水中光聚合现象。

④2号瀑布

2号瀑布的地理坐标为:东经120°37′57.36804″,北纬28°24′54.62793″,起点海拔129.5m,顶点海拔135.6m,落差6.1m,宽度4m。

⑤3号水潭

3号水潭的地理坐标同2号瀑布,海拔135.6m,长度8m,宽度5m。

⑥3号瀑布

3号瀑布的地理位置为:东经120°37′55.44954″,北纬28°24′56.73090″,起点海拔135.6m,顶点海拔138.1m,垂直落差2.5m,瀑布宽度3m,该瀑布分两股而下。

⑦4号水潭

4号水潭由两个2个水潭组成,其地理坐标为:东经120°37′55.78743″,北纬28°24′57.50726″,海拔分别为138.1m和139.6m,低一点的水潭长20m,宽10m,高一点的水潭长15m,宽10m,水深均在3m左右,其中上方的水潭被山包围成一个狭小的出口。

⑧4号瀑布

4号瀑布的地理坐标同4号水潭,起点海拔139.6m,顶点海拔147.7m,垂直落差8.1m,瀑布宽6m。该瀑布由山间溪流聚集而成,水点大而急,但由于落差不是很高,对人体具有较好的按摩健身作用。

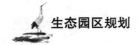

5. 表山村

在表山村硐门岭有一处多级构成的瀑布,但级级相连,形成一个连续曲折的瀑布。瀑布顶点的地理坐标为:东经120°39′01.15439″,北纬28°23′49.96392″,海拔370.106m,落点地理坐标为:东经120°39′59.25617″,北纬28°23′44.93348″,海拔324.902m。因此该瀑布的垂直落差是45.204m,宽约2m。瀑布顶端位于表山乡乡政府门口,是表山村水流的出口,硐门岭古树群就在瀑布的顶部和两边,构成古树群与瀑布、岩石复合景观。

(二)岩洞与岩石资源的详查结果

表山乡的岩洞与岩石资源主要分布在石匣村,因此对该村的此类资源进行了详查。

1. 界岩洞

界岩洞位于石匣自然村的半山腰,地理坐标为:东经120°35′52.22141″,北纬28°22′30.74782″,海拔547.244m。洞高15m,洞深14m,洞宽约10m。岩石类型为花岗岩,该洞为自然形成,形状为圆锥形,洞口有泉水,有两层洞帘,洞顶部岩石酷似人像。该洞为表山乡一带较为稀罕的岩洞,具有较大的生态旅游开发潜力。

2. 仙人崖(仙人三兄弟)

仙人崖由三座高度不一基部相连的山崖组成,俗称仙人三兄弟。岩石类型同为花岗岩。山体垂直,形状奇特,为奇异岩石山体。

①仙人崖1

地理坐标为:东经120°35′42.863″,北纬28°22′23.5141″,基点海拔430.0m,顶点海拔504.726m,山体的垂直高度74.73m。岩石的形状似人,为三座山峰的第一座,俗称老大兄弟,三峰并排,高且直立。

②仙人崖2

地理坐标同仙人崖1,顶点海拔不同,顶点海拔为547.244m,山体的高度为117.244m。该山体的特点为岩石陡峭,当空而立,俗称老二兄弟。

③仙人崖3

经纬度同仙人崖1,俗称老三兄弟,顶点海拔为579.46m,山峰的高度为149.46m。该山峰最高,像是低头俯视二兄弟。

3. 狮子头

狮子头为一独立的岩石,位于仙人崖1的一侧,形状似狮子头而得名,该岩石的高度约10m。

4. 象鼻岩

象鼻岩的地理坐标为:东经120°35′44.53718″,北纬28°22′34.33476″,基部海

拔419.595m,顶点海拔550.00m,岩石的高度为130.409m。该岩石为一巨大的山体,形似象鼻,故称为象鼻岩。

5. 双龙过溪

在石匣村的溪流中,有一处二块形似龙体的岩石横卧溪中,故名双龙过溪。该处的地理位置为东经120°36′47.71200″,北纬28°22′56.18306″,海拔373.173m。

6. 溪中亭

石匣村的溪中有一块独立的大岩石,村里在大岩石上建了一座凉亭,因此该亭处于溪中间,形成独特的景观。溪中亭的地理坐标为:东经120°36′43.48302″,北纬28°22′55.32806″,海拔369.600m。

7. 底板岩

石匣村有一条小溪从村中间穿流而过,溪的底部为一平板岩石,整个村中的溪底岩石为一整块,且平坦,构成平缓的溪流,形成具有鲜明特征的溪底岩石景观。但该景观目前已遭到破坏,已有多处溪底被其他沙泥堆积或覆盖。

8. 老虎山

在石匣村的东南面有一座长条形的山体,山体从村头开始一直延伸到村尾,山体的形状似虎,故称为老虎山。

（三）历史古迹详查结果

表山乡较有价值的历史古迹为石匣村的贞节牌坊和旗杆石。在清朝末年修建了一座贞节牌坊,牌坊高4m,宽4m,占地约30m²。该牌坊制作精细,极具观赏和保护价值,但在"文化大革命"中遭到部分破坏,主体结构目前还在,修复的难度不大。在清朝石匣村出了一位进士,名为郑清法,在郑清法的家门口和村入口处还保存着两对完好的旗杆石。

（四）古建筑的详查结果

大量的古建筑散落在表山乡的各个村庄,但目前保存得比较完整的古建筑群已为数不多,仅有石匣村的界岩自然村和碎坑村。

界岩目前有古式建筑7栋,始建于1945年,但在20世纪70年代曾毁于洪水,后重建。建筑的结构特点为石墙木质结构,二层,牢固、通风透气、冬暖夏凉,特别适合居住,建筑材料就地取材。这些古式建筑具有极高的保护和观赏价值。

碎坑的古建筑大部分建于20世纪上半叶,目前保存较为完好,共有20余栋民房,建筑物依山傍水,山、屋、水、树融为一体。

（五）古村名木详查结果

表山乡古树名木资源丰富,有古树名木群(11株)一处,古树名木10株,主要分布在表山村、石匣村、碎坑村、马家溪村和岭外村。

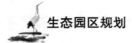
1. 表山村

表山村的硐门岭有面积1.5亩的古树群,主要树种为钩栗,拉丁学名为 *Castanopsis tibetana* Hance,属壳斗科,株数为11株,平均树龄141年,保护级别为3级。

表山村的古树群边,有一株古树名木,树种为苦槠,拉丁学名为 *Castanopsis sclerophylla*(Lindl.) Schott.,属壳斗科,树龄350年,树高11m,胸围293cm,平均冠幅9m,保护级别为2级。

2. 碎坑村

碎坑村有两株古树名木,在村的祠堂前。一株为马尾松,拉丁学名为为 *Pinus massoniana* Lamb.,属松科,树龄200年,树高24m,胸围309cm,平均冠幅9m,保护级别为3级。另一株是苦槠,拉丁学名 *Castanopsis sclerophylla*(Lindl.) Schott.,属壳斗科,树龄200年,树高8m,胸围200cm,平均冠幅8m,保护级别为3级。

3. 石匣村

石匣村有三株古树名木。其一在水口,是马尾松,拉丁学名为 *Pinus massoniana* Lamb.,属松科,树龄180年,树高22m,胸围206cm,平均冠幅10m,保护级别3级。另两株在村口,均为钩栗,拉丁学名为 *Castanopsis tibetana* Hance,树龄分别为110年和130年,树高分别为12m和17m,胸围分别为155cm和265cm,平均冠幅分别为7m和13m,保护级别同为3级。

4. 马家溪村

马家溪村也有三株古树名木,一株在村口桥头,为马尾松,拉丁学名为 *Pinus massoniana* Lamb.,属松科,树龄在200年,树高19m,胸围291cm,平均冠幅16m,保护级别3级。另两株为苦槠,拉丁学名为 *Castanopsis sclerophylla*(Lindl.) Schott.,属壳斗科,其中的一株位于山管爷墩,树龄310年,树高11m,胸围300cm,平均冠幅13m,保护级别2级,另一株在祠堂旁,树龄210年,树高8m,胸围224cm,平均冠幅9m,保护级别为3级。

5. 岭外村

在岭外村下叮步有一株古树名木,它的树名:枫杨,拉丁学名为 *Pterocarya stenoptera* C. DC.,分类学属胡桃科,树龄150年,树高16m,胸围327cm,平均冠幅28m,保护级别3级。

第三节　永嘉县表山乡生态旅游规划

一、可行性分析

(一) 区位优势

楠溪江于1988年被国务院批准为国家级重点风景名胜区,是以楠溪江为主体、山水风光与田园情趣相融合为景观特色的风景名胜区。目前,楠溪江正在积极申报世界文化遗产,同时永嘉县正在对楠溪江的旅游总体规划进行重新修编,发展楠溪江流域的旅游业已成为永嘉县委和县政府提出的"三带两极一目标"发展战略的重要内容。楠溪江要成为温州市的后花园,力争成为国内外的旅游中心。

表山乡处于大楠溪江流域的支流,依托楠溪江的开发,来带动和促进表山乡的生态旅游,是一个很好的契机。表山乡的旅游开发是楠溪江旅游开发的一个组成部分,是对现有旅游的补充与提升。表山乡的生态旅游是岩头楠溪江景区的延伸,是五尺红十三军部遗址红色旅游点的延续。可见表山乡的生态旅游开发具有极好的区位开发优势,因为这里不是一个孤立的旅游开发区域,而是整个大楠溪流域开发的一个小流域,是楠溪江景点链中的一环。

(二) 资源优势

由于历史和交通的原因,表山乡的丰富旅游资源没有被发掘和开发。该乡一个很大的优势就是风景优美、气候宜人、乡土文化底蕴浓厚、风土人情独特,古村依山就势,布局错落有致,山清水秀,清潭瀑布,树木苍翠,耕读文化,风土人情,开发生态旅游资源极具潜力。据目前的普查,表山乡境内有旅游开发价值的水潭、瀑布20余处,其中最大的瀑布落差达80余米,岩洞与奇石10余处,革命烈士碑1座,文化古迹3处,保存比较完好的古村落2个,古建筑星罗棋布,百年以上的古树名木21株。而且这些生态旅游资源分布集中,便于开发和管理。

表山乡不仅生态旅游资源丰富,同时田园风光优美。在表山,人们不仅可以看到一般的农业生产,而且可以看到蜂蜜生产、放养的山羊、果园养鸡、稻田养鱼等,目前刚新建了11个石蛙人工养殖场,来到表山可以吃到天然、绿色的有机农产品。

表山乡的气候宜人,由于海拔较高,许多村处在海拔300~500m,而且植被较好,夏天的气温低,是天然的避暑胜地。

（三）交通条件得到改善

至2003年8月底,岩表(岩头—表山)公路已全部完成了路面的硬化,浇铸成为水泥路面,因此交通条件得到很大的改善,同时,目前到各个村的公路已通,部分通村公路正在拓宽改造,因此交通条件会日益改善。

表山乡离楠溪江的旅游重镇岩头镇不足十公里,从楠溪江几个主要景区到表山的车程不足一个小时,表山至山坑的通乡公路也已开通,并能与小楠溪江流域形成环线。

交通条件的改善,克服了旅游业发展的瓶颈,为旅游资源的开发与旅游业的发展提供了前提条件。

二、表山乡发展生态旅游的目标

表山乡发展生态旅游的目标是将该乡的生态资源优势转化为经济优势,在保护当地资源的同时,发展经济,实现该地区的社会、经济、生态可持续发展,实现省委省政府提出的关于欠发达地区奔小康的目标。

具体的目标为:

1. 争取在3～5年内建成1～3个生态旅游开放点;

2. 每年有大约10万人次来表山旅游观光;

3. 每年总的旅游收入达500万～1000万元,5年后旅游业的收入占全部经济收入的1/3;

4. 促进就业,在旅游及相关行业的就业人数达500人以上;

5. 带动通信、交通、饮食等相关行业的发展;

6. 促进基础设施的进一步改善;

7. 保护表山乡的自然资源;

8. 带动农民脱贫致富奔小康。

三、表山乡生态旅游分区

根据表山乡的生态旅游资源分布现状、行政区划及交通等各种因素,将表山乡划分为六大生态旅游区(见图5-4和图5-5),这六大区分别如下所示。

1. 生态农业观光区

该区包括岭外、岭里、张公平、麻家溪、外胡和内胡,这一片为表山乡的农业主产区,主要开展生态农业旅游项目。

2. 石匣瀑布奇石生态旅游区

该区包括石匣的瀑布、水潭群及石匣村的历史古迹、奇石、村落等。

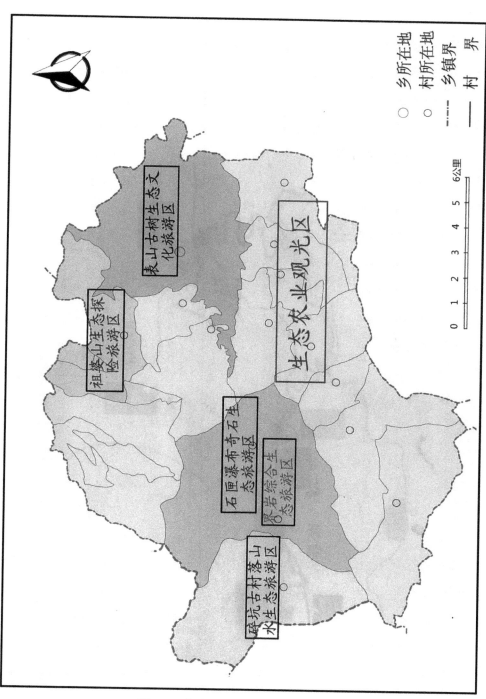

图5-4　永嘉县表山乡生态旅游分区图

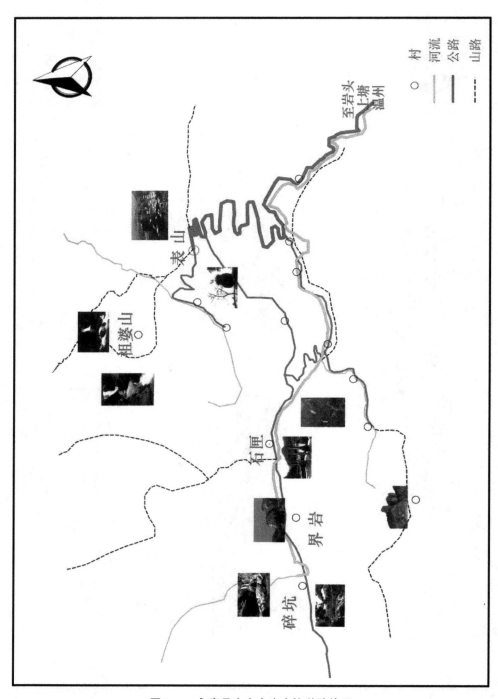

图5-5　永嘉县表山乡生态旅游路线图

3. 界岩综合生态旅游区

该区为石匣的界岩自然村,生态旅游资源包括岩洞、瀑布、奇石、古树名木及古建筑等,此区景观多样而且集中,是一处开发潜力较大的综合生态旅游区。

4. 碎坑古村落山水生态旅游区

碎坑古村落保存完好,村子依山傍水,村口是古树名木,一条小坑沿村而过,溪中怪石成排,山、水、村浑然一体,有一条长为245m的长缓坡瀑布,是游人嬉水的绝好场所,在此瀑布的上方还有大潭角水潭和潭上瀑布。

5. 祖婆山生态探险旅游区

祖婆山村海拔较高,由分散在山上的八个自然村组成,山势险要,林木茂密,野生动植物多,如野猪、蛇、石蛙等等,同时山中盛产兰花。该村的水系属于潘坑溪,在吊马坑有一水潭瀑布群。祖婆山的自然生态保护较好,是楠溪江流域的一处生态探险胜地。

6. 表山古树生态文化旅游区

表山村为表山乡人民政府驻地。村四周山峰连绵,树木茂盛,有大片的竹林,村落海拔450m,四面环山中央低洼似锅状。村口硐门岭有依山势而筑的六层梯式古建筑,在硐门岭下有古树名木群及硐门岭瀑布。乡政府后面有一座革命烈士纪念碑。表山村的水流从东往西流,是较为特殊的水系流向。

表山村是表山乡的政治、文化中心,在表山村可以建一些旅游文化场所和旅游服务产业,使其成为古树、文化、商贸、交通的中心。

四、表山乡发展生态旅游的若干建议

(一)统一思想、落实组织

乡党委和政府要统一思想,提高认识,将生态旅游作为山区脱贫致富奔小康的有效途径,上下统一抓旅游,干群一起办旅游,来培育、发展、壮大旅游业。在乡、村两级建立领导班子,由乡、村主要领导挂帅,其中一名主要干部分管,做到班子健全,人员到位,并从各个方面重视和支持旅游业。

(二)争取申报立项,坚持边开发、边开放,滚动发展的原则

积极向县、市、省有关部门,特别是旅游主管部门进行申报,争取批准立项,采取先小后大,先地方后省市的立项原则,争取近1～2年内将表山乡立为永嘉县一级的旅游风景点,逐步争取成为省、市一级的风景名胜区。易开发的景点要先开发,边开发边开放,逐步实现资金积累和基础设施水平的提高。必须采取阶梯式发展的原则。

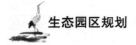

（三）广泛集资，采取全社会办旅游的理念

要广开门路，采用社会力量、民间资金办旅游的理念，鼓励农民、集体、私营企业、大公司以各种形式参与表山乡的旅游开发业，建立起由政府、集体、个人、企业、外资多层次、多元化的旅游投入机制，要研究出台鼓励政策，大力提倡社会有识之士投资开发旅游业，形成全社会办旅游的良好氛围，形成多赢的局面。

（四）进行景点的详规，提高生态旅游的品位

在进行生态旅游资源详查的基础上，请国内著名的旅游设计与施工部门进行详细规划，做到高起点、高品位，将表山的景点打造成生态旅游的精品。搞旅游开发项目，必须从本地旅游资源的优势与特点出发，根据旅游市场的发展趋势，确定若干旅游主题，围绕主题慎重选择开发项目，分批次、多层次，有计划、有步骤地开展建设，以突出生态旅游的特色。规划要力求符合实际，还可以结合历史、人文景观设计，要注重对文化内涵的发掘，加强对原始文化形态旅游，对具有民族特点、地域特色的民间艺术、风俗民情的整理与开发，以形成浓厚的特色文化氛围，使游人流连忘返。同时，要搞好旅游业的基础设施建设，改变目前因旅游基础设施差而留不住人的状况。

（五）努力做好生态旅游资源的保护工作

随着经济的发展，许多生态旅游资源遭到或正在遭到破坏。生态旅游资源是祖先和自然给我们留下的宝贵遗产，一定要好好地加以保护，如果被破坏，再恢复就非常困难，因此应加强对建设规划的评估，对各项建设进行合理地规划，最大限度地保护生态旅游资源。

由于表山乡以自然景观为主的旅游区受人为活动影响较小，生态环境保存良好，才成为人们追求原始、回归自然的可选之地，如果因为无序发展破坏了森林植被、古村落，甚至潜在景点，造成生态环境的破坏与恶化，也就丧失了该地区旅游业发展的基础。因此，该地区的旅游发展必须坚持可持续发展原则，实现旅游资源的开发利用与保护并重。所有基础设施建设项目均应与发展旅游业和生态环境的承载能力相适应，严禁无序滥建乱建，破坏现有生态旅游资源，并要求采取相应配套的保护措施。

（六）加强宣传，争取各级政府和部门的支持

加强对表山乡生态旅游资源和发展生态旅游业的宣传，利用各种途径和现代信息技术宣传表山乡的旅游，以争取国家、省、市、县各部门的支持，包括资金、技术各个方面，力争成为欠发达乡镇发展旅游脱贫致富奔小康的典型。通过宣传，提高表山乡的知名度，促进生态旅游业的发展。因此，要利用各种渠道，采取多种形式，大张旗鼓地进行策划宣传。要发动群众，让大家知道发展旅游的深远

意义,以及如何做好保护开发工作,参与投资发展,从而形成共识,群策群力,达到大社会办大旅游的目的。

第四节　永嘉县表山乡生态旅游资源图集

永嘉县表山乡生态旅游资源图见图5-6～图5-29。

图5-6　表山山水

图5-7　瀑布云梯

图5-8　北济瀑

图5-9　大潭角水潭

图5-10 碎坑潭上瀑布

图5-11 界岩石桥

图5-12　界岩石屋

图5-13　石匣牌坊

图5-14 古村晨炊

图5-15 碎坑民居

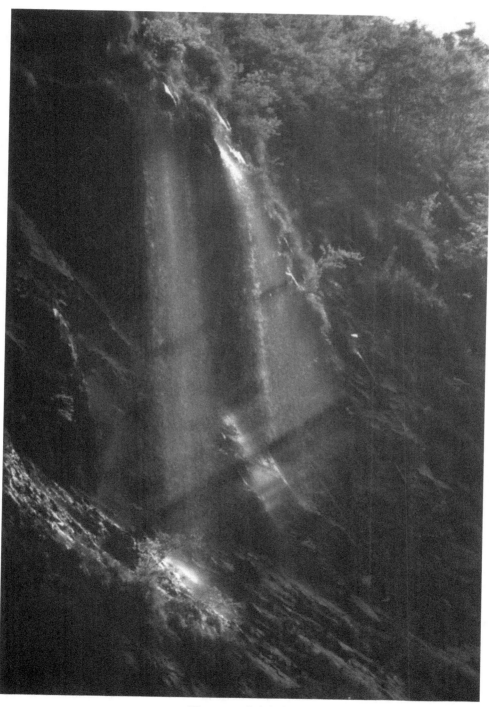

图5-16　珍珠水帘

图5-17 碎坑大潭角瀑布

图5-18　碎坑长缓瀑布

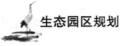

图5-19　月亮潭

图 5-20　石匣仙人跳舞

图5-21　石匣溪流

图5-22　祖婆山二号瀑布

图5-23　碎坑古树

图5-24　人头石

图5-25　表山梯地雪景

图5-26　周山石柱峰

图5-27　界岩象鼻山

图5-28　学童与山羊

图5-29　婆山峡谷溪流

第六章　桐庐县盛村村农业生态闲观光园总体规划

第一节　农业生态休闲观光园概况

一、区域概况

园区位于桐庐县分水镇盛村村。

桐庐县位于浙江省西北部,地处钱塘江中游,隶属于浙江省会杭州市,介于北纬29°35′～30°05′和东经119°10′～119°58′之间;东接诸暨,南连浦江、建德,西邻淳安,东北界富阳,西北依临安。全境东西长约77km,南北宽约55km。总面积1825km²。桐庐县以丘陵山区为主,平原稀少,属浙西中低山丘陵区。

分水镇位于桐庐县西部,是桐庐县副中心城镇,至今已有1300多年的历史,原为老县城。分水镇交通便利,北距杭州市90km,东距瑶琳仙境13km、桐庐县城35km,西距淳安千岛湖70km,是浙西重要的交通枢纽,是桐庐西部各乡镇通往桐庐、省城的必经之地。分水镇被誉为"中国制笔之乡",是浙江省中心城镇、浙江省小城镇综合改革试点镇。

盛村村地处桐庐县分水镇北面,是一个交通便利、景色宜人、民风淳朴的小康村。村行政区域面积约10.76km²,现有人口1386人,455户,下属4个支部,5个自然村,12个生产组。现有耕地面积822亩,山林面积13690亩,农民人均收入达8500元,村集体年收入28900元。盛村村依山傍水,土地肥沃,种养业发达。栽桑养蚕为本村支柱产业,全村桑园面积1000余亩,年总产值达280多万元。黑木耳种植是本村的一大亮点,现有的种植大户,生产的黑木耳质优价廉供不应求。放养土鸡的养殖,不仅解决了当地百姓的需求,且为周围乡镇的居民带来了美味可口的佳肴。2008年引进的珍禽蓝孔雀,更是为本地村民带来了发家致富的新途径。

本区域气候属亚热带季风气候,四季分明,日照充足,降水充沛。一年四季光、温、水基本同步增减,配合良好,气候资源丰富。年平均气温16.5℃;极端最高气温41.7℃,极端最高气温≥35℃的高温天气年平均29d;极端最低气温-9.5℃,极端最低气温≤0℃的冰冻天气年平均31d。年平均雨日161d。年平均降水量为1552mm,年际差异较大,1~6月逐月递增,7~8月起逐月递减,3~9月雨量均在130mm以上,最多的6月为梅雨期,降水集中,月平均雨量248mm。年平均相对湿度79%,年际变化较小,在76%~81%。无霜期258d。生长周期长。

本项目所在区域交通便利、经济发达、历史悠久、四季分明,具有优良的区位优势、潜在的客源市场和良好的基础条件。项目所在地的区位图如图6-1所示。

二、基址分析

基地地形丰富,中部低,两侧高,整体为东南—西北方向纵向延伸的山坳。地形长约1030m,宽280~400m不等,面积约27.3hm。中部谷地较为平坦,西北高,东南低,高差约23m,现状为耕地,栽植桑树和蔬菜;两侧为山坡,东北部坡度较大,坡度平均约63°,保留有较好的次生林,乔木层以马尾松为主,散见板栗、山合欢等亚热带常见阔叶植物,山脚部分区域栽植有毛竹;西南部坡度较缓,40°~50°,已根据地形开辟为阶梯状梯田,栽植香榧、板栗等经济作物,苗木规格较小。基地西北部有一水塘,为天然的汇水面,现状水体容量约2000m³。基地土地利用现状图如图6-2所示。

三、相关案例借鉴

(一)台湾苗栗县大湖乡草莓园

项目地点:台湾苗栗县

项目概况:台湾苗栗县大湖乡是台湾地区草莓的主要产地,大湖草莓不只为大湖乡带来财富,发展出来的观光果园形态更是休闲农业的模板。大湖从1957年就栽种草莓,草莓的品种也一直更新栽培,从一开始引进推广的"阿美利加"、"马歇尔种",到1970年至1972年的"福羽"和"爱利收",最后于1979年由新竹农改场从日本引进新品种"春香"草莓才奠定了现在大湖草莓的基础。春香品种的草莓由于具有高产量、果型大、品质优良等特点受到民众的喜爱,苗栗县大湖乡种植草莓的面积将近有130hm,衍生开发出的产品总共有上百样,如草莓果酱、冰品等,其中最特别的就是草莓酒。近年来台湾地区的农业相关产业,大多朝向"强化品牌内涵"与"农产精致化"的两大方向迈进。大湖酒庄的成立,是由大湖地区农会积极推动的,响应"一乡一休闲"政策,同时以农会资源,为大湖地区增加观光农特产品的收益。大湖草莓名冠台湾地区,结合大湖当地观光资源与文化特色的"大湖地区农会农村休闲酒庄",充满地中海风格的草莓酒庄,酿制厂

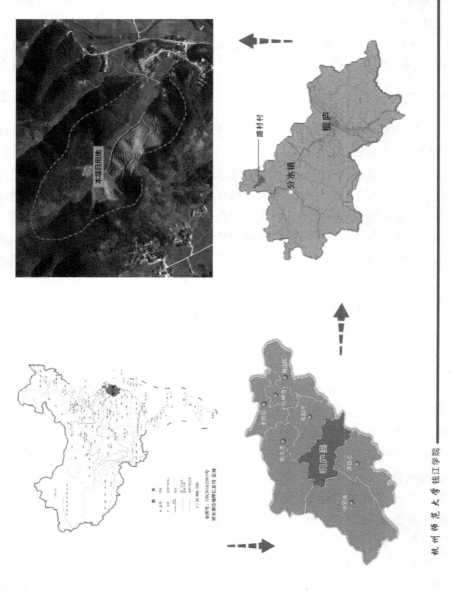

图6-1　桐庐县盛村村农业生态休闲观光园区位图

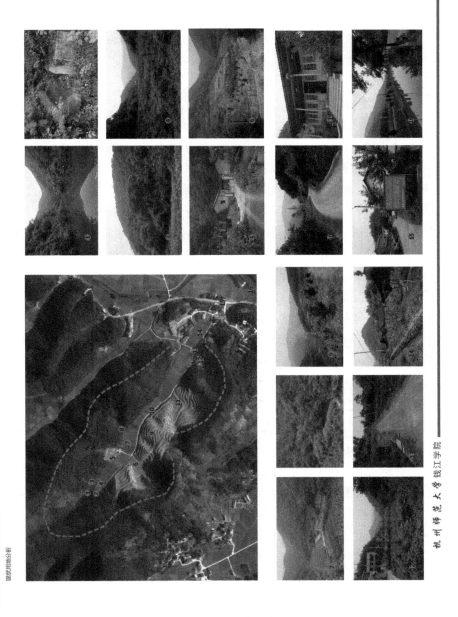

图6-2　桐庐县盛村村农业生态休闲观光园土地利用现状图

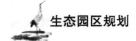

采用透明玻璃设计,让前来参观游客流览整个酿制过程。东侧仓库改建之展示厅设置有品酒区及农特产品展售区;另外还有草莓文化馆,介绍有关草莓的种植、发展历史等相关文献资料。大湖酒庄的设立,更结合本地新兴之温泉饭店及久负盛名的泰安温泉、姜麻园民宿等观光果园和农特产品等,建立台湾地区唯一全年无休的整体农业观光区域(见图6-3)。

借鉴意义:文化和创意特色鲜明。农产品特色鲜明,品牌意识强,衍生产品多样;将有形产品和无形产品有机结合,形成奇观、氛围、风景和主题体验等"情景消费"产品。

(二)德清裸心乡、裸心谷

项目地点:德清三九坞

项目概况:裸心是一个度假村品牌,旗下拥有位于浙江德清莫干山保护区内的两座度假村:裸心乡和裸心谷。提倡环保、健身、修身、养性。裸心的创办人,南非人高天成,在2005年来到中国。他想要在这块无数世界各地投资者竞相涌入的宝地,寻找一样能在中国市场崛起的商品。花了六年的时间,他找到了,也成功地付诸实行。他租下一些没人住的农舍,改建成度假屋。裸心乡于2007年诞生了。打从一开始,八栋度假屋就不断地有客人入住。在2011年10月,裸心谷接着开幕了。裸心谷位于裸心乡下方的山腰上,是一个拥有数十栋树顶别墅及圆形夯土小屋的度假村。裸心的设计,注重于和周围的自然环境融为一体,使人能无拘无束地接近大自然。在裸心,吃的是当地的健康的食物,饮的是自然山泉及美酒佳酿。可以尽情地从事喜爱的户外活动,还可以享受精致到位的按摩及使用各项养身设施。是一个逃离城市生活的紧张步调、空气污染、生活压力,可以休憩、放松的地方(见图6-4)。

借鉴意义:低调的奢华,迎合了都市较高层次消费者返璞归真的精神诉求。

(三)杭州八卦田遗址公园

项目地点:杭州市江干区

项目概况:八卦田遗址曾是南宋皇家籍田的遗址。籍田是古代中国以农为本的农耕文化的缩影,是古代帝皇通过神圣仪式活动对农业生产予以重视的场所。2007年,杭州市委、市政府启动玉皇山南综合整治工程。工程整治以保护遗址,整治环境,挖掘文化旅游休闲资源为原则,在维持原有的中间土埠阴阳鱼和外围八边形平面格局的基础上对八卦田进行保护性修缮,以此来恢复其作为南宋时期皇帝躬耕以示劝农"籍田"的自然风貌,打造成一个展现农耕文化的农业科普园地和历史文化遗址公园。经过专家的反复论证和农科部门的实地勘查,对八卦田进行了复种。据考证,当时皇帝在这里种的共有9种农作物:大豆、小

桐庐县盛村村农业生态休闲观光园总体规划（2014-2018）

项目名称：台湾苗栗县大湖乡草莓园

项目地点：台湾苗栗县

项目概况：台湾苗栗县大湖乡是台湾地区草莓的主要生产地。大湖草莓不只以为大湖乡带来致富的观光果园形态更是休闲农业的根基。大湖从1987年就栽种草莓，草莓的品种从一直更新栽培，从一开始引进推广的"阿美利加"，"马歇尔种"，到1970年至1972年的"福羽"和"爱利收"，最后于1979年由新竹农改场从日本引进新品种才真有高产量，果型大，品质优良等特点受到民众的喜爱，而苗栗县大湖乡种植草莓的前积正有130hm²，衍生开发出的产品总共有上百种。草莓果酱、冰品等等，其中最特别的就是草莓酒，近年来台湾地区的农业相关产业。大多朝向强化品种内涵"与一次产精致化为主向迈进。大湖酒庄的成立，是由大湖地区农会积极推动的，因应一乡一休闲政策，大湖农会冠台湾。结合为大湖地区增加农业特产品的效益。大湖酒庄多角经营正在大湖地区观光果园的设计，让前来参观游客观览各个酿制过程，电脑可用透明玻璃隔墙设计。亦农特产品售区，另外还有专有草莓文化馆，介绍有关草莓的种植，发展历史及负盛名的保安品牌区。大湖酒庄的设立，更结合本地观光和农特产业，建立台湾地区唯一全年无休的休闲观光区域。大湖泉一乡一次产精致的主题，农产品特色鲜明，品牌意识强、衍生产品多样：文化创意的意义非凡。农产品和无形产品有机结合，形成奇观。另、风泉和主题休验等等增长消费产品。

图6-3　案例分析图——台湾苗栗县大湖乡草莓园

桐庐县盛村村农业生态休闲观光园总体规划（2014-2018）

案例分析

1 台湾苗栗县大湖乡草莓园
2 德清裸心乡、裸心谷
3 杭州八卦田遗址公园

项目名称：德清裸心乡、裸心谷项目

项目地点：德清三九坞

项目概况：裸心是一个度假村品牌；裸心乡和裸心谷。环境所明有位于浙近德清莫干山保护区内的两南度假村。裸心乡是一个度假村品牌；裸心乡位于莫干山南面人高天成，在2005年来到中国，寻找一种能在中国市场崛起的商品。花了六年的时间，健身、修身、禾性。裸心的创办人，南非人高天成，提倡环保，他想要在这块无数世界各地投资者竞相涌入的宝地，也成功的创诸于实行。他租下一些投入人住的农舍，八体地找到了，一种能在中国市场崛起的商品。花了六年的时间，裸心之乡于2007年诞生了，打从一开始，裸心谷接着开改建成度假屋。裸心之乡于2007年诞生了，裸心谷接着开度限隐级不断的有客人住。在2011年10月，裸心谷的设计，注重于自和周树顶别墅及圆形夯土小屋度假村。裸心的设计，注重于自然。裸心谷夯土小屋度假村，与当地的自然无缝的接近大自然。在裸心、吃的是当地的健康的食物，饮的是自然山泉及泉调性裸心，吃的是当地的健康的食物，让人能无拘无束的户外活动，还可以实受精致到位的按摩及使用各项贴身养身设施。是一个远离城市生活的繁华。是一个远离城市生活的繁华，放松的地方。，可以休整，放松的地方。，低温的餐华，迎合了都市数百次消费者返璞归真的精神诉求。调，空气污染、生活压力，可以休整，放松的地方。真的精神诉求。

杭州师范大学钱江学院

图6-4　案例分析图——德清裸心乡、裸心谷

豆、大麦、小麦、稻、粟(小米)、糯(糯稻)、黍和稷。前7种现在都能找到,可历史上关于黍和稷两种农作物的争论非常多,根据农科院专家的建议,保留"七谷",并加入其他品种的农作物和经济作物,换季轮作。中心区为主区块,面积25亩,种植8种农作物,根据卦位分种不同品种,首批种下:籼稻、糯稻、大豆、茄子、绿豆、粟、红辣椒、四季豆。到了第二年上半年,将换季轮作,种上荞麦、大麦、蚕豆、紫云英、春白菜、土豆、萝卜和小麦,保证四季都有不同的景色看。现已成为市民日常游览、学生科普教育的良好场所(见图6-5)。

借鉴意义:城市近郊亲民的农事体验,具有较为厚重的文化底蕴,四季时序采摘等活动安排合理。

第二节　农业生态休闲观光园规划的理念与定位

一、规划理念

1. 生态保护优先

最大程度的保留原有的植物与水域,在自然本底的基础上进行造景和体验、休闲活动的设计,充分利用原有的桑园、竹林、山林、蓝孔雀养殖场等要素,规划一个生态环境和谐,体现现代生态农业特点的休闲场所。

2. 弘扬养生文化与农耕文化

桐庐县桐君山是中国传统医药学的鼻祖,桐庐亦因此得名,养生文化源远流长。在注重文化元素的同时充分利用农耕文化,让游人沉浸在各式各样的农业元素氛围中,内心使然地去想参与其中,从而使人们了解农耕文化,体验农事乐趣,享受用双手自给自足带来的满足感,抒发对自然的纯真热爱。

3. 体验型活动与景观和谐

因地制宜的加入农业体验项目,所设计的项目既要使游人能欣赏农业景观又能很好的体验农事项目,将原本只是感官上的欣赏体验升华至全身心的体验,使游人流连忘返。

二、规划定位

规划定位需贯彻"绿色"、"生态"、"养生"、"平衡"八字方针。

绿色:以绿色农作物、果树与观赏植物为景观构成主体。

生态:以保护和营建园区的生态环境、使人与环境共生为目标。

桐庐县盛村村农业生态休闲观光园总体规划（2014-2018）

案例分析

1台湾苗栗县大湖乡草莓园

2德清裸心乡、裸心谷

3杭州八卦田遗址公园

项目名称：八卦田遗址公园

项目地点：杭州江干区

项目概况：八卦田遗址曾是南宋皇家籍田的遗址。籍田是古代中国以农为本的农耕文化的缩影，是古代帝皇通过神圣仪式活动对农业生产予以重视的场所。2007年，杭州市委、市政府启动玉皇山南综合整治工程。工程整治以保护遗址，整治环境，挖掘文化旅游休闲资源为原则，在维持原有的中间土埠阴阳鱼和外围八边形平面格局的基础上对八卦田进行保护性修缮，以此来恢复其作为南宋时期皇帝躬耕以示劝农"籍田"的自然风貌，打造成一个展现农耕文化的农业科普园地和历史文化遗址公园。经过专家的反复论证和农科部门的实地勘查，对八卦田进行了复种。据考证，当时皇帝在这里种的共有9种农作物：大豆、小豆、小麦、稻、粟（小米）、糯（糯稻米）、黍和稷。前七种现在都能找到，可历史上关于黍和稷两种农作物的争论非常多，根据农科院专家的建议，保留"七谷"，并加入其他品种的农作物和经济作物，换季轮作。中心区为主区块，面积25亩，种植8种农作物，根据卦位分种不同品种，首批种下：籼稻、糯稻、大豆、茄子、绿豆、粟、红辣椒、四季豆。到了第二年上半年，将换季轮作，种上荞麦、大麦、蚕豆、紫云英、春白菜、土豆、萝卜和小麦，保证四季都有不同的景色看。现已成为市民日常游览、学生科普教育的良好场所。

借鉴意义：城市近郊亲民的农事体验，具有较为厚重的文化底蕴，四季时序采摘等活动安排合理。

杭州师范大学钱江学院

图6-5　案例分析图——杭州八卦田遗址公园

养生:以博大精深的中华医学、医药文化为基础。

平衡:在园区自然环境平衡的前提下,通过环境、食材、活动等的调节,达到人生理、心理的平衡。

建设成为以农作物大地景观为主调,以山地森林景观为背景,以中国传统药理文化、平衡思想为主旨,集生态农业、养生保健、科普教育、文化传承、休闲旅游于一体的高端、风雅的休闲观光农业,构筑"田野—乡间—山地"的空间休闲系统,带动盛村村及其周边农业、旅游业的发展。

目标市场:为家庭郊野旅游、青少年科普教育、都市白领养生提供适宜场所。

第三节　总体布局

根据园区的建设目标和规划原则,结合园区的地形地势,将园区规划为"一环两带八区"的空间结构,分别是:

一环:山地生态保育环。

两带:乾带、坤带。

乾带:以纵贯园区的一级道路(车道)及其两侧的景观带组成。

坤带:以沟谷中的水系及其两侧的景观带组成。

八区:垂钓休闲区、颐养生息区、亲子游乐区、家庭园艺、四时游赏区、生产观光区、农事体验区、综合管理区。

总体布局的功能分区图如图6-6所示。总体规划图和景观意向图如图6-7和图6-8所示。

第四节　分区规划

一、山地生态保育环

山地生态保育环位于园区最外侧,呈马蹄形环抱整个园区,占地177.4亩。该区域现状为次生林,植被生长茂密,长势较好。但由于林木以马尾松为主,品种较为单一,对森林病虫害的防御力较低;由于阔叶林成分低,景观效果较差。因而在保留原有大树的基础上,主要对林相进行改造,增加观赏性强的阔叶树种,以春花和秋色为主,增强原有山林生产力、景观效果,分块补植木兰科观花树

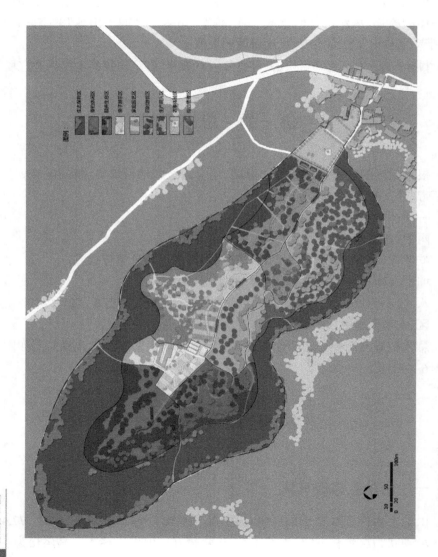

图6-6　农业生态休闲观光园功能分区图

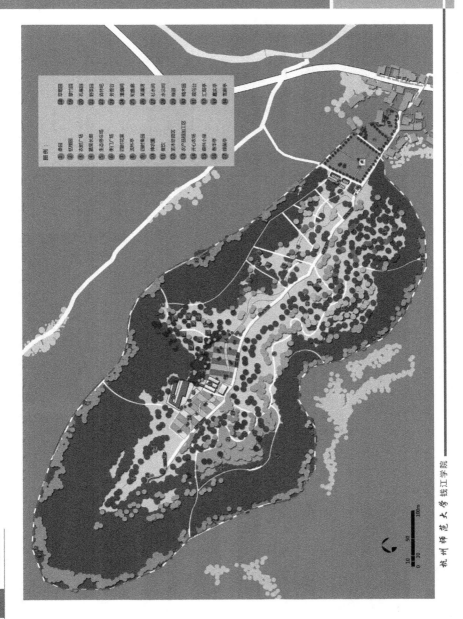

图6-7　农业生态休闲观光园总体规划图

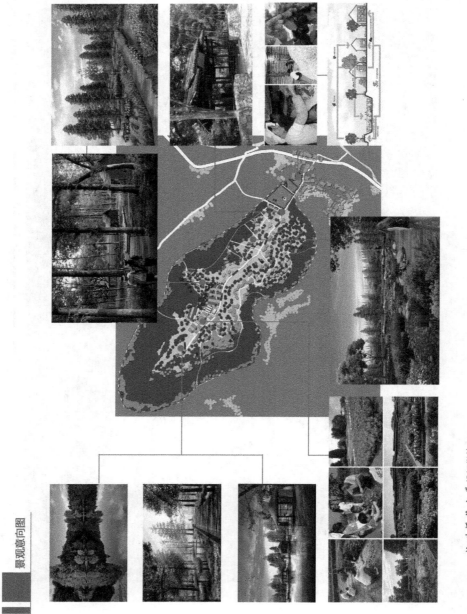

图6-8　农业生态休闲观光园景观意向图

种、槭树科观叶树种、重阳木、苦楝等乡土树种;同时,利用原有山林所形成的小气候环境,开辟场地进行珍稀濒危物种的繁育与引种工作,实现野生植物资源的主动保护,增加园区的生物多样性,提高园区生态功能。

在山顶开辟健身步道,总长约2.5km,为有氧运动提供场所,是茶余饭后锻炼健身的理想步道。沿途设置休息眺望的景观亭,掩映在青山绿水间的飞檐翘角,即可成为园区的标志,也可供人休息观景。

主要景点:绿道、楠木园、观鸟台、汇观亭、春华亭、绿荫亭、嘉实亭、雪蔚亭。

二、两带

乾带:以纵贯园区的一级道路(车道)及其两侧的景观带组成。道路沿线采用分段的方式,搭建廊架,栽植蔬果和藤本植物,从南向北分别栽植重瓣白木香、猕猴桃、紫藤、葡萄,其他区域进行群落式植物配置,力求与山体景观融为一体。

主要景点:蔬果长廊。

坤带:以沟谷中的水系及其两侧的景观带组成。水系引自水潭,由于山谷为自然汇水面,水系水源以自然落水为主,因为随水量的变化产生间歇性溪流。在山谷北部原有水潭的基础上进行扩建,增加存水量,并随地势引水而下,在中部形成几个小水面,增加景观的灵动性。将雨水收集,景观美化,植物生境创造的功能结合在一起。利用现有的地形和高差,将自然的雨水汇集过程和人工的水量调节合理协调,以较少的成本形成近自然的水系景观。水系两侧随流经区域的不同进行植物配置,以水生花卉和蔬菜为主,兼顾景观和生产功能。

主要景点:濠濮涧、流杯亭。

三、八区

(一) 垂钓休闲区

本区位于园区北部,占地38.9亩,该区为生态园的湿地景观,主要功能为垂钓、休闲和水产养殖。该休闲区池塘呈不规则椭圆形,为了营造别样的园区景致,在塘埂的四周种以水杉、红枫、芦苇、花叶芦竹等遮阴观赏树木和花草,使垂钓者的情操得到自然的陶冶,沿山脚架设栈道,设置垂钓平台,沿库坝架设廊架,种植葡萄。

水中主要放养鲫鱼、草鱼、鲢鱼、鲈鱼、鲶鱼,并少量放养甲鱼、鳜鱼、鳗鱼,供垂钓。同时放养适量的五色大鱼,彩色的鱼可供游人观赏和投料,以增加游览的乐趣。水中放养的鱼以自然的饵料为主,适当地投饵料,按绿色食品的要求进行水产养殖,以鱼的品质取胜。

在鱼塘的北面种植一定面积的荷花,夏天荷花盛开形成一道特殊的湿地景观,秋天则有荷塘月色般的意境,形成荷、鱼、果、杉(水杉)层次分明的湿地生态景观。

主要景点:知鱼廊、芙蕖湾、杉水间、水云间(小木屋)。

(二) 颐养生息区

本区位于垂钓休闲区南侧,与亲子游乐区毗邻,占地20.8亩。该区主要为游人提供修养和康复的健身步道、森林氧吧、健康野菜,通过园艺疗法调节身心,达到身体各项技能的平衡。片区包含坡地和谷地不同的景观要素,以栽植常绿植物、芳香植物和药用植物为主,给游人积极向上的生活态度,同时避免栽植容易使人过敏的植物。在地势较为平坦的地方,保留原有的乔木,补种松柏科植物和红豆杉并配置座椅,设计成为森林氧吧,提供吊床等,增加不同的体验。在山坡上的林下栽植野菜和药用植物,供游客采摘、品尝和购买,游客可进行探险活动,同时这些活动还能起到健身的作用。

主要景点:野菜园、森林吧、芳香谷。

(三) 亲子游乐区

本区位于垂钓休闲区南侧,与颐养生息区毗邻,占地15.3亩。主要包括草莓园、翠竹园、孔雀园。草莓栽植于大棚内,采用无公害种植方式,成熟时可直接采摘食用,也可制成草莓酱、草莓果汁等;利用山脚现有的竹林,适当增加一些新品种,如方竹、紫竹、湘妃竹、龟背竹等奇特的竹类,提供户外学习的平台,在出笋时节还可以举办一些亲子体验活动。该区有一处蓝孔雀养殖场,游客可喂食孔雀、观赏蓝孔雀开屏、了解孔雀饲养和生活常识、观察孔雀破壳而出的有趣瞬间,为亲子互动提供平台。

主要景点:草莓园、翠竹园、孔雀园、濠濮涧。

(四) 家庭园艺区

本区位于亲子游乐区南侧,占地37.3亩,主要为蔬菜种植区。根据季节轮种不同的作物,在体现物候的同时,增加游客对蔬菜的认识,蔬菜精选无转基因、瓜果优良的品种,成熟后可采摘自己加工食用,符合人们绿色、有机的健康生活理念。同时设置标识牌介绍不同蔬果的食疗作用,将养生的概念与日常生活有机结合。

在该区的林木间建造数十座分散在林间的小木屋,供家人或朋友观花、散心、休闲、娱乐。

主要景点:开心农场、森林小屋。

(五) 四时游赏区

该区位于家庭园艺区南侧,占地27.5亩。主要功能为观花类苗木生产与旅游、休闲,同时也是内部精品游线的起点,相当于正式的入口。设置了衡门广场,突出知足常乐的养生文化精髓,并在东侧的空地上设置了生态停车场。此处引山谷的溪水并在此汇聚成较大的水面,利用水面的倒影,使山光水色有机融合,做到四季有花、花香鸟语。观花类苗木种植品种主要为:红玉兰、黄玉兰、白玉兰、广玉兰、樱花、花石榴、金桂、银桂、丹桂、四季桂、蜡梅、梅花,形成玉兰、樱花、石榴、桂花、梅花五大观花类苗木系列。春天有红、黄、白三色玉兰花、粉红色的樱花,夏天有花期长、花朵大、香味浓的白色广玉兰和红色的石榴花,秋天丹桂飘香,冬天则是梅花、山茶怒放。

主要景点:生态停车场、衡门广场、四时花溪、流杯亭。

(六)生产观光区

位于园区西面山坡地带,是面积最大,集观赏、采摘、科普、教育于一体的坡地生产观光区,占地74.3亩。主要分为瓜果种植区和中草药区。瓜果种植区栽植香榧、板栗、山核桃、水蜜桃、杨梅、蜜梨、柑橘、柚子、枇杷、枣等植物,既可以观赏其花叶,又可以食用,且根据成熟季节的不同分片种植,保证采摘活动的延续。植物品种精选本省的名优品种,种植采用无公害的方式,保证果实的品质。

同时该区域还套种中药材,作为中药材养生教育基地,种植具有养生功能的中药材植物,如金银花、何首乌、枸杞、贝母、芍药等,并设计特色标识牌,介绍其生长特点及养生功能,起到科普教育的作用。

主要景点:四时果园、神农圃。

(七)农事体验区

位于场地南端,紧邻村庄,占地11.8亩。保留现有的桑林并适当扩大,桑葚可供采摘食用或泡酒,产品可提供短距离范围内的销售。选育优良的品种,恢复蚕桑养殖,蚕沙喂鱼,实现园区的生态循环模式。本区域地势较为平坦,因而适宜搭棚栽植栝楼,即俗称的吊瓜子等经济作物,提高土地的经济附加值。在该区域设置一小型广场,刻上二十四节气,放置老旧的农具如石磨、铁耙、铁锹等,供人们回味不同的农事活动。

主要景点:农时广场、桑园、栝楼园。

(八)综合管理区

本区位于生产观光区东侧,占地7.7亩,为园区主要的管理区域,包括小苗培育、炼苗、苗木展示和售卖、农产品粗加工及销售、餐饮等。展示土酒酿造的过程,增加互动,产品经包装后也可成为园区的特色。管理区内构筑物注重景观效果,体现精品化、园林化的思路。

主要景点:餐饮、苗木培育区、农产品粗加工区。

第五节　专项规划

基础设施规划

项目建设面积411亩,实行土地流转、集约经营、品牌营销、游憩合一的生态休闲模式。

田间道路和农田水利工程建设:基地共改扩建干道1km,改造支道2.4km,新建防火道2.5km,田间机耕路3km;改扩建干渠1km,改造支渠2km,改造毛渠2km,新开挖水库6000m³,新建景观水系3000m²,新建、改建泵站2座。园区道路规划布局见图6-9。

基础设施:建造生产用房1000m²,铺设相关引水管道、过滤池。

生产设施:购置大棚4个,微滴灌100亩,太阳能杀虫灯4只。

农产品安全:建立生产档案,建立农产品检测室,配备检测设备,产品实行分级包装,开展品牌宣传。

基础设施主要为田间道路、水利水电工程和管理用房,见表6-1。

表6-1　项目建设基础设施规划

设施规划	主要建设内容	说　明
田间道路	扩建干道	1km
	改造支道	2.4km
	新建防火道	2.5km
	田间机耕路	3km
农田水利工程	改扩建干渠	1km
	改造支渠	2km
	改造毛渠	2km
	新建水库	6000m³
	新建景观水系	3000m²
	新建、改建泵站	2座

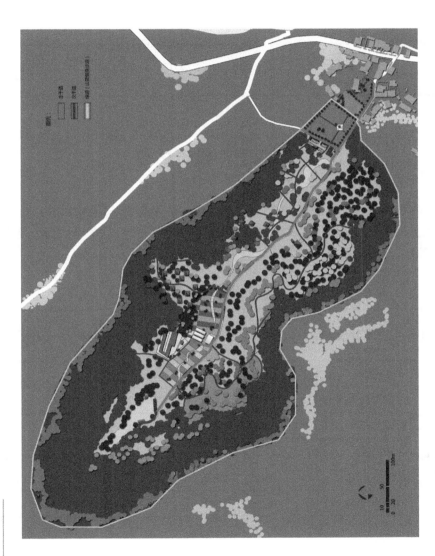

图6-9　农业生态休闲观光园道路规划图

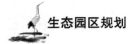

续表

设施规划	主要建设内容	说　明
基础设施	管理用房	1000m²
生产设施	购置大棚	4个
	微滴灌	100亩
	水泵	10只
	太阳能杀虫灯	4只

第六节　投资估算

　　本项目共需投入经费785.5万元,其中土地平整、田间道路和农田水利工程建设投入经费221.5万元,农业设施建设与园林工程投入经费104万元,苗木投入433万元,安装工程投入27万元。详细的投资估算见表6-2。

表6-2　项目投资估算表

项目	主要建设内容	单位	数　量	单价（元）	金额（万元）	备　注
道路工程	土地整理	亩	100	500	5	
	土壤改地力提升	亩	100	200	2	
	扩建干道	m	1000	150	15	
	改造支道	m	2400	100	24	
	新建防火道	m	2500	200	50	
	机耕路(作业道)	m	3000	20	6	
	小计				102	
农田水利工程	改扩建干渠	m	1000	50	5	
	改造支渠	m	2000	40	8	

续表

项目	主要建设内容	单位	数　量	单价 （元）	金额 （万元）	备　注
农田水利工程	改造毛渠	m	2000	30	6	
	挖方	m³	12000	25	30	水系开挖
	驳岸砌筑	m	300	600	18	
	管理房	m²	1000	500	50	
	电力线路	m	5000	5	2.5	
	小计				119.5	
生产设施设备	标准钢管大棚	亩	2	11000	2.2	
	喷、滴灌设施	亩	100	1000	10	
	防虫网	亩	2	1500	0.3	
	杀虫灯	只	4	2500	1	
	引诱灯	只	60	200	1.2	
	温湿度自动记录仪	台	30	200	0.6	
	水泵	台	10	2000	2	
	小计				17.3	
园林工程	停车场	m²	600	200	12	
	广场铺地等	m²	570	400	22.8	
	木栈道	m²	215	600	12.9	
	廊架	m	200	1000	20	
	亭	个	8	10000	8	
	厕所	个	1	25000	2.5	
	桥	座	3	5000	1.5	
	儿童游乐和健身设施	个	1	30000	3	

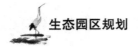

续表

项目	主要建设内容	单位	数　量	单价（元）	金额（万元）	备　注
园林工程	功能小品				4	标识牌、垃圾箱等
	小计				86.7	
种植工程	景观树		10	8000	8	
	绿化	m²	85000	50	425	
	小计				433	
安装工程	给水				6	
	前期供配电				4	
	亮化工程				10	
	音响工程				7	
	小计				27	
合计					785.5	

第七节　效益分析

生态观光农业园属于可持续性发展旅游类型,具有广阔的经济、社会和生态效益。

（一）经济效益分析

由于观光农业旅游的项目内涵丰富、参与性强、产品生命力强,植根于乡村农业生产,旅游与生产、市场有机结合,投资小、抗风险力强,易解决旅游淡旺季矛盾而导致忙闲不均的问题,获得生产和旅游经济双重效益;从交通条件看,位于城市最佳辐射范围内,其旅游地的可进入性最好,最易得到城市资金、人才、信息、技术、客源的扶持,客源充足、回头客多、重游率高,客源市场稳定,是旅游资源经济价值最高的区域,开发利润高,效果好。项目规划用地411亩,生产性用地约200亩,亩产值2000~4000元,预计生产性收入40万~80万元;规划旅游接待能力近期100人/d,预计旅游接待收入约720万元;远期旅游接待能力为300人/d,预计旅游接待收入约2160万元。

(二) 社会效益分析

园区的建设有利于农业产业结构的优化调整,观光农业在注重农业生产的基础上引入旅游因素,兼有第一产业和第三产业的属性,能有效克服农业弱质产业的特性。项目建设有利于解决周边农户的就业,预计全年可季节性解决50名农村富余劳动力的就业问题,且以妇女和老年人为主;同时,可带动当地其他农副产品的销售,从而大幅提高社会效益。园区未来的发展,可促进当地农家乐餐饮、住宿等的开发,预计可使30~50户当地农民形成以餐饮为主的第三产业,形成集聚和配套效应。

(三) 生态效益分析

观光型农业不同于乡村自然风景区,农业生产是它的主要功能,是以园林形式存在的生态农业发展模式,相对于单一的传统农业,观光农业更容易与周围的自然环境形成一个良好的生态系统。园区内尽可能减少人工景观和硬质铺装的痕迹,保持原生态的自然景观,保证良好的生态效益。

通过地力培肥和农作物种植,杜绝新造耕地抛荒和减轻粗放管理现象,有利于减少新造耕地水土再流失,保护生态环境。通过推广应用高产节水灌溉技术,节约利用水资源;推广商品有机肥及实施蚕沙还田,能有效改善土壤结构,提高土壤地力,促进食用菌等相关产业废弃资料再利用;推广应用无公害蔬菜生产新品种、新技术、新设施,将有效减少有机农药、化肥使用量,节约工业生产能耗,减少农业面源污染,保护当地的生态环境。

第七章 淳安县铁皮石斛设施
农业示范园规划

第一节 设施农业示范园概况

铁皮石斛是多年生草本植物,是国家Ⅱ级保护植物和传统名贵珍稀中药材。铁皮石斛药用价值极高,具有增强免疫、促进消化、护肝利胆、抗风湿、抗衰老、抗肿瘤、保护视力和降低血糖血脂等方面功能,被誉为"救命仙草"和"植物大熊猫"。以铁皮石斛为原料,制成的非处方药品、保健食品及"枫斗",受到百姓欢迎,成为我省药品和保健食品市场最热销的产品之一。

目前,全省铁皮石斛类药品和保健食品的直接年销售产值近4亿元,拉动相关产业产值几十亿元,是我省实施中药现代化工程建设以来所取得的重要成果之一。铁皮石斛产业从无到有仅20年左右时间,而且产业快速发展是近5年。据初步统计,全国铁皮石斛现有种植面积约267hm(其中50%左右的面积投产),年产鲜条约100万kg,从业人员40万人,产值50亿元,其中浙江占60%以上。现有栽培铁皮石斛的地区也从传统的浙江、云南扩展到广西、广东、福建、安徽、贵州、江苏、北京、上海等省区市。

我省是首先开发铁皮石斛药品和保健食品并实现产业化生产的省份之一,至今已经有10多年的历史。目前,我省从原料种植到加工生产药品和保健食品,形成了特有的原料种植和产品加工体系,具有一定的产业规模。发展现状可概况为以下几个方面:

一是铁皮石斛实现人工栽培,形成"公司+基地"为主的种植模式。野生铁皮石斛主要生长于海拔1600m左右的山地半阴湿岩石上,生长条件较为苛刻。1987年国务院发布的《野生药材资源保护管理条例》,将铁皮石斛列为保护品种。浙江省医学科学院在国内率先进行组织培养及人工栽培研究,浙江天皇药业有限公司率先成功实现人工栽培,并形成规模化种植。随后,浙江大学、省中药研究所等研究单位及部分企业继续在种植资源收集、筛选、生物学鉴定、组培快繁和田间栽培等多方面做了大量的研究工作，使得铁皮石斛在人工栽培成活率、苗产量提高的同时，种植成本大大降低，为进一步实现产业化规模化生产提供了保障。目前据不完全统计，全省有36个单位（农户）在省内建有46个铁皮石斛种植基地，主要分布在杭州、金华、台州、温州等地，丽水、绍兴也有少量铁皮石斛基地，其中42个基地是2001年以后建立的。全省铁皮石斛基地占地面积共为7095亩，现种植铁皮石斛面积为5527.5亩。从基地规模上看，面积在1000亩以上的有浙江天台山中药药物研究所和浙江森宇实业有限公司2家，其中浙江天台山中药药物研究所基地为2507亩，占全省基地面积的35%，位居第一。面积在100亩以上的有杭州胡庆余堂药业有限公司、金华寿仙药业有限公司等9家企业。2005年种植面积为2005.2亩，采收铁皮石斛51998kg，2006年已种植2297亩，已部分采收铁皮石斛11880kg。

此外，浙江民康天然植物制品有限公司、浙江天台山铁皮石斛枫斗开发有限公司、乐清金圆枫斗有限公司、乐清市双峰石斛枫斗厂分别在云南思茅、德宏地区建有铁皮石斛种植基地。

二是铁皮石斛相关产品得到开发，以铁皮石斛为主要原料的药品成为益气养阴、养胃生津的良药，其保健食品成为高档滋补品，热销市场。1993年，浙江天皇药业有限公司成功开发以铁皮石斛为主要原料的铁皮枫斗晶，之后又开发了铁皮石斛胶囊，并投放浙江市场。1995年后，我省其他医药企业陆续尝试这类保健品的开发。2002年，浙江天皇药业有限公司在原保健食品的基础上，研制了药品铁皮石斛枫斗颗粒和铁皮枫斗胶囊。近两年，涉足这一保健食品生产的企业迅速增加。据国家保健食品评审中心数据库资料显示，全国以铁皮石斛（枫斗）为原料的保健食品生产企业有30家，产品有40多种，而我省铁皮石斛生产企业就有20家，共有30个品种，其中，已经投产的生产企业有15家共23个品种。据初步统计，2005年这15家企业的铁皮石斛相关产品销售产值4亿元，主要生产企业浙江天皇药业达2.6亿元，占全省约65%，杭州胡庆余堂、登峰保健品公司、天目药业等企业分别达5000多万元、2800多万元和900多万元。主要产品有铁皮枫斗颗粒、铁皮枫斗胶囊、铁皮枫斗茶、铁皮枫斗浸膏、铁皮石斛软胶囊等数十种、铁皮石斛产业已初步形成一个产业群，是具有浙江特色、保健医疗效果确切的新兴产业。

2010年杭州市中药材种植面积6.1万亩，产值4.3亿元，其中淳安县中药材种植面积3.97万亩，产值1.8亿元，目前淳安县为杭州市中药材种植面积最大、产值超亿元的县。近几年淳安县大力发展中药材，是农民增收的新兴产业。

但淳安县铁皮石斛的种植才刚刚起步。为保护铁皮石斛野生资源，合理开

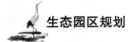

发利用这一珍稀植物,2010年,杭州美澳生物技术有限公司对取自淳安本地生长在悬崖峭壁上的铁皮石斛原种进行研究培育,进行种苗组织培养工厂化生产,投资4000万元在千岛湖建立了以铁皮石斛为代表的珍稀植物种苗组培基地生产企业。该公司现有从业人数60人,其中高科技人员4人,技术员6人,组培室技术操作人员20人;已建风淋抽风净化装置1套、高温高压大型灭菌消毒设施1套、光照及控温系统组培架300套、新型钢管大棚和自动化喷雾灌溉系统30套和100级超净工作台10个、1万级超净接种室100m²,30万级超净培养室1200m²、分析化学实验室60m²。从2007年开始,通过选种、育种以及应用组织培养等生物技术手段,铁皮石斛种苗组培工作取得了较大成功,至2010年年底,组织培养面积3000m²,栽培苗木基地200亩,苗木平均高20cm,总株数1500万株;销售优质组培种苗400万株,其中国内250万株,国外150万株。

目前千岛湖药业有限公司生产千岛牌铁皮石斛冲剂,有一定的生产加工能力,但本县没有原料供应。

本项目计划在淳安县西南片省级现代农业综合区建设规划范围内建设高标准的铁皮石斛设施农业示范园,建设高标准的玻璃温室大棚,以达到光、湿、温度等环境条件的人工控制,并利用组培技术生产铁皮石斛的苗,达到石斛苗后期培育的快速生长,实现铁皮石斛原材料种植的规模化、规范化、标准化和基地化生产,产品实现质量可控。以示范园为核心,辐射与带动淳安县铁皮石斛产业的发展,实现农业的"高产、优质、高效、生态、安全",以达到农业增效和农民增收,促进农业龙头企业的发展。

项目实施示范区位于淳安县的西南部,具体地理位置为姜家镇的石颜村,离淳开公路3km,交通十分便利,在淳安县西南片省级现代农业综合区建设规划范围内。示范区占地面积140亩,为丘陵坡地的改造地,土地相对平整,山岙有一小型蓄水塘,农业生产立地条件较好。在140亩示范区中拟建20亩大棚玻璃温室,并建立相应的幼苗组培车间,其余为农业种植和观光休闲区,示范区建立以后将集铁皮石斛育苗,高效栽培和农业观光休闲于一体,有效地带动淳安县铁皮石斛产业的发展。项目区位如图7-1所示。

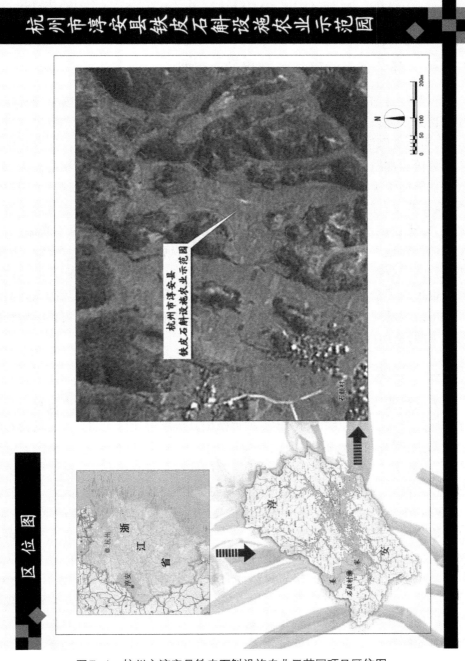

图7-1　杭州市淳安县铁皮石斛设施农业示范园项目区位图

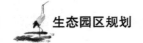

第二节　设施农业示范园建设的重要性与必要性

一、野生资源的可持续利用的科学性

石斛是目前国内近百种药品和保健品的必备原料,我国市场需求量每年均在几百万千克以上,而且逐年呈上升趋势。然而,因森林生态破坏与资源的过度开采,野生资源濒临枯竭,目前国内市场年供应量仅在1万kg左右,导致石斛的市场售价非常昂贵。1987年国务院将铁皮石斛列为国家重点保护植物。为了实现铁皮石斛资源的可持续利用,自20世纪70年代就开始了人工栽培技术研究工作,至今铁皮石斛的种子生产、组织培养和设施栽培等人工繁育关键技术才得以突破,并迅速推广应用。同时,铁皮石斛药用功效与价值的研究也不断深入,一批功能性保健专利产品得以研发、生产,形成了从铁皮石斛种植生产、加工到销售完整的产业链,成为重要的高科技富民农业产业。然而,铁皮石斛产业的快速发展也带来了栽培品种、栽培区域环境与技术、产品开发与质量保障等系列制约产业可持续发展等方面的问题。建立铁皮石斛设施示范园,科学、可持续地利用野生资源,从而推动石斛产业的健康有序发展。

二、加快淳安县石斛产业发展的重要性

为满足我国药品和保健品市场的需求,国家科技部三次把铁皮石斛人工栽培和研究开发项目列为"八五"重点项目及国家级星火项目计划。人工培育石斛应时而生,其种植操作简单、室内外均可操作、成本低、利润惊人、享受国家财政补贴、政策支持,让石斛人工种植成为一个制造财富新的亮点。从浙江的铁皮石斛产业布局看,乐清依然是石斛产品的重要集散地和栽培生产地,天台、临安、武义、建德、金华、龙泉、庆元等生态环境优良的区域均建有一定规模的生产基地,且栽培集约化程度较高。浙江铁皮石斛产业模式多以加工企业建立人工栽培基地形式组织生产销售。浙江天皇药业有限公司、浙江森宇药业有限公司、浙江民康天然植物制品有限公司、康恩贝药业有限公司、杭州胡庆余堂药业有限公司、天目药业有限公司、雁吹雪铁皮石斛有限公司等一批铁皮石斛企业均建有栽培基地以确保其产品的质量,各企业均开发有自主品牌的产品。另一类是以铁皮石斛鲜品销售为主的企业,如杭州天厨小香生物科技有限公司在建德建立生产基地,生产铁皮石斛枝原条,研发鲜品保鲜包装技术,建立销售网络,并通过带动

农户与农业合作组织形成了建德铁皮石斛鲜品生产基地。改革开放以来，以上海为中心的大"长三角"城市群初具雏形，区域经济飞速发展，杭千高速已经建成，随着千黄高速、千黄高铁的建设，淳安作为杭州市的"后花园"，区位优势更加显著提升。项目以土地平整、土壤改良和石斛新品种新技术示范推广为主要内容，以建立石斛生产基地为主要目的，通过淳安县铁皮石斛设施示范园项目的实施，实现石斛生产科技示范的作用，即带动淳安和杭州的石斛产业发展。

三、中药材品质控制的紧迫性

市场上铁皮石斛的品质参差不齐，成分不稳定、不确定，以次充好等问题必将影响产品的销售。影响铁皮石斛产品质量的关键因素主要有栽培品种、人工栽培基质与管理技术、采收年龄与季节、加工工艺与添加成分以及保鲜、贮运技术环节等。全国主产区除了少数几个药业公司重视采收年龄与采收季节外，多数企业并未重视这些影响因素，有些企业加工时甚至全草整株投料，显然影响产品的质量与药效。促进规范化发展，对加快我省铁皮石斛产业健康有序发展，进而推动整个中药现代化工程具有重要意义。浙江省农业厅、浙江省食品与药品监督管理局等行业主管部门都十分重视药材与产品质量的管理与引导，在国内率先制订了无公害铁皮石斛地方标准（DB33/T635），2007年5月30日由浙江省质量技术监督局发布，2007年6月30日开始实施，包括产地环境、生产技术规范、种子种苗、安全质量要求等4个部分，以确保种苗移栽的成活率和加工产品的质量安全。

四、体现发展中药产业的先进性

中药行业是我国少数最具国际比较优势的产业之一，得到了国家的高度重视。国务院办公厅《中药现代化发展纲要》明确指出将中药产业作为重大战略产业加以发展。发展中药现代化是我省国民经济和社会发展的需要，有利于加快培育我省制药工业新优势，显著提升我省制药工业的产业层次和国内外竞争力。浙江省"十二五"发展道地中药产业也是我省中药行业在该时期的工作纲领，是对我省中药现代化发展的战略部署，对医药行业统一思想、理清思路、明确目标有着重要意义，有利于我省中药行业的健康发展，加速推进中药现代化进程。

第三节　设施农业示范园总体规划

　　杭州市淳安县铁皮石斛设施农业示范园占地约140亩,位于姜家镇石颜村东北面,属于丘陵谷地。基地西面紧傍溪流,其他三面为丘陵山地所环绕,自然形成类似盆地格局,小气候环境良好。基地地势北高南低,最高处高程168.65m,最低处高程131.54m,相对高程差37.11m,具有生产、休闲、观光于一体的开发潜力,建成后可发挥其多种功能,提高园区效益。基地西面为浙江硕凯农业开发有限公司,现主要从事食用菌的产业化生产,具有一定规模,其菌糠能为基地持续提供大量的优质有机肥。该基地位于石颜村村镇用地的外围,紧邻规划中的姜家镇工业园区,可获得较为便利的人力资源且与村庄有一定的距离,便于独立管理。新建的园区道路优化了基地的交通条件,离淳开公路仅几分钟的车程。该基地的土地属于承包经营权流转。园区土地利用空间布局如图7-2所示,种养结构布局如图7-3所示。

　　园区规划包括组培育苗区约2.6亩,铁皮石斛玻璃温室栽培区约20亩,铁皮石斛露地栽培区约16亩,蔬菜栽培区约28.8亩,果树栽培区约14.1亩,休闲农业观光区约52.3亩,生产管理区约3.9亩,其他用地(道路、水渠等基础设施用地)约2.3亩。园区基础设施规划见表7-1。

表7-1　设施农业示范园建设基础设施规划

设施规划	主要建设内容	说　　明
基础设施	机耕路	1km
	沟、渠	2km
	电力线路	3km
生产设施设备	玻璃连体温室	5600m²
	排风机(降温设备)	20台
	增压控制阀	2套
	育种间	300m²
	组培室	200m²
	风淋抽风净化装置	1套

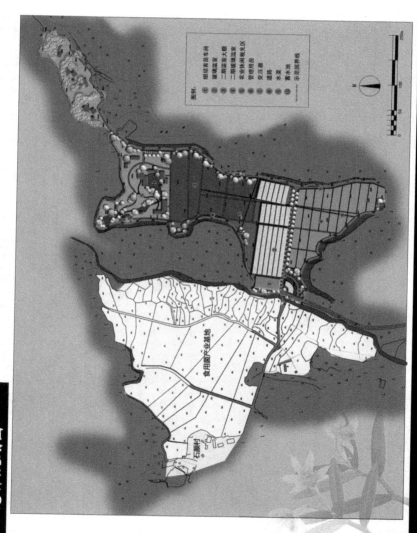

图7-2 杭州市淳安县铁皮石斛设施农业示范园总体规划图

图7-3　杭州市淳安县铁皮石斛设施农业示范园种养结构布局图

续表

设施规划	主要建设内容	说　　明
生产设施设备	水平/垂直净化工作台	10台
	高温高压蒸汽灭菌器	1台
	清洗设备	5套
	育苗床	300套
	全自动无菌灌装设备	2套

第四节　建设内容

一、铁皮石斛品种选育与优化

铁皮石斛在我国分布较广,在浙江、安徽、江西、福建、广东、广西、云南、贵州、四川、河南、湖南均有分布。铁皮石斛种质资源以野生资源为主,但量很少,需要对野生石斛进行保护和可持续的开发利用。在项目核心区建立种质资源收集、引种驯化、杂交育种等技术的研究与推广。截至2010年浙江省农作物品种审定委员会认定了"天斛1号"、"森山1号"、"仙斛1号"3个品种,较为适应在浙江地区种植。这对于提高良种覆盖率、增加产量、减少风险、提高社会效益都具有良好的作用。2010年,杭州美澳生物技术有限公司对取自淳安本地生长在悬崖峭壁上的铁皮石斛原种进行研究培育,进行种苗组织培养工厂化生产,其性状对于提高种苗在当地的适应性具有较高的价值。但铁皮石斛地域分布较广,野生资源亟须保护,不同地域出产的物种在形态结构、有效成分上均不尽相同,如何发挥优势,进行适应不同栽培条件下的良种选育,仍需要继续深入研究,其中物种资源的收集是基础。

基地将对种质资源进行收集与展示,加强与相关大学、科研院所合作,进行引种,选育出多糖质量分数高、产量高、适应性强、抗病能力与抗低温能力强的优良品种,促进铁皮石斛新品种的认定工作,丰富种质资源,提高良种覆盖率,提高品牌社会知名度,丰富企业文化。

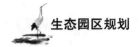

二、铁皮石斛组培技术示范推广

石斛种子细如粉尘，一个硕果内所含种子达100万粒之多，由于缺乏胚乳，种子需与真菌共生才能萌发，自然条件下萌发率非常低（不足5%），传统的分株、扦插等方式的繁殖率也极低，利用组织培养技术繁殖试管苗是解决铁皮石斛种苗的有效途径。

（一）外植体的选择

在植物组织培养中，外植体的选择十分关键，不同的取材部位和时期，培养的结果也不一样。通过细胞学观察，认为铁皮石斛的类原球茎是单细胞起源的体细胞胚。据报道，利用铁皮石斛的茎段、根尖等作外植体，均可成功诱导出原球茎或无菌丛生芽，培育出试管苗与再生植株。但由于种子量大，且种子在无菌条件下培养，萌芽率显著提高，进而诱导出原球茎，培育出试管苗，因而是目前规模化组培生产基地外植体的主要类型。

（二）培养基的改良

用于石斛类的植物组织培养的培养基有MS，KC，N6，B5，SH，1/2B5，1/2N6，1/2SH，1/2MS等，其中MS培养种子萌发率和丛生芽增殖率较其他培养基要高，1/2MS诱导丛生芽效果较好，改良MS培养基（NH_4NO_3减少50%，其余与MS相同）能显著提高铁皮石斛原球茎增殖倍数。因此，MS，1/2MS和改良MS培养基目前在铁皮石斛组培中使用最多。在培养基的改良中需要针对不同的目的进行试验，继而规模化生产，提高组培的效率。

（三）植物生长调节物质

植物生长调节物质对植物细胞分裂、诱导器官形成和次生产物的合成都有重要作用。一般高浓度的细胞分裂素有利于诱导芽的发生，低浓度的生长素有利于根的形成。一定浓度范围的生长素和细胞分裂素组合能促进原球茎的形成和芽的分化。IBA对原球茎的分化、试管苗的生根效果良好。经试验，0.1mg/L激素配比对原球茎增殖效果较好，6- BA2.0～3.0mg/L＋NAA0.5～1.0mg/L＋KT1.0mg/L激素配比对芽的分化较为理想。在生产中可将生产实际经验进行固化与总结，并进行先进技术的推广与应用。

（四）天然添加物对铁皮石斛组织培养的影响

天然添加物在铁皮石斛组织培养过程中对其生长和发育有一定的促进作用。据报道，添加0.5%活性炭和香蕉汁、苹果汁能促进试管苗根的生成和生长；添加椰汁能够促进兰苗原球茎分化较多丛生芽且长势较好；1/2MS＋马铃薯提取液的培养基质适宜种子萌发；在N6上添加150mg/L香蕉汁可促进幼苗生长。

（五）环境条件与组培过程控制

无论在自然条件还是离体培养条件下,植物的光和温度信号总是互相联系的,植物既以定性的又以定量的方式对温度和光照做出反应,当组织培养诱发植物在培养基中形态重建时,需要较高的光照水平,增强光照利于发根。铁皮石斛组织培养的环境条件是培养温度为24～26℃,每天光照8～12h,光照强度为1000～2000lx。繁殖代数越多,试管苗越容易衰老退化,铁皮石斛的原球茎繁殖代数应控制在6代内,否则原球茎分化芽的能力降低,试管苗生长缓慢,有效苗的获得率下降,移栽成活率降低,成活后生长缓慢,出现明显退化现象。简化接种程序,减少转接次数,能有效提高组培效益与组培苗质量。

三、铁皮石斛温室高产栽培技术示范推广

（一）栽培基质

栽培基质是优质高效栽培的关键。铁皮石斛生物特性要求栽培基质既要有良好的保水性又要具有通风透气性,规模化生产要求栽培基质原料易得、操作方便。报道中基质有水苔、碎石、花生壳、苔藓、椰子皮、松树皮、木屑、木炭、木块等,但目前生产中主要应用有树皮、木屑,或树皮、木屑、碎石、有机肥混合物,其中树皮要粉碎成2～3cm以下颗粒。浙江地区地面栽培基质厚度一般控制在20cm以上,云南地区搭架栽培基质厚度一般控制在5cm左右,但均需要发酵、消毒,防止烧苗,杀死害虫、虫卵及病菌。本项目核心区在玻璃温室内进行栽培,无论从提高温室的利用率、提高栽培密度还是有效利用基质都需要搭架栽培,故基质厚度可大大缩小。由于周边有食用菌产业基地,其基质要求与本项目基质要求极为类似,可借助其较为成熟的经验进行基质的选择与改良。

（二）栽培环境条件控制

铁皮石斛最适宜在凉爽、湿润、空气畅通的环境生长,根据铁皮石斛的生长习性,应综合考虑场地光照、温度、湿度、通风等自然因素。玻璃温室设施栽培可在局部范围改善或创造出适宜的气象环境因素,为铁皮石斛生长发育不同阶段提供良好的环境条件,达到避免不利环境条件对铁皮石斛生产的危害。

铁皮石斛生长的适宜温度为15～28℃,夏季应降温,冬季应增温,配备遮阳网和加热装置,以满足铁皮石斛最佳的生长温度。应提高生态循环示范,充分利用太阳能、沼气等为基地提供清洁能源和供热补充。

铁皮石斛要求保持基质湿润,空气湿度保持80%以上为好,但又不能积水。温室栽培采用滴灌、喷雾、水帘等技术,并注意不同季节蒸发量的不同,控制适宜的湿度。另外由于基地位于谷地,为自然汇水面,故在基地范围内应通过合理设

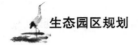

置排水设施和蓄水池,保证充足的供水量;在多雨季节要及时清理排水沟,加深畦沟和排水沟,及时排水,并防止病害发生。

(三)营养液

铁皮石斛自然生长速度较慢,要提高生长速度,必须适时适量提供养分。沤熟的饼肥、羊粪、沼液能有效促进营养生长。施肥应注意浓度和时间,一般以浓度1.0~1.5g/L的液体肥,每半月施一次,或0.5%的尿素一个月施一次即可。设施栽培可明显增加石斛的生长期,施肥时间应与生长期一致,若停止生长,可停止施肥。

(四)病虫害防治

铁皮石斛病害主要包括白绢病、炭疽病、褐锈病等,虫害有蜗牛、蛞蝓、蚜虫、蚯蚓、蚂蚁等。项目区病虫害防治贯彻预防为主,综合防治的植保方针,突出农业防治、物理防治、生物防治的措施,确保产品质量。在防治工作中,禁止使用高毒、高残留农药,有限度地使用部分化学农药。农药安全使用标准和农药合理使用准则参照GB 4285和GB/T 8321(所有部分)执行。尽量使用物理方法,在必须施用时,严格执行中药材规范化生产农药使用原则,选用几种不同类农药品种进行交替使用,避免长期使用单一农药品种,以延缓害虫抗药性的产生。严格掌握用药量和用药时期,尽量减少产品农药残留。

农业防治:选择优质、高产、抗逆能力强的品种。进行场地预处理、清理场地周围的杂物、棚内外严格隔离,应用遮阴网。设施栽培及时通风换气,降温排湿,调节补充二氧化碳,排除有害气体。开展以竹醋液、石灰、黑光灯诱杀等病虫害综合防治技术措施。竹醋液防治方法为:原液稀释300~500倍,每周进行叶面喷施,可以改善石斛光合作用,有效防治病害,并对害虫有趋避效果。

四、铁皮石斛生产标准化推广

(一)规范生产标准

浙江省农业厅组织制定了国内首个无公害铁皮石斛地方标准(DB33/T635),2007年5月30日由浙江省质量技术监督局发布,2007年6月30日开始实施。地方标准分为4个部分:第一部分:DB33/T635.1—2007《产地环境》,第二部分:DB33/T635.2—2007《种子种苗》,第三部分:DB33/T635.3—2007《生产技术规范》,第四部分:DB33/T635.4—2007《安全质量要求》。其中第二部分《种子种苗》中的"商品苗的质量"、第四部分《安全质量要求》中"铁皮石斛的重金属及其他有害物质指标"、"铁皮石斛农药残留指标"为强制性条款,以确保种苗移栽的成活率和加工企业的质量安全要求。该系列标准的发布实施,对铁皮石斛标准化生产具有重要指导意义。

（二）多糖质量分数变异规律

多糖是铁皮石斛的主要成分,与药理作用有着密切的联系,多糖质量分数的高低是目前判断铁皮石斛质量的主要依据,研究多糖质量分数变异规律对铁皮石斛质量控制有重要意义。据测定,生理年龄3年生萌条开花前总多糖达36.68%,开花后降为25.31%。采收季节对多糖质量分数具有显著影响。

第五节　设备与设施采购

一、设施设备性能与用途

（一）生产设施

玻璃连体温室:长100m×宽56m,5600m²。主要包括温室主体、覆盖材料、遮阳、保温、降温、环流风机、加温、控制系统以及移动式苗床、系统配电、室内照明等,提供给铁皮石斛生长的环境条件,适合农业示范园应用。

组培育苗室:23m×56m,1300m²,包括超净育种间(30万级,m²)、超净组培室(1万级,m²)、准备室、清洗室等。适合铁皮石斛育苗生产和组织培养的前期准备。

土地平整主要是改变地块零散、插花状况、平整土地,改良土壤,增加有效耕地面积,提高土地质量和利用效率。

（二）附属设施

机耕路主要用于农资、农机具、石斛的运输。

蓄水池、排灌渠主要用于灌溉和雨水的排放。

（三）生产设备

根据建设项目内容与规模的要求,本项目配套的设备有:风淋抽风净化装置(风淋室)、水平/垂直净化工作台、高温高压蒸汽灭菌器、玻璃清洗设备、全自动无菌灌装机。

二、设施设备采购数量及方式

本项目需采购的设施设备见表7-2。

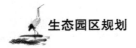

表7-2 设施设备采购数量与方式

序 号	建设内容	规格型号	数 量	总价(万元)
1	玻璃连体温室	100m×56m	5600m²	448
2	组培育苗室	23m×56m	1300m²	75
3	机耕路		1000m	4
4	主排灌渠	BZ80	1000m	6
5	次排灌渠	BZ60	1000m	4
6	电力线路	农用电力	3000m	1.5
7	增压控制阀		2套	2
8	风淋抽风净化装置		1套	2
9	超净工作台		10台	8
10	高温高压蒸汽灭菌锅		1台	1.5
11	清洗设备		5套	2.5
12	育苗床		300套	7.5
13	全自动无菌灌装设备		2套	1.6
合 计				563.6

以上设施设备的采购方式主要为询价采购,根据市场价格确定(见表7-3)。

表7-3 玻璃连体温室材料清单

序号	名 称	规格说明	数量	单位	单价(元)	金额(元)
1	基础	独立基础、圈梁、散水坡(C20)	5600	m²	58.0	324800
2	钢结构	Q235A热镀锌	5600	m²	135.0	756000
3	铝合金	温室专用(表面氧化处理)	5600	m²	95.0	532000
4	顶覆盖材料	5mm钢化玻璃＋密封橡胶条	7392	m²	54.0	399168

续表

序号	名　称	规格说明	数量	单位	单价(元)	金额(元)
5	侧面覆盖	4mm浮法玻璃＋密封橡胶条	2574	m²	35.0	90090
6	分割墙玻璃	铝合金及玻璃	211	m²	200.0	42200
7	顶开窗	轨道式交错开窗	5600	m²	21.5	120400
8	侧开窗	齿轮齿条内推窗	5600	m²	5.85	32760
9	外遮阳	齿轮齿条外遮阳	5600	m²	45.0	252000
10	内保温一	齿轮齿条内遮阳	4524.8	m²	25.0	113120
11	内保温二	齿轮齿条内遮阳	4524.8	m²	25.0	113120
12	降温系统	湿帘＋风机	4524.8	m²	22.5	101808
13	内循环系统	循环风机	32	台	500.0	16000
14	门	铝合金移门(1.6*2.4)	3	扇	2450.0	7350
15	门	铝合金移门(0.8*2.2)	2	扇	1125.0	2250
16	吊挂微喷	旋转喷头	4524.8	m²	11.2	50677.76
17	施肥器	进口	1	套	3800.0	3800
18	施肥罐	2立方	1	个	1650.0	1650
19	移动苗床系统	手动	4524.8	m²	105.0	475104
20	移动苗床基础	基础＋道路＋卵石	5600	m²	40.5	226800
21	五金件		5600	m²	3.5	19600
22	电气控制	穿管	5600	m²	14.5	81200
23	装卸运输		5600	m²	8.0	44800
24	安装		5600	m²	75.0	420000
25	小计					4226697.7
26	税金	6%				253601.86
27	总计					4480299.5
28	平均					800.00

组培育苗室设备采购方式主要为询价采购,根据市场价格确定(见表7-4)

表7-4　组培育苗室材料清单

序号	名　　称	材料及规格	数量	单位	单价	金额
1	铝合金及玻璃	国标铝材	1497.6	m²	200	215040
2	立体苗架	方钢及玻璃	2027.52	m²	120	243302.4
3	地面基层及地砖		1075	m²	110	118250
4	空气净化设备		12	套	2500	30000
5	温控设备		8	台	7420	59360
6	水电设施		1075	m²	14.5	15587.5
7	合计					681539.9

第六节　效益与风险分析

一、经济效益分析

　　项目建设示范基地面积140亩,其中发展设施玻璃温室5600m²,年产鲜条约13000kg,从业人员40人,年产值2200万元,年增值2158万元。项目基地自己培养石斛用苗,发展组培养室300m²,超净接种室70m²,超净工作台10套,具备年产苗约130万株的能力,完全可供给玻璃温室的种植,并建立了石斛种质资源收集保存区一个,保存石斛种质资源多种,不断优化选育新品种。

　　原示范基地为桑园,年产值约3000元/亩,改建后种植铁皮石斛的效益约为每年42万元/亩,大大提高了土地的产出和经济效益。铁皮石斛鲜药材的收购价格也可达到2000元/kg。若进一步将铁皮石斛进行深加工成中成药或保健品,则其附加值更将成数倍增加。因此,人工种植铁皮石斛具有巨大的市场空间和赢利水平。由于基础设施和种苗属于前期投入,后期费用会逐渐减少,加上生产者的技术水平不断提高,效益将逐年增加。示范园种植效益分析见表7-5。

表7-5　设施农业示范园种植经济效益分析

名称	以建100m²室外玻璃温室为例,来分析其效益
种植株数	100m²×300株/m²＝30000株
成活数	98%(成活率)×30000株＝29400株
可采株	8g/年/株(每株年增长量8~10g)×29400株＝235200g/年≈235kg/年
种苗成本	2元/株×30000株＝60000元
总产值	2000元/kg(市场卖价)×235kg/年＝470000元/年
总成本	100m²费用总计约10000元(人工除外)
总利润	总产值－种苗成本＝470000元/年－60000元/年－10000元/年＝400000元/年

二、社会效益分析

项目实施社会效益显著。项目立项符合国家和浙江省产业政策。对于淳安县农业和农村经济结构战略性调整,改善农业、林业生态环境和生态效益,提高农业产业化水平与农业国际竞争能力,以及增加地方财政收入,农民增收,均具有重大的现实意义。

通过项目实施,建立铁皮石斛种植园区,改善园区种植条件。同时,通过项目建设,品种优化、设施栽培及病虫害综合防治等先进适用技术在石斛栽培上的综合应用,开展技术培训,加强对从事铁皮石斛生产、加工、销售人员的培训工作,帮助农户解决后顾之忧,亦可解决40余人农村劳动力的就业问题。继续进行铁皮石斛优质高产种植技术的研究和应用,进一步提高种苗的玻璃温室成活率、苗产量、降低成本,为扩大种植面积提供技术保障。通过建立种植技术标准和规范管理,提高铁皮石斛种植业的水平,并在已建和新建的石斛种植和生产企业中起到带头示范作用。不断加快产品种质资源和栽培技术的创新,提高铁皮石斛的产量和质量水平,为进一步开发铁皮石斛系列产品提供需要,以满足百姓用药和保健需要。同时,通过项目建设,建立以骨干企业为主体,铁皮石斛原料种植实现规模化、规范化、标准化,产品质量实现质量可控、品牌效应突出,扩大市场,提高竞争力。

项目的实施解决石斛稀缺的现状,满足石斛产业制药厂需求,满足中医临床配方药用需求,直至满足人们保健品滋补的需求,这些均需要巨大的石斛产量支撑。

示范园区的建立可以作为科普普及的一个基地,为石斛生长和保健作用的相关知识推广提供一个平台。

三、生态效益分析

通过推广应用生物组培技术和玻璃温室栽培技术,提高石斛的产量和质量;推广商品有机肥及实施菌渣还田,能有效改善土壤结构,提高土壤地力,促进食用菌等相关产业废弃资料再利用;石斛生长过程无须使用有毒有害化肥农药,无公害污染发生;项目建设期及土建完成后无水土流失的情况发生;整个生产过程均无"三废"排放,节约工业生产能耗,减少农业来源污染,保护千岛湖一流生态环境。

发展石斛人工栽培,有利于保护濒危兰科植物,保护稀有物种和保护生物多样性,生态效益显著。

四、风险分析

石斛作为全球紧缺的一种特色生物资源,其产品供应和市场需求存在巨大的空间,在很长时期内,很难满足人们日益增长的对石斛药品和保健产品的物质需求,预计10年内很难达到饱和。市场对石斛的需求主要有两种:一是药材市场,年需求量为9000t,实际供货只有2000t。二是保健品市场,每年有过500t的需求,但实际供应量很少,有少量的从缅甸等地走私入境,国内供应的石斛质量良莠不齐,也不乏假冒的产品。因此,可以肯定,铁皮石斛在未来很长的一段时期内都是有市场的,而且市场的需求量还是很高。供应商面临的主要挑战是能否生产出这么多量的产品。

目前,随着人们生活水平的不断提高,对保健品的需求不断加大,野生资源日趋枯竭,人工栽培还属于起步阶段,其市场风险很小。

尽管铁皮石斛栽培技术近些年来取得很大的成就,但是铁皮石斛的栽培仍然存在技术难度大、投资成本高等问题。试管苗移植并不能在短期内大批量生产,需要一个一到两年的育苗过程,而且受客观条件的限制。移植成功的指标一个是存活率,一个是生长周期。如果存活太低、生长周期过长,那么产量太少,从商业角度上讲也是不成功。若育苗和栽培相关技术不能掌握熟练,那么幼苗的成活率、生长速度和品质的问题会相继出现,必定影响投资的风险。

第八章　淳安县新安江开发公司设施蔬菜农业示范园规划

第一节　设施蔬菜农业示范园概况及建设背景

一、设施蔬菜农业示范园概况

蔬菜产业是淳安县五大特色产业之一。淳安县地处浙西山区,境内高山林立,山地资源丰富,海拔200m以上的山地有10多万亩,发展优质生态山地蔬菜的资源丰富、具有较大潜力。近年来,在省市有关部门大力支持和县政府的高度重视下,山地蔬菜产业稳步发展。据统计,2010年全年社会性蔬菜种植面积12.0万亩,产量26.5万t,产值4.3亿元。其中200m以上的山地蔬菜面积达3.35万亩,产量7万t,产值1.3亿元;其中高山蔬菜1.9亩,产量3.68万t,总产值0.72亿万元。但设施蔬菜发展相对较为落后,2010年全县设施蔬菜总面积仅为0.17万亩。在蔬菜生产上主要推广山地蔬菜无公害生产技术及标准化生产技术,通过技术培训,提高菜农种植水平;同时,抓好蔬菜产品监测和生产管理,保障上市蔬菜质量安全。全县5000亩无公害高山蔬菜基地、5600亩高山红辣椒基地已经通过无公害蔬菜产地认证;四季豆、小尖椒、红辣椒等多个主推产品通过无公害农产品认定。在产业化开发方面,以县蔬菜产销协会为龙头,积极培育产业生产主体,共组织成立了37个蔬菜专业合作社,提高了产业组织化程度;并积极开展品牌建设,千岛湖山地蔬菜在省内外享有一定知名度。协会"千蔬"牌高山蔬菜荣获多个奖项,其中2002年、2003年小尖椒连续荣获浙江省农业博览会金质奖;2006年红辣椒获得浙江省农业博览会金质奖,四季豆获得浙江省农业博览会优质奖。

本项目计划在淳安县西南片省级现代农业综合区建设规划范围内建设高标准的设施蔬菜示范园,以土壤改良为基础,采用蔬菜新品种和新技术,以示范园为核心,辐射与带动淳安县的蔬菜生产,以达到农业增效、农民增收,同时保护环境,促进农业的产业化、标准化、优质化、安全化、生态化和多功能化。

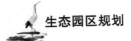

二、项目建设的重要性与必要性

(一) 加快淳安县"菜篮子"工程的重要性

立足国情,蔬菜等主要农产品供应特别是粮食安全,作为国家的战略产业,必须实现基本自给。近年来,随着国际粮食危机的阴影挥之不去,通胀预期的长期持续,特别是2010年以来菜价的大幅波动,党中央、国务院多次强调要抓好主要农产品的生产和市场调控,要扩大市场紧缺的品种生产,防止粮食生产出现滑坡;同时严格落实"菜篮子"市长负责制,特别强调大中城市郊区要保有一定的蔬菜种植面积和生鲜食品的供给能力。改革开放以来,以上海为中心的大"长三角"城市群初具雏形,区域经济飞速发展,杭千高速已经建成,随着千黄高速、千黄高铁的建设,淳安作为杭州市的"后花园",区位优势更加显著提升[项目区域位置图(见图8-1)]。随后城镇化进程加速,城镇居民越来越多,城郊原有蔬菜生产基地直接受到城市扩展的影响,面积逐年减少,城市原菜篮子基地不得不向浙西山区经济欠发达地区转移。这为淳安发展山地蔬菜提供了现实需求基础。项目以土地平整、土壤改良和蔬菜新品种新技术示范推广为主要内容,以建立城市"菜篮子"生产基地为主要目的,通过一年半的实施,实现"三保一带"作用,即保障淳安和杭州的蔬菜供应,保障淳安蔬菜价格的稳定,保障食品安全,带动农民种菜增收。

(二) 新造耕地土壤改良的紧迫性

人多地少,是我国的基本国情,土地作为一种不可再生的农业资源,随着区域经济发展和农村城镇化推进,有关耕地资源的矛盾冲突日见突出。中央和各级政府高度重视耕地的保护,严格执行耕地占补平衡,严守耕地保护红线,但同时,许多地方在政策执行过程中,大量城郊良田被征占用,而补充置换的新造耕地大多为溪滩地、山坡,耕作层浅薄,肥力贫瘠,生产能力低下,耕地总体质量出现下滑。新造耕地地力培育相对滞后,地表砾石度较高,土壤有机质含量明显偏低,土壤速效磷、土壤速效钾也比较缺乏。2009年、2010年淳安县分别新增耕地面积4805亩、12096亩,如何通过有效手段和技术措施,加快新造耕地的地力培育,有效提高地力水平,显得十分迫切。项目以核心区新造耕地土壤改良为切入口,应用综合培肥技术与措施,将对面上推广起到良好的示范带动作用。

(三) 新造耕地高效利用开发的现实性

项目区新造耕地多属集体土地,便于通过土地流转引进发展规模农业生产企业,工作基础好,农户纠纷少,已成为淳安县开发新造耕地发展农业规模经营的主要生产模式。同时,由于农业属于劳动密集型产业,一大批规模经营农业生

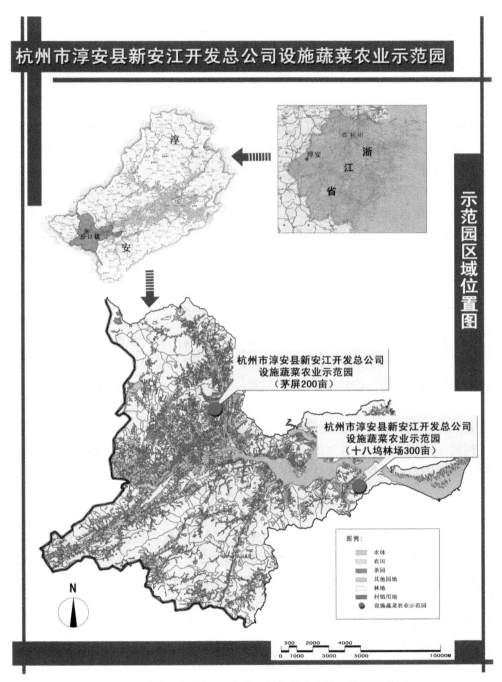

图8-1 淳安县新安江开发公司设施蔬菜农业示范园区位图

产企业的发展,也有利于吸收周边农村大量剩余劳动力,实现农民当地就业,促进农业增效、农民增收,也可为减少城市流动人口压力,推进城乡统筹和中心城镇集聚发挥积极作用。

(四)体现现代农业综合区建设的先进性

现代农业综合区和粮食生产功能区建设是新时期农业工作的重中之重,得到了省委省政府的高度重视。2010年《淳安县西南片省级现代农业综合区建设规划》通过了省级评审与立项。根据省级现代农业综合区建设要求,县委县政府提出了要把综合园区建设成为淳安县现代农业发展的综合性试验园区,要成为新技术的应用基地,要争做各个产业发展的示范。项目实施区位于省级现代农业综合区内,项目建设思路和内容涉及设施农业、特色农业、精品农业、精准农业、循环农业、低碳农业、标准化农业、旅游农业、规模化农业等各个方面,集中体现了现代农业发展的诸多先进理念,将成为充分展现淳安县现代农业发展的一个高科技示范点。项目的立项建设,有利于加快推进淳安县现代农业综合区的建设,提升现代农业综合区建设成效。

三、项目拟建区域(项目区)的基本情况

项目实施示范区为两个,分别为淳安县汾口镇茅屏村和新安江开发总公司十八坞林场(所在地汾口镇),两处均在淳安县西南片省级现代农业综合区建设规划范围内。项目在汾口镇茅屏村建立设施蔬菜示范园200亩,在十八坞林场建立新造耕地设施蔬菜示范园300亩,合计建设设施蔬菜示范园500亩,两个设施蔬菜示范园辐射淳安县西南片省级现代农业综合区汾口、浪川、姜家以及中洲、枫树岭等乡镇,推广面积3100亩。项目实施地点和面积分布见表8-1。项目所在区域土地利用现状见图8-2、图8-3。

四、项目拟实施主体的基本情况

项目拟实施主体为淳安县新安江开发总公司。淳安县新安江开发总公司,是一家以保护千岛湖为主的综合性国有企业,成立于1962年,主要从事林业、渔业和旅游业,经济实力雄厚。总公司经营56万亩山林,80万亩水域,下属16个林场,员工200多人,是浙江省最大的国有林场,淳安县最大的农业龙头企业,具有较强的经营管理能力。公司2009年实现营业收入1.34亿元,实现利润1319万元,2010年实现营业收入1.68亿元,实现利润1560万元。总公司科技力量雄厚,现有各类科技人员50多人,能较好地承担基地建设及项目的实施工作。为了更

表8-1　项目实施地点和面积分布表

单位：亩

所属乡镇	村或林场	面积	示范区	辐射区	是否在国家农业综合开发区块 （土地治理年限）
开发总公司	十八坞林场	300	✓		2010年省级现代农业综合区块
汾口镇	茅屏村	200	✓		2010年省级现代农业综合区块
	茅屏村	300		✓	1999年国家农业综合开发区块
	寺下村	200		✓	2004年国家农业综合开发区块
	宋祁村	200		✓	2004年国家农业综合开发区块
	郑家村	200		✓	2004年国家农业综合开发区块
浪川乡	占家村	200		✓	2010年国家农业综合开发区块
	芳坞村	200		✓	2010年国家农业综合开发区块
	新桥村	150		✓	1998年国家农业综合开发区块
姜家镇	上玉泉村	100		✓	2008年国家农业综合开发区块
	黄村桥村	100		✓	2008年国家农业综合开发区块
枫树岭镇	陈村村	150		✓	2005年国家农业综合开发区块
	周家桥村	100		✓	2005年国家农业综合开发区块
	凤凰庙村	300		✓	2005年国家农业综合开发区块
	乳洞山	200		✓	不　在
	大源村	200		✓	不　在
中洲镇	李家畈村	200		✓	2003年国家农业综合开发区块
	樟村村	300		✓	2003年国家农业综合开发区块
合计		3600	500	3100	

好地实施该项目，新安江开发总公司特地注册了一家专业从事蔬菜生产、加工与贸易于一体的子公司"杭州千岛湖湖边蔬菜有限公司"，杭州千岛湖湖边蔬菜有限公司将作为本项目设施的具体单位，对两个设施蔬菜示范园进行专业管理与经营，以确保项目的正常运转和高水平的产出与效益。

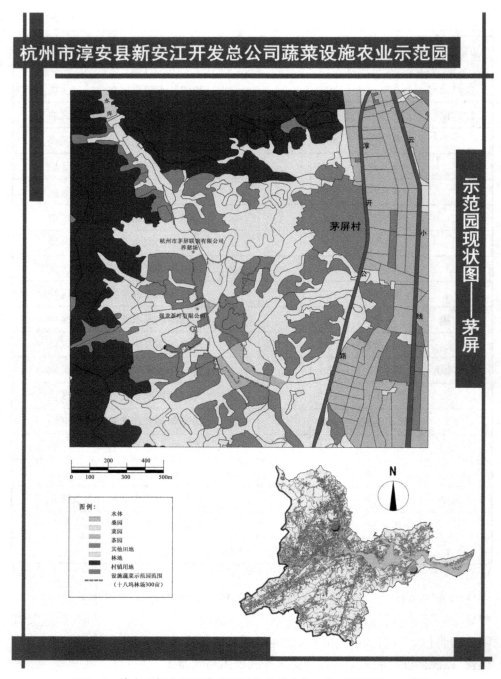

图8-2　淳安县新安江开发公司设施蔬菜农业示范园现状图——茅屏

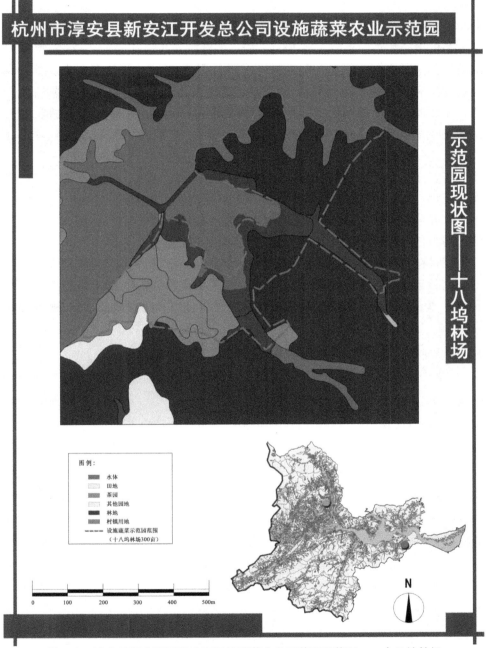

图8-3　淳安县新安江开发公司设施蔬菜农业示范园现状图——十八坞林场

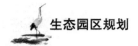

第二节　总体规划

　　茅屏设施蔬菜示范园占地200亩,位于茅屏村的西南方,属于丘陵谷地,基地沿着溪流呈长条形。周边为强龙茶叶有限公司,该公司为汾口镇一家从事茶叶生产加工和贸易的农业龙头企业,在基地的上游为杭州市茅屏联谊有限公司养猪场。该养猪场为规模化的万头猪场,猪粪将进行无害化处理(厌氧处理),能为蔬菜基地提供大量的优质有机肥(沼渣和沼液)。该基地在淳开公路旁,离淳开公路仅几分钟的车程,交通十分便利。该基地的土地属于承包经营权流转。

　　新安江开发总公司十八坞林场设施蔬菜示范园占地300亩,位于汾口镇武强溪的下游,为低山平整的新耕地,依山临湖(千岛湖),自然生态环境十分优美。距离淳开公路主道十余公里,交通便利。该示范基地具有生产、休闲和观光于一体的潜力,建成后将发挥其多种功能,提高园区的效益。

　　项目在汾口镇茅屏村建立设施蔬菜示范园200亩,在十八坞林场建立新造耕地设施蔬菜示范园300亩,合计建设设施蔬菜示范园500亩,两个设施蔬菜示范园辐射淳安县西南片省级现代农业综合区汾口、浪川、姜家以及中洲、枫树岭等乡镇,推广面积3100亩。

　　项目总体规划图见图8-4、图8-5。

　　种养结构分布图见图8-6、图8-7。

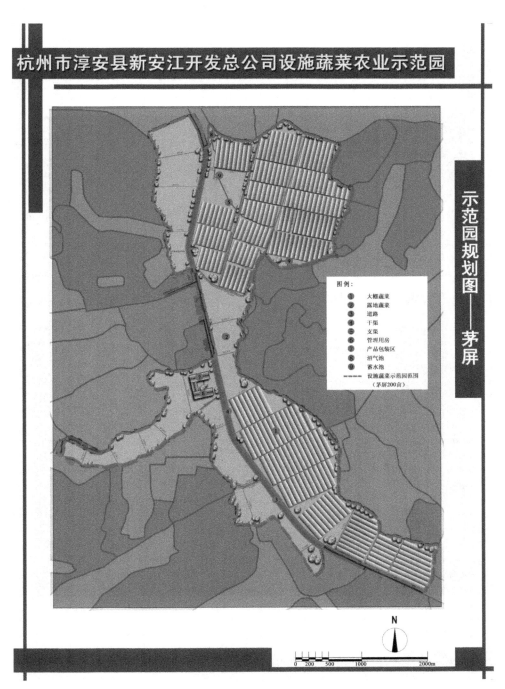

图8-4　淳安县新安江开发公司设施蔬菜农业示范园规划图——茅屏

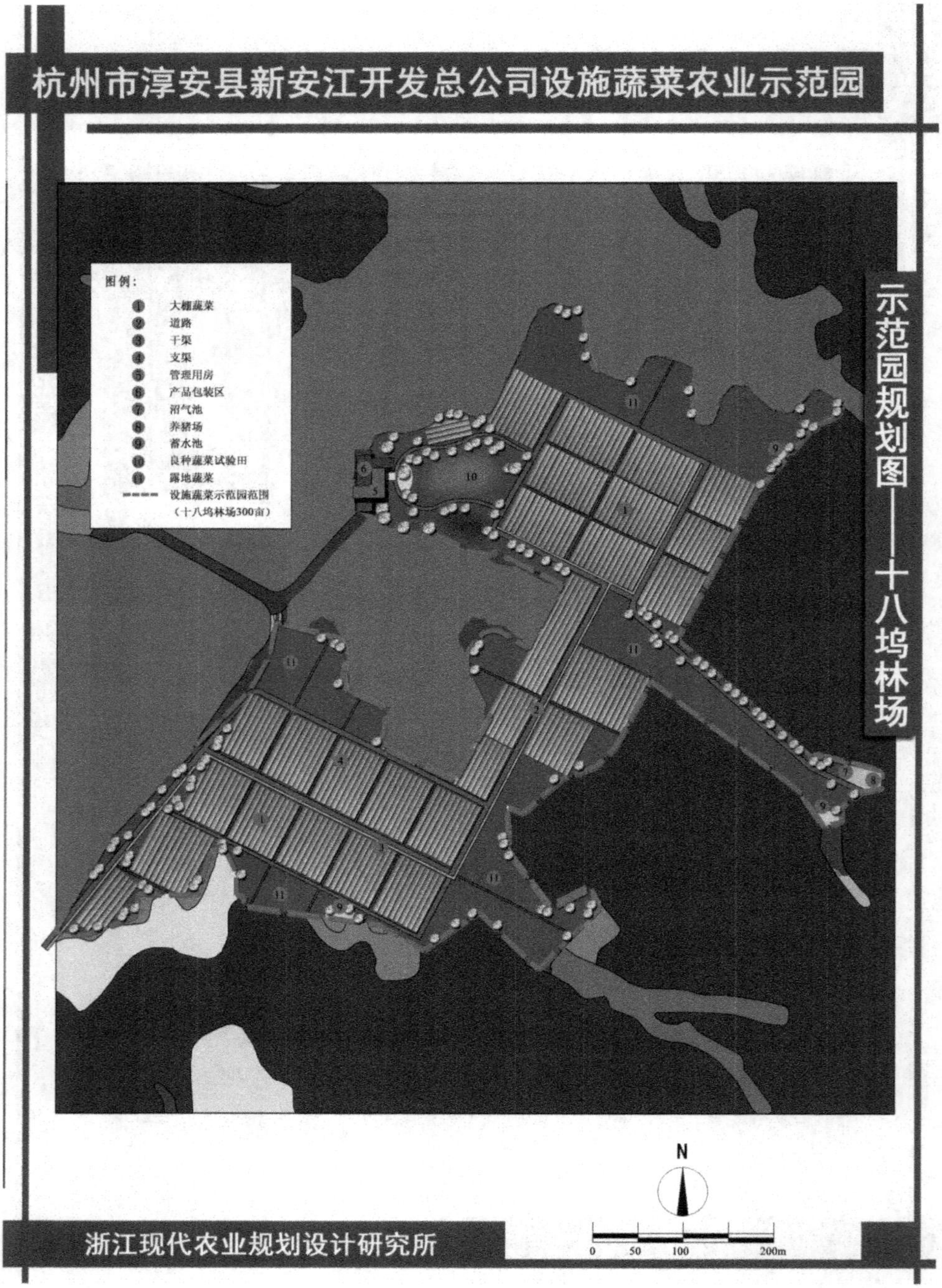

图8-5 淳安县新安江开发公司设施蔬菜农业示范园规划图——十八坞林场

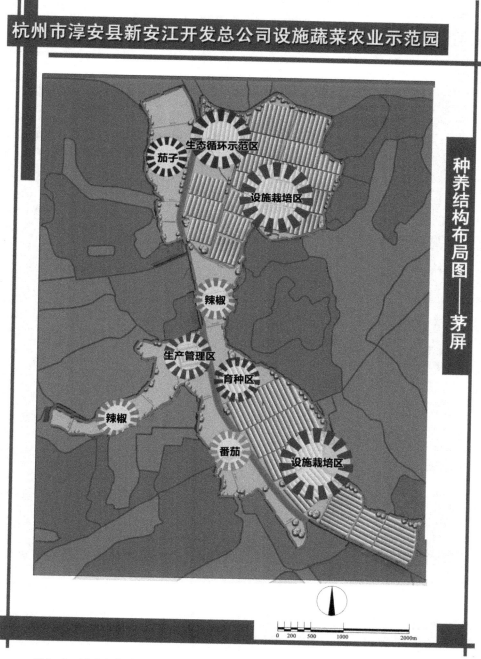

图8-6　淳安县新安江开发公司设施蔬菜农业示范园种养结构分布图——茅屏

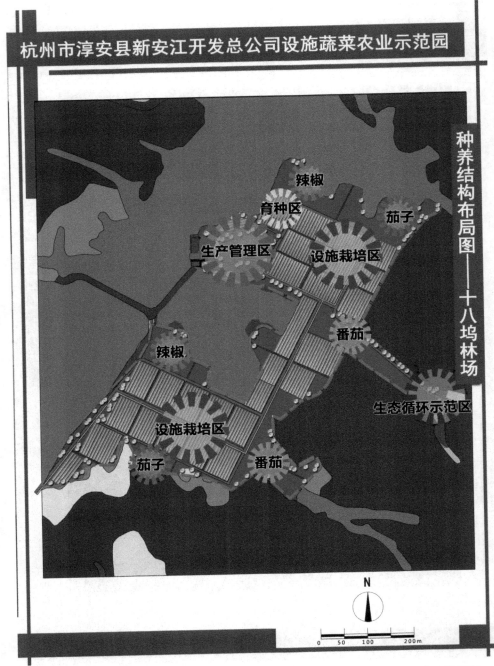

图8-7　淳安县新安江开发公司设施蔬菜农业示范园种养结构分布图——十八坞林场

第三节　建设内容

一、土壤改良和培肥地力技术示范推广

土壤改良技术主要包括土壤结构改良、酸化土壤改良、土壤科学耕作和土壤肥力提升。淳安县耕地质量和土壤肥力状况不容乐观,据调查,全县耕地土壤pH值平均5.92、变动幅度在4.8~8.1;有机质含量范围为5.6~56.8g/kg,平均22.55g/kg;土壤速效磷含量为2.7~113.3mg/kg,变幅很大,平均为26.93mg/kg;土壤速效钾平均含量63.63mg/kg,潜在缺钾区(80~100mg/kg)为20.2%,缺钾区域(50~80mg/kg)占46.4%,极缺区(≤50mg/kg)达31.4%,即缺钾范围达80%以上。而项目区新造耕地土样取样化验结果,耕地质量和土壤肥力情况更差,大都为Ⅲ等5级。通过对核心区域抽样点:土壤pH值6.63、有机质含量9.12g/kg、全氮0.59mg/kg、速效磷3.74mg/kg、全钾10.9g/kg;示范区域抽样点:土壤pH值5.25、有机质含量6.07g/kg、全氮0.24mg/kg、速效磷28.54mg/kg、全钾7.9g/kg。针对项目区新造耕地有机质不足,土壤团粒结构差,有效氮、速效磷、钾不足等不良性状和障碍因素特点,因地制宜采取相应综合措施,千方百计扩大有机肥源,以有效改善土壤性状,提高土壤肥力,增加作物产量。项目核心区实施新造耕地地力培肥590亩,实施期间,土壤有机质、全氮、有效磷、速效钾等主要地力指标有效提升,通过实施土壤肥力提升一级。

(一)沼渣、菌渣循环利用

分田到户后,农村中耕牛养殖几乎绝迹,而随着农村青壮年外出打工的现象越来越普遍,农村小家庭中猪等家畜养殖头数也大幅减少,牛粪、猪栏肥等农家肥源严重不足。另一方面,近年来,淳安县农村沼气发展较为普遍,截至2011年,全县共建有户用沼气池10960只,每年产生大量的沼液沼渣,而沼液沼渣又是优质有机肥源,积极推广沼渣还田,可有效改善农田土壤结构。同时,自2008年以来,淳安县桑枝食用菌产业发展较为迅猛,2010年食用菌生产总量达到1300余万袋,菌渣经多级利用后,废菌渣年产量仍可达3000余t;2011年全县食用菌生产总量预计可超过2000万袋。废菌渣便于运输,大量的废菌渣可成为新增耕地土壤结构改良的一个稳定的有机肥源。项目核心区建立废菌渣还田示范100亩,亩菌渣还田量达到1000kg。

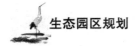

（二）商品有机肥施用

针对新造耕地有机质严重缺乏的情况,核心区拟推广施用商品有机肥,示范田亩施肥量达到600kg,以增加土壤有机质和养分含量,改良土壤性状,提高土壤肥力,同时改善农产品品质。为提高施用效果,把好商品有机肥产品采购关,按《杭州市政府办公厅做好商品有机肥生产和施用工作的通知》(杭政办函〔2010〕309号)文件要求,选购经有关部门认证过的优质商品有机肥产品,重视产品的检验检测制度,落实质量追溯制,确保项目区商品有机肥施肥安全。项目核心区建立1个县级商品有机肥示范点,示范带动全县推广应用商品有机肥。

（三）测土配方施肥

根据以土定产、以产定肥、因缺补缺、有机无机相结合、氮磷钾平衡施用等原则实施测土配方施肥。一是加强测土工作。结合新增耕地后续管理专项工作,通过在项目区采集土样,进行土壤养分分析测定,开展阶段性数值观察,以准确掌握土壤养分状况及供肥性能,建立覆盖全县的新造耕地土壤地力数据库,为土壤改良、配方施肥提供科学依据。二是科学配方,在测土基础上,根据土壤特性、栽培习惯、作物的需肥规律、生产水平和气候等条件,结合当地的产量水平,再根据肥料的效应,提出氮、磷、钾的最适用量和最佳比例,发放施肥建议卡。项目区推广应用测土配方施肥技术达到100%,既可提高肥料的有效利用率,降低生产成本,又能减少滥用化肥带来的浪费和污染,提高产品品质,保护生态环境。

二、蔬菜有机化栽培技术示范推广

有机农业是指在动植物生产过程中不使用化学合成的农药、化肥、生产调节剂、饲料添加剂等物质,以及基因工程生物及其产物,而是遵循自然规律和生态学原理,采取一系列可持续发展的农业技术,协调种植业和养殖业的平衡,维持农业生态系统持续稳定的一种农业生产方式。有机产品是指来自有机农业生产体系,根据有机农业生产的规范生产加工,并经独立的认证机构认证的农产品及其加工产品等。淳安地处山区,森林覆盖率高,山清水秀,千岛湖一湖秀水,工业污染少,生态环境优势非常明显,在交通日益便捷的有利条件下,为生产优质生态农产品的理想场地。有机化栽培技术是指参照有机食品的生产要求进行优质高品质农产品的生产。

（一）病虫害综合防治

受气候、抗药性等因素影响,蔬菜病虫害发生加重,特别是设施蔬菜全年生产,病虫害多发、频发。项目区蔬菜病虫害防治贯彻以预防为主,综合防治的植保方针,突出农业防治、物理防治、生物防治的措施,确保上市蔬菜产品质量。

农业防治：选择优质、高产、抗逆能力强的蔬菜品种。及时消除病残体，铲除田间及四周杂草，拆除病虫中间寄主，收获后清理田园，减少病虫害侵染源。开展合理轮作套种。设施栽培及时通风换气，降温排湿，调节补充二氧化碳，排除有害气体。推广应用嫁接苗。

夏季高温闷棚。利用夏季高温闲茬关闭大棚，闷棚7～15d，使棚温尽可能提高；也可在大棚土壤表层撒适量石灰氮和碎秸秆，翻耕后灌水达饱和状态，覆膜闷棚，持续30d左右，可有效预防枯萎病、青枯病、软腐病等土传病害的发生，杀灭线虫及虫卵。

应用防虫网。选用20～25目的防虫网实行全封闭覆盖，防止害虫侵入。

黄蓝板贴杀。利用蚜虫、温室白粉虱、斑潜蝇等害虫具有趋黄习性，棕榈蓟马趋蓝习性，使用黄蓝板贴杀。利用糖醋液、性信息素等诱杀小菜蛾、斜纹夜蛾等。

安装频振式杀虫灯。进行灯光诱杀。

推广生物农药。①用细菌、病毒、抗生素等生物制剂，利用苏云杆菌（BT制剂）防治蔬菜害虫，阿维菌素（虫螨克）防治小菜蛾、菜青虫、斑潜蝇等，核型多角体病毒、颗粒体病毒防治菜青虫、斜纹夜蛾、棉铃虫等，农用链霉素、新植霉素防治多种蔬菜的软腐病、角斑病等细菌性病害。②利用植物源农药，利用苦参、苦楝等浸出液防治多种蔬菜害虫。

（二）"畜—沼—菜"生态循环示范

利用核心示范基地内的生产的蔬菜残次品及桔秆可养殖120头左右的淳安花猪和三元猪，修建100m³左右的沼气池，利用猪的排泄物和蔬菜残次品及桔秆生产沼气，并减少农业废弃物对环境的污染，有效保持千岛湖优美环境。沼气可为基地生产生活提供清洁能源，为大棚供热保和补充二氧化碳气肥。利用沼液、沼渣进行施肥、改土、防病治虫，减少化肥、农药的使用。

三、蔬菜设施栽培技术示范应用

采用设施栽培在局部范围改善或创造出适宜的气象环境因素，为蔬菜生长发育提供良好的环境条件，可以达到避免低温、高温暴雨、强光照射等逆境对蔬菜生产的危害。设施蔬菜属于高投入，高产出，资金、技术、劳动力密集型的产业，是当前现代农业、都市农业发展的一个大方向。淳安县设施蔬菜起步较迟，发展不快。为全面推进淳安县设施蔬菜发展，项目共建设蔬菜设施大棚300亩，其中建立标准大棚260亩、连栋大棚40亩。通过推广早熟、避雨、遮阴越夏、肥水同灌技术等蔬菜设施栽培技术，丰富"菜篮子"品种，提高单位面积产量和效益。

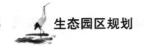

四、蔬菜品种优化

目前,淳安县山地蔬菜主要品种有小尖椒、番茄、茄子、四季豆、南瓜等十余个品种,品种使用中还存在杂乱现象;同时,山地蔬菜主导品种竞争优势还不明显。项目开展山地蔬菜品种优化及配套技术示范推广,以达到优化品种与质量,提高生产效益之目的。拟推广的主要品种介绍如下:

(一) 茄子

主推品种有"杭茄一号"、"引茄一号"等。

杭茄一号:杭州市农业科学研究院蔬菜研究所选育。具有早熟、丰产、商品性好、品质优等优点,果实紫红透亮,长且粗细均匀,平均果长35～38cm,平均横径2.2cm,单果重48g左右,平均亩产3000kg左右。株型不大,比较适合密植栽培,抗性较强。栽培要点:春季栽培一般于头年9月上旬至10月上旬开始播种。9月上旬播种,可于11月上旬进行定植;10月上旬播种一般于次年1月底至2月下旬定植,定植后应用大棚套小棚、覆盖草包等措施加强保温,4月上旬便可以采收。秋季栽培一般于6月下旬播种,7月下旬～8月上旬定植,9月底10月初便可以采收。

引茄一号:浙江省农业科学院蔬菜研究所选育。株型较直立紧凑,开展度40cm×45cm,适合密植,生长势强,坐果率高,果长30～38cm,果粗2.2～2.5cm,单果重60～70g。商品性好,果皮紫红色,光泽好,外皮薄,品质佳。抗病性强。丰产性好,一般亩产3800kg。夏季商品果率高。栽培要点:冬春大棚栽培,一般于头年8月下旬～9月上旬播种,2～3片真叶时假植,在10月下旬至11月上旬定植,次年4月下旬开始即可采收。保护地春提早栽培,一般于头年11月上中旬播种,次年2月下旬至3月上旬前后定植。露地栽培,春季2月上旬大棚内播种育苗,4月中旬定植。秋季6月上旬播种育苗,7月中旬定植。

(二) 辣椒

主推品种有"采风一号"、"千丽一号"等。

采风一号:杭州市农业科学研究院蔬菜研究所选育。中早熟,长羊角椒,果长15～20cm,单果重50～80g,果实黄绿色,肉质厚,果实成熟时辣味较浓,较耐高温,抗病毒病、炭疽病、疫病,一般亩产4500kg。栽培要点:秋季栽培一般7月上旬播种,8月上旬定植,9月底～10月初开始采收。春季栽培一般10月上旬开始播种,营养钵育苗,次年2月上旬定植,3月下旬便可以采收。亩栽2000～2200株。

千丽一号:杭州市农业科学研究院蔬菜研究所选育。中早熟,从定植到采收春栽约55d,秋栽约35d。株高75cm,开展度75cm×70cm,叶色浓绿,切位9～11节,结果性强。果形美观,表皮光滑,皮色深绿,果纵径17cm左右,横径1.5cm左右,单果重20g左右,嫩果辣味较轻,青熟后辣味浓烈。熟性早,抗疫病与病毒病,耐湿热,果实采收期长,高温期坐果性好,一般亩产3000～3500kg。栽培要点:在长江流域,春早熟栽培10月上旬～11月上旬播种,2月上旬定植,3月中旬～7月份采收,亩栽2000株左右。秋保护地6月中旬～7月中旬播种,7月下旬～8月下旬定植,9月上旬～12月采收,亩栽2300株左右。露地栽培一般3月上旬～4月中旬播种,5～7月份采收。高山栽培一般3月下旬～4月上旬播种育苗,7月早旬～10月底采收。

(三) 番茄

主要推广"百利"、"杭杂一号"番茄等。

百利(Beril Rz):硬果型番茄品种,无限生长型,早熟,生长势较旺,坐果率高,耐热性强,在高温、高湿条件下也能正常坐果。大红中型果,微扁圆形,单果重140～200g,色泽较鲜艳,口味好,正常栽培条件下不易裂果,青果肩少。较抗烟草花叶病毒和筋腐病,但对青枯病、枯萎病抗性一般,连作地宜采用嫁接换根栽培。耐高温高湿等不良气候条件,不易裂果,耐贮运,综合性状较好,较适合山地越夏长季栽培。

杭杂一号:杭州市农业科学研究院蔬菜研究所选育。无限生长,早熟,叶量中等,果实圆形,果皮果肉较厚,裂果和畸形果较少,耐贮运,货架期长,果实品质佳;幼果无绿果肩,成熟果大红色,着色均匀,有光泽;大果型,单果重200～350g;抗病性较好,结果性好,产量高,长季节栽培可达10000kg/亩。适合南方大棚早熟栽培和春秋季露地或高山栽培,也适合北方日光温室栽培。栽培要点:施足基肥,培育壮苗;适时追肥,第一花序结果后应早施、勤施追肥,多施复合肥;及时疏花疏果,一般每穗中选留3～5个大小均匀的果实;果实进行采收切忌大水漫灌;根据当地气候和栽培习惯安排播种与定植时间。

五、主要生产技术路线（或工艺路线）

山地蔬菜生产技术路线见图8-8。

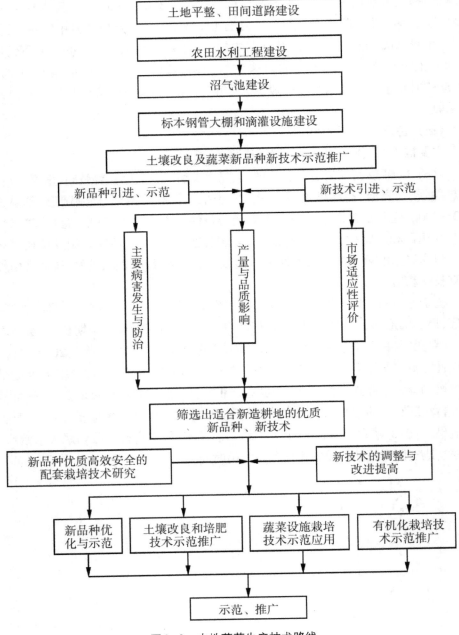

图8-8 山地蔬菜生产技术路线

六、设施工程建设规划

项目建设面积500亩,实行土地流转、集约经营、标准化生产、品牌营销、物流配送新模式。

田间道路和农田水利工程建设,二处基地共改扩建道路10800m,其中茅屏:2m宽生产主干道路400m。十八坞:6m宽主干道路3500m,2m宽田间道3500m,1m宽生产路3400m。

两处共改扩建渠共14200m,其中茅屏:主渠(0.60m×0.60m)1400m,支渠(0.80m×0.40m)800m。十八坞:主渠(0.60m×0.60m)1800m,(支渠0.30m×0.30m)6800m,支渠(0.80m×1.20m)800m,田埂(0.40m×0.40m)2600m。

基础设施:80kV(茅屏)和160kV(十八坞)配电房2座,380伏高压线路2500m,修建蓄水池6个每个50m²,20kV泵站2座,修建50m³的沼气池3只。

生产设施:建设施蔬菜500亩,购置6米宽标准钢架大棚300亩(分茅屏100亩,十八坞200亩),微滴灌300亩,配备耕作机12台、水泵30台、机动喷雾器20只,穴盘基质育苗4000m²。

项目建设基础设施规划见表8-2。

表8-2　项目建设基础设施规划

设施规划	主要建设内容	数　量	说　　　　明
田间道路	扩建道路	10800m	茅屏:2m宽主干道路400m 十八坞:6m宽主干道路3500m,2m宽田间道3500m,1m宽生产路3400m
农田水利工程	改扩建主渠	3200m	茅屏:1400m 十八坞:1800m
	改造支渠	8400m	茅屏:0.80m×0.40m,800m 十八坞:0.30m×0.30m,6800m;0.80m×1.20m,800m
	新建、改建泵站	2座	20kV
基础设施	建设施蔬菜	500亩	茅屏200亩,十八坞300亩
	蓄水池	6个×50m³	茅屏2个,十八坞4个
	沼气池	3只×50m³	茅屏1个,十八坞2个
	电力线路	10000m	

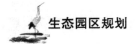

续表

设施规划	主要建设内容	数　量	说　　　明
基础设施	配电房	2座	茅屏80kV,十八坞160kV
生产设施	钢架大棚	300亩	茅屏100亩,十八坞200亩
	微滴灌	300亩	茅屏100亩,十八坞200亩
	耕作机	12台	
	水泵	30台	
	机动喷雾器	20只	
	穴盘基质育苗	4000m²	

七、项目实施计划

项目实施时间为2011年7月至2012年12月,项目进度安排如表8-3。

表8-3　项目进度安排表

项目	2011年						2012年											
	7	8	9	10	11	12	1	2	3	4	5	6	7	8	9	10	11	12
1. 基础设施建设																		
土地管理																		
土地改造																		
道路沟渠建设																		
沼气池和蓄水池建设																		
电力线路																		
2. 生产设施建设																		
标准钢管大棚扩建																		
喷滴灌设施安装																		
3. 品种优化																		
茄子																		

续表

项目	2011年						2012年											
	7	8	9	10	11	12	1	2	3	4	5	6	7	8	9	10	11	12
辣椒																		
番茄																		
4. 土壤改良、肥力提升																		
沼渣、菌渣循环利用																		
商品有机肥施用																		
测土配方施肥																		
5. 有机化栽培技术																		
病虫害综合防治																		
"畜—沼—菜"生态循环示范																		
6. 蔬菜设施栽培技术																		
早熟栽培																		
避雨、遮阴栽培																		
肥水同灌																		
7. 指导培训、现场考察会																		
8. 总结验收																		

第四节　设备与设备采购

一、设施设备性能与用途

（一）生产设施

单栋塑料钢架大棚–GP622：棚宽6m，主拱杆外径22mm、壁厚1.2mm、拱杆间距0.6～0.8m、肩高不低于1.5m、插入泥下深度35cm以上、顶高不低于2.5m，卡槽4道，拉杆1道，斜拉撑不少于4根，棚头直杆12根，压膜线间距1.2m，专用地锚固

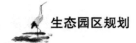

定。钢管采用带钢先成型再热浸镀锌的生产工艺,单根长度4.7m,每根单重3.1±0.15kg,材质Q235,卡槽采用热镀锌钢板冷弯成型,厚度0.7mm,塑料薄膜采用防老化防雾滴聚乙烯农膜,厚度不少于0.07mm,压膜线采用专用大棚压膜线。

穴盘基质育苗:32孔,28cm×54cm,7片/m²,2.5元一片,17.5元/m²

土地平整主要是改变地块零散、插花状况、平整土地,改良土壤,增加有效耕地面积,提高土地质量和利用效率。

（二）附属设施

机耕路主要用于农资、农机具的运输。

蓄水池、排灌渠主要用于灌溉和雨水的排放。

（三）生产设备

根据建设项目内容与规模的要求,本项目配套的设备有:防虫网,杀虫灯,引诱灯,温湿度自动记录仪,水泵,机动喷雾器,耕作机。

二、设施设备采购数量及方式

本项目需采购的设施设备见表8-4、8-5、8-6。

表8-4　设施设备采购数量与方式

序号	建设内容	规格型号	数量	总价（万元）
1	标准钢管大棚（亩）	GP622	300	390
2	机耕路（m）		10800	21.6
3	灌渠（m）		11600	25
4	电力线路（m）	农用电力	10000	5
5	蓄水池（m³）	每个50m³	300	24
6	沼气池（m³）	每个50m³	150	18
7	喷、滴灌设施（亩）		300	36
8	防虫网（亩）		200	30
9	杀虫灯（只）		8	0.96
10	引诱灯（只）		300	12
11	温湿度自动记录仪		300	6
12	水泵（台）		30	6

续表

序号	建设内容	规格型号	数量	总价(万元)
13	机动喷雾器(只)		20	2
14	耕作机(台)		12	6

表8-5　钢管塑料大棚配件明细表

序号	名　称	单　位	数量	单价	金额	备　注
1	拱管	支	116	25	2900	φ22*1.2*4.7
2	接头	只	58	2	116	
3	斜拉撑	支	4	26.5	106	
4	纵拉杆	5.1m/支	8	27	216	
5	卡槽	0.6mm/m	184	2.2	404.8	
6	连接片	片	46	0.35	16.1	
7	卡簧	m	188	0.4	75.2	
8	卡槽固定器	副	248	0.7	173.6	
9	钢丝夹	只	58	0.4	23.2	
10	夹箍	只	40	0.3	12	
11	门组合	扇				
12	门座	支	2	60	120	
13	门锁	只				
14	门头立柱 Q2300A Q2350A Q2700A	套	1	200	200	
15	塑料夹	只	50	0.35	17.5	
16	U型卡	只	16	0.6	9.6	
17	拉杆护套	只	2	0.6	1.2	

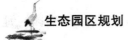

续表

序号	名　称	单　位	数量	单价	金额	备　注
18	地沟(螺旋柱)	只	58	2	116	
19	螺丝螺母	kg	配齐	10	10	
20	压膜线	卷	1	50	50	300米/卷
21	门横档	只	2	10	20	
22	卷膜杆	根				
23	摇膜机构(涡轮)	自选				
24	薄膜	m²	432	1.5	648	
25	防虫网	m²				
26	遮阳网	m²				
27	八字沟	只				
28	运费	元			110	
29	安装费	元	240	2.5	600	
30	合计(元)				5945.2	税金(元)416.164
	总计(元)				6361.364	

大棚规格:长度(m):40;宽度(m):6

间距(m):0.7;顶高(m):1道纵梁

肩高(m):4道卡槽;型号:单体大棚

表8-6　温室微喷滴灌系统材料组成

序号	型号说明	单位	数量
1	管道离心泵	台	4
2	水泵配件	批	4
3	HWDC-BP15/2变频控制柜	套	4
4	HWSF2402砂石过滤器	台	4
5	HWWS金属网式过滤器	台	4

续表

序号	型号说明	单位	数量
6	ALD 7033 3"叠片过滤器	台	4
7	1703内镶式滴灌带	m	402000
8	De110*1.0MPaU-PVC管	m	1000
9	De90*1.0MPaU-PVC管	m	500
10	De75*1.0MPaU-PVC管	m	500
11	De63*1.0MPaU-PVC管	m	800
12	De32*1.6MPaU-PVC管	m	3000
13	De20*1.6MPaU-PVC管	m	320
14	PVC管件	批	1
15	DN80蝶阀	只	16
16	De65蝶阀	只	24
17	De32PVC球阀	只	2002
18	De20PVC球阀	只	1000
19	优质PVC黏合剂(770mL)	桶	120
20	其他零配件及辅料(扎丝,螺丝,螺栓,生料带,毛刷等等)	批	2

以上设施设备的采购方式主要为询价采购,根据市场价格确定。

第五节　项目总投资估算与资金筹措

一、总投资估算

本项目共需投入经费650万元,其中土地平整、田间道路和农田水利工程建设投入经费167万元,农业设施建设(大棚设施、农业机械、环境和农产品检测等)投入经费483万元。

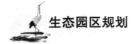

二、资金筹措方式与渠道

争取杭州市和淳安县财政项目补助228万元,实施单位自筹422万元。

三、资本金

杭州千岛湖湖边蔬菜有限公司由母体新安江开发总公司投入企业注册资本金300万元,以确保企业的正常运行。

四、资金使用和管理

(一)专账核算

将严格按照《杭州市设施农业示范园项目管理办法》和《杭州市设施农业示范园项目财政资金报账管理实施办法》有关规定,对项目建设资金实行专人管理、专账核算、专款专用。项目的实施过程要合理安排资金,不留缺口,使项目按期投产。

(二)财政资金使用

本项目申请的财政扶持资金228万元,其中杭州市财政114万元,淳安县财政114万元。见表8-7。

表8-7　设施农业主要建设内容及财政资金支持环节

财政资金支持环节	主要建设内容	数量	单价(元)	金额(万元)	自筹 总额(万元)	自筹 其中:信贷	县级财政(万元)	市级财政(万元)
基础设施	机耕路(m)	10800	20	21.6	14.04		3.78	3.78
	沟、渠(m)	11600	40	46.4	30.16		8.12	8.12
	蓄水池(m³)	300	800	24	15.6		4.2	4.2
	电力线路(m)	10000	5	5	3.25		0.875	0.875
	沼气池(m³)	150	1200	18	11.7		3.15	3.15
	配电房	2	22.5	45	29.25		7.875	7.875
	穴盘基质育苗	4000	17.5	7	4.55		1.225	1.225
	小计			167	108.55		29.225	29.225

续表

财政资金支持环节	主要建设内容	数量	单价（元）	金额（万元）	资金来源			
					自　筹		县级财政（万元）	市级财政（万元）
					总额（万元）	其中：信贷		
生产设施	标准钢管大棚（亩）	300	13000	390	253.5		68.25	68.25
	喷、滴灌设施（亩）	300	1200	30	23.4		6.3	6.3
	防虫网（亩）	200	1500	30	19.5		5.25	5.25
	杀虫灯（只）	8	1200	0.96	0.624		0.168	0.168
	引诱灯（只）	300	200	6	3.9		1.05	1.05
	温湿度自动记录仪	300	200	6	3.9		1.05	1.05
	水泵（台）	30	2000	6	3.9		1.05	1.05
	机动喷雾器（只）	20	1000	2	1.3		0.35	0.35
	耕作机（台）	12	5000	6	3.9		1.05	1.05
	小计			482.96	313.924		84.518	84.518
合　计				649.9	422.4		113.7	113.7

（三）报账管理

各级财政扶持资金实行县级报账制，由当地财政部门实施报账制管理。

（四）其他

项目立项后，（建设单位）即将自筹资金存入专用账户，确保专款专用，并接收杭州市、区、县（市）财政局、农业（林水）局的监督。

第六节　效益与风险分析

一、经济效益分析

项目建设示范基地面积500亩，其中发展设施大棚300亩，平均亩产量3300kg，亩产值5200元；蔬菜总产量1650t，总产值260万元。与种植甘薯（玉米)—油菜传统粮油作物相比,亩增收2200元,共增收110万元。在汾口、浪川、姜家等5个乡镇面上示范推广3100亩,平均亩产量3200kg,亩产值5000元;蔬菜总产量9900t,总产值1570万元,与种植甘薯(玉米)—油菜传统粮油作物相比,共增收620万元。项目合计增收730万元。随着土壤改良地力水平的提升,生产者的技术水平提高,效益将逐年增加。

二、社会效益分析

项目实施社会效益显著。通过项目实施,一方面组织开展土壤改良,可明显改善新造耕地土壤结构,增加新造耕地有机质和养分含量,提高新造耕地地力水平,从而提高全县耕地总体质量,为确保粮食等主要农产品安全生产提供重要保障。另一方面,利用千岛湖绝佳的生态环境优势和区位优势,发展山地蔬菜等高效农业,创新农业生产经营模式,提高土地利用率,可为城市提供大量和优质的蔬菜供给,丰富城市淡季蔬菜供应;作为千岛湖镇叶菜供应保障基地,生产基地建设有利于在蔬菜紧张和价格大幅波动时平抑菜价,满足广大城市居民正常生活需求。同时,通过项目建设,加快培肥地力、品种优化、设施栽培及病虫害综合防治等先进适用技术在蔬菜生产上的综合应用,开展技术培训,在项目建设中发挥示范引领作用,带动全县山地蔬菜特别是设施蔬菜生产水平的提高,有利于增强现代农业综合区辐射带动功能。蔬菜特别是设施蔬菜作为劳动密集型产业,项目的建设,使淳安县农业产业结构进一步优化,群众生活质量进一步改善,产品市场竞争能力进一步提高,还能带动农资、加工、运输等多个产业发展,延伸了产业链。按照每五亩大棚解决一个劳动力,每10亩露地菜解决1个劳动力计,可解决700余农村劳动力的就业问题,产业链延伸还可解决一定的城乡劳动力就业问题,增加农民收入,也在一定程度上促进淳安县城乡统筹和新农村建设。

三、生态效益分析

通过地力培肥和农作物种植,杜绝新造耕地抛荒和减轻粗放管理现象,有利于减少新造耕地水土再流失,保护生态环境。通过推广应用高产节水灌溉技术,节约利用水资源;推广商品有机肥及实施沼渣、菌渣还田,能有效改善土壤结构,提高土壤地力,促进沼气、食用菌等相关产业废弃资料再利用;推广应用无公害蔬菜生产新品种、新技术、新设施,将有效减少有机农药、化肥使用量,节约工业生产能耗,减少农业面源污染,保护千岛湖一流生态环境。

四、风险分析

民以食为天,蔬菜是人民群众的生活必需品。目前由于杭州市市区的扩张,市郊的蔬菜基地面积日益萎缩,市场上的无公害本地蔬菜供不应求,因此从产品的定位上该项目风险很低。由于大部分蔬菜不耐储藏,高温季节容易腐烂,因此在生产基地必须建立配套的冷藏设备和具有冷藏功能的运输设备,以降低经营风险,同时在生产中必须严格执行蔬菜无公害生产的技术标准,确保蔬菜的质量,让老百姓吃上放心的安全蔬菜,确保食品安全。

第七节　结　论

本项目根据农业发展方向和山区蔬菜主题,从实际情况出发,以土壤改良和培肥地力工程、蔬菜有机化栽培工程、蔬菜设施栽培工程为突破口,并通过应用现代生物技术、工程技术和管理技术,使效益农业和观光旅游有机结合,实现经济效益和社会效益、生态效益的高度统一。该项目基础条件具备、投资方向明确、建设布局合理,科技含量较高,经济上抗风险能力强,对当前淳安县、浙江省乃至全国东面沿海地区发展效益农业有很好的示范作用和指导意义。本项目可行。

本项目区地处浙西山区,境内高山林立,山地资源丰富,发展优质生态山地蔬菜资源丰富、具有较大潜力。近年来,在省市有关部门大力支持和县政府的高度重视下,山地蔬菜产业稳步发展。在蔬菜生产上主要推广山地蔬菜无公害生产技术及标准化生产技术,通过技术培训,提高菜农种植水平;同时,抓好蔬菜产品监测和生产管理,保障上市蔬菜质量安全。在产业化开发方面,以县蔬菜产销协会为龙头,积极培育产业生产主体,组织成立蔬菜专业合作社,提高产业组织化程度;并积极开展品牌建设,扩大千岛湖山地蔬菜在省内的知名度。

第九章 淳安县西南片省级现代农业综合区建设规划

第一节 规划背景与总则

一、规划背景

近几年省委省政府十分重视经济增长方式的转变,指出"十二五"为我省调整转型的关键时期,必须调整经济增长方式,优化产业结构,以建设农业园区和粮食生产功能区为载体发展现代农业,实现科学发展和富民强省,并促进欠发达地区实现跨越式发展。淳安县作为全省的欠发达地区之一,作为杭州市唯一的欠发达地区,必须利用其得天独厚的生态资源优势,进行农业产业的结构调整,大力发展资源循环利用的现代化生态农业,以现代农业的发展,促进淳安县的经济实现跨越式的发展,不断提高农民的收入,提升农业农村持续发展的能力,推进新农村的建设。

"十一五"以来,淳安县的农业产业结构调整与优化初见成效,茶叶、蚕桑、干水果和毛竹四大核心主导产业已形成,桑枝食用菌、中药材、蔬菜等新兴农业产业逐步突起,户用沼气作为农村配套产业发展迅速。2009年,全县农业总产值达到28.01亿元,比上一年增长7.3%,农业人均纯收入为6511元,比上一年增长9.1%。全县粮食总耕种面积39.5万亩,总产量达11.26万t,粮食生产基本稳定。茶园总面积达18万亩,其中采摘面积15万亩,茶叶总产量为3839t,总产值为4.5亿元;桑园面积9.57万亩,其中投产桑园9.05万亩,生产蚕茧7585t,总产值2.54亿元;水果面积12.3万亩,年产量10.9万t,年产值1.72亿元;畜牧业总产值4.94亿元。全县农业新兴产业和配套产业发展迅速,2009年蔬菜种植面积为11.95万亩,产值4.12亿元;中药材种植面积达8.3万亩,产值1.3亿元;桑枝食用菌共1097.76万袋,产值0.4亿元;配套产业农村户用沼气达8945户,农业废弃物得到循环利用。

2009年浙江省人民政府办公厅出台《关于促进蚕桑产业健康发展的若干意见》,进一步明确全省大力实施蚕桑西进工程,淳安县的"公司＋合作社＋基地＋农户"的生产经营模式被写进若干意见并积极推广,同时淳安县委和县政府制定并颁发了《关于加快推进社会主义新农村建设的若干意见》和《淳安县"十二五"农业发展规划》这两个农业发展的指导性文件,这些政策和措施有力地促进了淳安县农业产业的转型与升级。2009年省委省政府提出以建设精品农业强省为目标,以高效生态农业为主攻方向,以建设综合农业示范区和粮食生产功能区为载体,实现农业与农村的科学发展,实现富民强农的目标。

淳安县委、县政府为了全力贯彻与落实科学发展观,全面实施省委省政府提出的促进欠发达地区跨越式发展战略,将县委和县政府的"以湖兴县"落到实处,决定在汾口镇、浪川乡和姜家镇"二镇一乡"建设省级现代化农业综合区,示范和辐射周边地区,引导全县农业朝高效、优质、低耗、生态、循环和安全方向发展,促进欠发达地区农民脱贫致富,农业持续发展,在发展的同时千岛湖生态环境得以保护和改善。

二、规划编制依据

1.《中华人民共和国农业法》;

2.《中华人民共和国土地管理法》;

3.《中华人民共和国环境保护法》;

4.《中华人民共和国基本农田保护条例》;

5.《中共中央国务院关于加大统筹城乡发展力度,进一步落实农业农村发展基础的若干意见》;

6.《浙江省人民政府关于加快发展农业主导产业推进现代农业建设的若干意见》;

7. 浙江省人民政府办公厅《关于促进蚕桑产业健康发展的若干意见》;

8. 浙江省农业和农村工作办公室,浙江省农业厅《关于加快农村沼气建设的若干意见》;

9.《淳安县"十二五"农业发展规划》;

10. 中共淳安县委、县人民政府《关于加快推进社会主义新农村建设的若干意见》;

11.《浙江省现代化农业综合区建设标准》;

12.《浙江省特色农业精品园建设标准》;

13. 淳安县农业局等部门提供的资料。

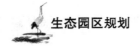

三、规划范围与期限

综合区选址于淳安县的西南部,包括汾口镇、浪川乡和姜家镇,有行政村98个,农业人口9.7万人,农户3.06万户;占地总面积548km²。建设面积2.3万亩,其中:茶叶规划面积5200亩,蚕桑15000亩,食用菌800亩,粮食690亩,蔬菜等其他农作物990亩。淳开公路贯穿整个农业综合区,二镇一乡以浪川乡为中心互为毗邻连成一片。综合区东临千岛湖库区,南连枫树岭镇,并与开化县交界,西接中洲镇和安徽省,北靠梓桐镇和界首乡,该区域地势平坦,农田集中连片,农业基础设施相对较好,农业优势产业特色明显,特别是蚕桑生产,面积大,生产技术水平较高,茶叶生产历史悠久,品质优良,桑枝生态食用菌生产前景广阔,并有县级以上农业龙头企业9家,具备建设省级现代农业综合区的条件。综合区建设规划区位见图9-1。

辐射区面积10万亩。

规划基准年为2009年,规划期限为2010—2013年。

第二节　省级现代农业综合区概况

一、基本情况

综合区有两个镇一个乡,行政村92个、农业人口9.7万人;占地面积548km²。建设面积2.3万亩。2009年农业总产值5.69亿元,工业总产值23.99亿元,三产总产值3.6亿元,农民人均纯收入6465元。

综合区所在的淳安县属于中亚热带北缘季风气候,光照充足,雨量充沛,温暖湿润,雨热同步,四季分明,适宜于多种农作物及经济特产的栽培种植。年平均气温17℃,年平均降水量1430mm,年日照时数1951 h,平均无霜期263d,大于10℃的积温5410℃,适宜于多熟种植。由于千岛湖大水体的原因,湖区与周边存在着明显的"湖泊效应",气温由中部库区向四周逐次递减,特别是在冬季的低温季节。

农田主要分布的山谷地带,种植大量的桑树,茶园主要分布的高山及低山丘陵地带,沿溪流两岸,交通便利,连片集中,便于统一管理。

淳安县西南片省级现代农业综合区建设规划

区位图

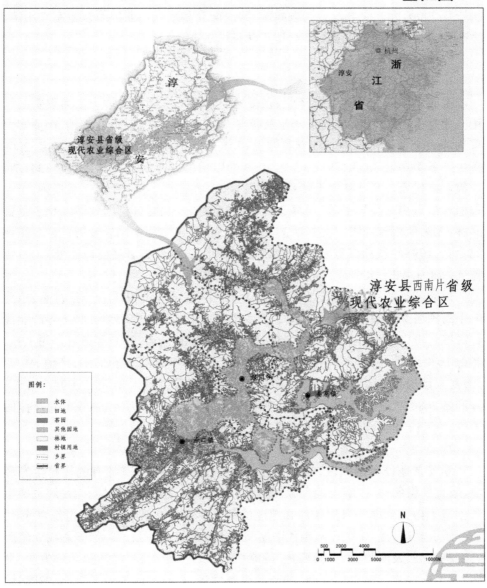

图9-1　淳安县西南片省级现代农业综合区建设规划区位图

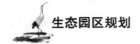

二、农业生产基本情况

综合区占地面积 2.3 万亩,其中耕地面积 0.41 万亩。综合区内土地流转率 22%,土地产出 3100 元/亩,设施栽培的面积 600 亩,各类设施大棚的数量 193 亩,投资额 290 万元。主导产业为蚕桑和茶叶,配套和新兴产业为桑枝生态食用菌、生态牧业和户用沼气工程。综合区现状见图 9-2。

(一)优势产业

1. 茶叶

茶叶是淳安的农业主导产业,在促进农村经济发展中发挥了极为重要的作用。通过多年的努力,淳安茶产业发展突飞猛进,产业规模、产业基础、产业实力等均跨入全省先进行列。现有茶园面积 18.3 万亩,其中采摘茶园 15 万亩,2009 年生产各类茶叶 3839t,产值 4.5 亿元,其中以千岛玉叶为主的名茶产量 3341.7t,产值 4.44 亿元。开展茶树无性系改良较早,成功推广过数十个无性系良种,至今种植 6.83 万亩。主导品牌"千岛玉叶"经过全县之力的打造,已是浙江绿茶重要品牌,先后荣获省部级以上奖项 38 项。1995 年获第二届中国农业博览会名茶评比金奖,1998 年获浙江省名牌产品称号,1999 年获浙江省著名商标称号,2009 年评选为浙江省"十大名茶"。

拟建的茶叶主导产业区以汾口镇为中心连接毗邻的浪川乡产茶村落;拟建的千岛湖名茶精品园位于姜家镇。三乡镇均为千岛玉叶主产地区和主导产业优势区域。汾口镇现有茶园 9900 余亩,投产茶园 8300 余亩,2009 年茶叶产量 136t,产值 1680 万元;浪川乡现有茶园 3940 余亩,2009 年茶叶产量 59.1t,产值 591 万元;姜家镇现有茶园面积 9112 亩,其中优质良种茶园基地 4781 亩,2009 年共产茶叶产量 268t,产值 2518 万元,其中名茶 225.1t,产值 2456.7 万元,占茶叶总产值的 97%。茶叶产业给当地农民带来实实在在的收益。

2. 蚕桑

淳安县地处浙西山区,是一个经济欠发达的农业县,其拥有的优越生态环境、适宜气候条件、广阔土地资源、配套生产设施和良好技术基础,为发展蚕桑生产创造了得天独厚的自然条件和地理优势。淳安县蚕桑生产从 20 世纪 80 年代初开始上规模,在 20 世纪 90 年代中期因受市场经济调节及国际形势影响而经历一定调整后,及时把握"蚕桑西进"战略机遇,依托"千岛湖"优质茧品牌效应,发挥"公司+农户"和"合同蚕业"的产业机制优势,蚕桑产业得到了持续、健康、快速的发展。2009 年全县桑园面积 9.57 万亩,饲养蚕种 17.77 万盒,生产蚕茧 7585.3t,位居浙江省第二(占全省的 16.62%),实现蚕桑总产值 2.54 亿元,跃居浙

淳安县西南片省级现代农业综合区建设规划

现状图

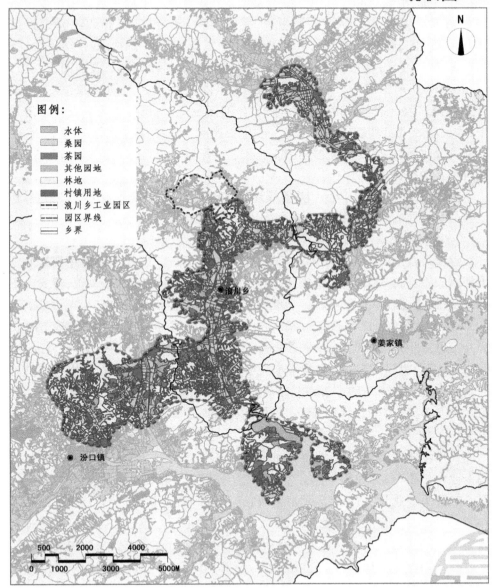

图9-2　淳安县西南片省级现代农业综合区规划现状图

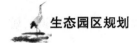

江省第一(占全省的20.1%),同时蚕茧质量综合指标和蚕农生产规模均已经连续多年名列全省第一。蚕桑生产基本形成了"区域化、规模化、效益化"的新格局,已成为县农村经济的四大主导产业之一。

汾口镇、浪川乡和姜家镇是淳安县的3个蚕桑重点示范乡镇。浪川乡现有19个村共计2776农户从事蚕桑生产,桑园面积11079亩,产茧974t,蚕桑产值2508万元;汾口镇现有45个村共计3712户蚕农,桑园面积16632亩,产茧953t,蚕桑产值2437万元;姜家镇现有28个行政村3639农户种桑养蚕,桑园面积14379亩,2009年产茧1138.06t,蚕桑产值3804万元,约占农业总产值的22.9%。蚕桑产业在汾口镇、浪川乡和姜家镇具有明显的区位优势,已经成为其农村经济发展,农民增收致富和新农村建设的一项重要产业。但在基础设施、产业规模、优质桑蚕品种覆盖、栽桑养蚕技术、综合开发水平、产业化程度、经济效益等方面,还有很大的改善与提升空间。

为此,在汾口镇、浪川乡和姜家镇建设17000亩现代蚕桑示范区,并以此带动全县的蚕桑业的升级与发展。

3. 桑枝食用菌

淳安是食用菌传统产业区,由于受资源条件的限制,近20年来食用菌产业发展相对较慢。自2008年开始,在以桑枝生态食用菌产业链建设带动下,淳安食用菌新兴产业获得稳步发展。2009年全县生产食用菌1079.76万袋,产量2251.1t,产值4014.1万元,分别比2008年800.15万袋、1115t、2210万元增长34.9%、101.9%、81.6%。其中桑枝黑木耳634.41万袋,干耳产量380.6t,产值2410.8万元;桑枝秀珍菇、香菇等445.35万袋,鲜菇产量1870.5t,产值1603.3万元。综合区内(汾口、姜家、浪川)现有产业规模达到337.55万袋,产量697.8t,产值1244.5万元,占全县的31.3%。种植品种有桑枝黑木耳、桑枝秀珍菇、桑枝香菇等。

在市场体系培育方面,全县共有"金溢农"、"桑都"、"淳珍"等14家农民食用菌专业合作社和3家龙头企业。综合区近年还培育了县级农业龙头企业"杭州千岛湖艳阳天农业开发有限公司"。"金溢农"、"桑都"、"八鲜菇"等桑枝食用菌品牌在省内外已具一定的知名度,"千岛湖"统一品牌也开始整合与打造。已通过无公害农产品认定及基地认证的产品有六个,主要产品有桑枝黑木耳和桑枝秀珍菇。食用菌产业已初步形成市场、企业、菇农一体化生产,产、供、销一条龙服务的产业化体系雏形。

目前,淳安已成为杭州市最大的食用菌生产县。

目前淳安食用菌产业主要问题是:基础设施较为简陋,生产体系不够完善,产品安全性差,抗风险能力弱;生产组织化程度偏低,以家庭为主的小规模、粗放式生产方式仍是食用菌产业的主体;龙头带动作用还较薄弱,对市场与生产的调控能力较弱;食用菌科研滞后,科技推广网络不健全;产业链短,经济、生态和社会效益提升困难。

（二）农业生产经营情况

综合区内土地流转率为22%。目前,综合区内县级以上的农业龙头企业9家,专业合作社18家,专业大户1376户,农业服务组织35家,县级以上的产品品牌3个。淳安县茧丝绸总公司为该县最大的农业龙头企业,年销售总额4亿元以上,年创利税1200万元,资信等级为AAA级。该茧丝绸总公司在蚕种,技术服务,产品销售等各个方面为综合区内的养蚕农户提供服务,已经形成具有淳安特色的蚕桑行业一条龙服务,即"公司＋合作社＋基地＋农户"的生产经营模式。以当地茶叶龙头企业和专业合作社为平台,产茶专业户为纽带,产茶户为生产主线,逐步实行产品统一收青标准,统一生产加工,统一品牌,统一包装,统一销售,努力实现茶叶健康持续快速发展。

（三）农业公共服务体系情况

综合区内有农业服务组织35家。有职业证书的从业农民比率为7%,参加专业合作组织的农民比率达32%,带动农户比率高达40%,测土配方施肥覆盖率为33%。园区内所有行政村覆盖移动信号,可以连接网络,乡镇有网站,乡镇与村能进行可视会议,这为信息传送及技术服务提供了平台。

（四）农业生产基础设施情况

综合区内现有水利与灌溉设施中,较好的部分占25%。现有各类大棚193亩,其中标准菇棚18亩,农产品加工率44%。库区内各个行政村村村通公路,农田有效灌溉率51%,拥有农机总动力0.88kW/亩。到2009年年底在综合区内已建成农村户用沼气池2298只,目前运行良好。

三、与相关规划的协调性分析

综合区建设区域的土地利用性质除城镇、村庄为建设用地之外,均为农用地性质,主要为耕地、园地及养殖用地。综合区各个建设项目与农田保护区规划、城乡一体化建设规划、生态农业发展规划等相对应与衔接。

四、综合区建设的有利条件

（一）生态环境和区位条件优势

千岛湖环境优良,生态优势明显。淳安县属中亚热带北缘季风气候,由于森

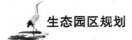

林覆盖率高,气候温暖湿润,一年四季分明,年平均气温17℃,≥10℃的活动积温为5410℃,年平均降水量1430mm,年相对湿度为76%。特别是由于千岛湖水库的调节作用,冬暖夏凉,小气候环境优势明显,发展淳安特色产业具有得天独厚的优势,有利于发展高效生态农业。

"碧波万顷、岛屿密布、林木繁茂、风光旖旎",好似一幅天然山水画,是"杭州—千岛湖—黄山"这一名山名水名城黄金旅游线上的一颗璀璨明珠。千岛湖水晶莹透彻,被誉为"天下第一秀水"。好山好水出好茶,"千岛玉叶"就孕育于这片青山绿水之间。借助千岛湖的独特优势,千岛玉叶茶产业发展日新月异,茶因湖而兴,湖因茶而更秀。"千岛湖水泡千岛玉叶茶"日渐成为淳安茶业的独特卖点。

淳安千岛湖具有得天独厚的生态环境,县委县政府一直非常重视环境保护和生态建设,2009年淳安县被浙江省人民政府命名为省级生态县(市),目前为国家级生态示范区,千岛湖已获评为国家5A级旅游景区。优越的生态环境为综合区内生产无公害、绿色以及有机农产品提供了保障。

杭千高速的开通以及淳安县境内淳开公路的通车,极大地提升了综合开发区的交通区位优势,优质的农产品当天可以运销到上海、南京、杭州和黄山等华东的大都市。旅游业的发展,同样带动着农产品如食用菌等在本地的消费。

(二) 政策环境优越

浙江省委省政府高度重视本省欠发达地区的发展问题,特别制定了一系列的政策对欠发达地区进行扶持,淳安作为欠发达地区受到省政府各个部门的政策扶持。浙江省人民政府办公厅《关于促进蚕桑产业健康发展的若干意见》中明确指出淳安县是我省"蚕桑西进"的重点区域,优先享受一系列的扶持政策。淳安县委县政府也制定了一系列促进农业结构调整与布局优化的文件与政策,特别是一些扶持与奖励政策(见淳安县委和县政府《关于加强推进社会主义新农村建设的若干意见》)。

茶叶位列淳安县四大支柱产业之首,一直以来受到县委、县政府的高度重视,制订了"茶叶产业'十一五'发展规划"、"茶厂优化改造规划"、"茶叶强乡镇发展规划"等产业规划。围绕产业发展目标,县政府按照各部门、各乡镇的职责,确定了相应的考核责任制度,将茶园结构调整、茶产业生产、茶厂优化改造等任务都根据各乡镇实际进行分解,确定量化指标,列入年度考核,保证淳安县茶产业各项发展任务的顺利完成。在强化规划和指标考核的基础上,针对茶产业的做大做强,县委、县政府制定出台了一系列的扶持政策,先后出台淳政发〔2001〕13号、淳政发〔2004〕40号、淳政发〔2005〕40号、淳政发〔2007〕51号文件,对茶叶产业的连片良种茶基地建设、名茶收青制干、茶厂优化改造、无公害、绿色、有机茶认证、茶叶QS认证等实行以奖代补形式支持做好茶产业工作。同时,为加大品牌宣传力度,2007年开始,县财政每年拿出100万元的千岛玉叶品牌宣传管理经费。还有库区移民政策中也有对良种茶基地发展的补助政策,各乡镇、茶叶有关部门也争取了省、市有关部门对茶产业发展的扶持,近几年来,我县每年从各渠道争取到用于茶产业发展的扶持资金达500万元左右。这些扶持政策大大激发了广大茶农投身茶叶生产的积极性,进一步引导茶产业向规模化、标准化、专业化方向迈进。

(三) 市场网络体系健全

1996年淳安县就在千岛湖农特交易市场内设立了名茶交易市场,1998年建起了专业的千岛湖名茶交易市场,2003年又再次迁址扩建。新千岛湖茶叶市场占地2.2万 m²,配有278间营业房。于2005年9月投入运行,市场基础设施完善,各项规章制度健全,市场管理规范有序,经营者的自律交易意识不断提高,确保了交易秩序,维护了茶农与经营户的合法权益。吸引了来自北京、上海、山东、安徽等全国各地的茶商和周边地区茶农进场交易。2009年市场名茶交易量3215t,交易额4.23亿元,占全县90%以上的交易份额。千岛湖茶叶市场先后荣获了浙江省骨干农业龙头企业、浙江省区域性重点市场、浙江省三星级文明规范市场、全国供销社重点龙头企业等一系列荣誉称号。

县级市场发展的同时,也带动了销售网络的逐步健全。发展了里商、汾口2个区域性产地批发市场;培育了一定规模的茶叶营销企业18家,其中省级农业龙头企业1家,市级农业龙头企业2家,县级农业龙头企业8家;各乡镇也涌现了年销售茶叶50万元以上的茶叶营销户600余户,进村入户收购茶农自产茶叶,积极跑外地市场进行推销,在全国各地编织销售网点,为千岛玉叶走出本地,走向市场发挥了重要作用。为了做大做强千岛玉叶茶销售龙头企业,2007年县政府牵头县供销总社与杭州新州制茶有限公司合资成立了杭州千岛玉叶茶业有限公司,积极开展千岛玉叶品牌营销、市场拓展、茶旅互动。2009年该公司产品成功打入杭州旺财超市;与中国茶叶股份公司东北分公司合作,进入东北4省市场;并与吴裕泰茶庄正在业务接洽中。至此全县形成以千岛湖茶叶市场为中心、乡镇茶叶市场为基础、加工营销企业为龙头、营销大户为依托的市场网络体系。据测算,茶产业对农民增收的贡献率达30%左右,全县茶叶营销环节年增值在8000万元以上,解决就业3000余名,全年涉茶税收200万元以上,综合经济效益进一步增强。

(四) 农业产业基础较好

综合区内主导产业明显,产业布局合理,产业基础较好。桑园连片集中、茶叶品种优良、食用菌特色明显,并已有多家生产企业。区内有县级以上的龙头企业9家,专业合作社18家,优质农产品多个,如姜家镇茶叶优质品牌"白坪三尖",杭州艳阳天开发有限公司的"八仙姑"牌黑木耳,千岛湖淳珍食用菌专业合作社生产的"桑菇"牌黑木耳等。综合区内的浪川乡被评为杭州市的桑蚕生产"状元乡",千岛湖牌蚕茧质量名列全省第一,跨入5A级高品位丝行列。

(五) 农业科技服务体系较完善

综合区内设有乡(镇)、村二级农业科技服务体系,配有农业技术人员148名。近年来农村的技术信息网络日益完善,在综合区内设有农民110信息服务中心和110农技网络信息平台,有农民信箱3063个。

五、综合区发展存在的问题

由于地理、交通、信息、资金等原因,综合产业区的产业比较低端,新兴的配套产业和加工业比较落后,产业的发展仍然存在着一些问题。

1. 农业龙头企业规模偏小

综合区内产业有9家县级以上的农业龙头企业,但企业的规模偏小,科技含量不高,带动的农户数有限,大量的农户还是停留在一家一户的生产经营水平上,农业生产的规模化水平不高。

2. 农业基础设施建设落后

示范区内仅有各类大棚193亩,大部分农田没有达到设施农田的水平。引水、灌溉及道路等基础设施老化失修,急待加大农业投入,兴建农田基础设施。

3. 配套产业落后

作为桑枝利用的配套产业,桑枝的食用菌生产才刚刚起步,利用桑枝的规模偏小,大量的桑枝有待于开发利用,变废为宝。同时蚕沙的利用有待于进一步深化与开发。

4. 支农资金投入不足

农业是相对弱势的产业,自身发展动力不足,缺少自我造血的功能。再加上淳安县为浙江省和杭州市的欠发达地区,地方财力有限,工业反哺农业的能力较弱,因此急需大量资金的投入,同时更需要政府制定资金的投入政策,吸引更多的社会民间资金投入到欠发达地区的综合农业示范区。

第三节　指导思想和建设目标

一、指导思想

深入贯彻落实科学发展观,全面实施省委省政府提出的欠发达地区实现跨越式发展的战略,以农民增收和农业转型升级为目标,利用当地的资源优势和产业发展基础,以资源合理循环利用为核心,以千岛湖的生态环境保护为先决条件,在农业主导产业相对集中连片的区域,围绕扩大规模、优化结构、改善设施、推广科技、提升品质和健全服务等环节,集中人才、物力和财力建设规划布局合理、生产要素集聚、设施装备先进、主体充满活力、经营机制完善和综合效益良好的现代化农业综合示范区,使之成为农业主导产业集聚的功能区、先进科技应用的核心区、生态循环农业的样板区、体制机制创新的试验区,引领全县农业的可持续发展。

二、基本原则

(一) 生态循环原则

坚持可持续发展理念,积极推广低投入、低消耗、低排放、高效率的农业生产方式,实现废物循环利用,变废为宝,促进农牧结合、立体套种、物能循环的新型种养模式,延长和升级产业链,优化生态效益、社会效益和经济效益。

(二) 因缺补缺原则

强化优势产业,狠抓薄弱环节,集聚产业发展要素,延伸与拓展产业链,培育新兴产业,促进产业的升级与转型。

(三) 市场导向原则

瞄准国际和国内两大市场,按照市场的需求规划主导产业和产品,提高农产品的品质,提高综合园区农产品在国际和国内市场的知名度和竞争力。

(四) 科技先导原则

大力引进与推广先进的科学技术手段,综合组装和运用现代农业科技成果、现代农业生产手段和现代经营管理方式,加强良种、良法和良机的引进和推广,促进产业升级和转型,提高农产品质量和安全性,提升市场竞争力。

(五) 分步实施和联动发展原则

充分利用当地的农业资源优势,在加快农业生产的同时,积极发展农产品加

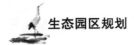

工业、观光农业和旅游业,实现一、二、三产业协调发展,相互带动。综合区应该一次规划、分步实施,确保综合区用地长期不变,并与新农村建设相呼应,统筹考虑,确保与相关规划相衔接。

三、总体目标

以循环经济和生态学原理为指导,综合地形、土壤和产业状况,充分发挥综合区的资源优势和产业优势,通过规划新建、整合优化、改造提升,强化基础设施和生产设施建设,延伸产业链,发展循环经济,把综合区建成以特色茶叶、优质蚕桑、生态食用菌产业为核心,粮食生产、特色水产、农村沼气、畜禽养殖、农产品加工与休闲观光协调发展,布局合理、循环清洁生产、产业联动发展的现代农业综合区。到2013年综合区农业总产值增加148.6%,增加农业生产能力700万kg,增加主导产品生产能力600万kg,增加农产品加工能力350万kg,主导产品覆盖率增加25%,带动农户比率增加33%,增加人均产值6200元,农民人均收入增加2015元,达到8480元,详见附表二、五。

四、产业目标

(一)主导产业目标

1. 茶叶

本项目在淳安汾口镇及浪川乡建立茶叶主导产业示范区,在淳安县茶叶良种场建设千岛湖名茶精品园。以科学管理、资源循环、优化环境、提高效益为目标,大力推进规模化、标准化、设施化、品牌化生产,使之成为茶叶产业集聚的功能区、设施栽培的核心区、生态循环的样板区,从而推进茶叶产业的转型升级。具体建设目标如下:

加强茶园管理,优化茶树品种结构,统一茶园管理生产技术标准,建设包括茶树良种化示范茶园、有机茶园和现代化设施茶园在内的精品园3100亩左右,带动辐射2万余亩茶园。以先进的生态技术和设施技术实现茶叶优质高产。

推广先进茶叶加工技术,进一步提高茶叶加工产能、提升品质、提高夏秋茶资源利用率和茶叶生产效益。改扩建茶厂2家,引进茶叶清洁化加工流水线3条。强化茶叶品牌管理力度,全方位提升茶叶产业,提升茶类产品之质量效益。

通过产业示范作用,提高周边农户科学种茶意识,提升产茶技术水平,增加农民收入,促进产业升级。

2. 蚕桑

根据现代农业综合区蚕桑产业总体发展战略,立足综合区资源和蚕桑产业特色,通过蚕桑生产设施的改善,蚕桑生产方式改进,蚕桑生产效益提高,先进实用科技的推广与应用,蚕桑产业链扩展与副产物综合利用等,计划经3~5年的建设,建成15000亩现代蚕桑产业综合示范区,综合示范区内桑园规划合理、集中连片、品种优良、树形整齐、道路相连、沟渠相通,蚕桑抗灾减灾避灾能力强,生产技术规范化、标准化,蚕茧产量和质量显著提高,生产方式为贸工农一体化,蚕桑副产物得到综合利用,生态环境改善,蚕桑业经济效益提高40%以上,把综合示范区打造成浙江省乃至全国现代高效生态标准化蚕桑业示范区,取得明显的社会效益、经济效益和生态效益。

3. 食用菌

以菌种专业化、菌袋集约化、栽培标准化、产品品牌化为抓手,按照循环经济三要素(减量化、再利用、再循环)基本原则,充分利用生态环境和桑枝资源优势,最终实现淳安食用菌产业在经营模式、生产模式、生态模式、科技模式四个转变的目标。

到2013年,综合区食用菌主导产业实现年生产各类桑枝食用菌1005万袋,消耗2万亩桑枝(其中1.5万亩在综合区内),总产值4052万元。菌种良种覆盖率达到100%。实现原料供应订单化85%以上,同时使机械应用率达到95%以上。培育一条食用菌生态循环产业链,实现蚕桑—桑枝食用菌(木耳、秀珍菇等)—生物肥—稻、菜、果等产业的三维立体循环,使废弃物的资源化利用率达到99%,产品无公害率达到100%,加工率达到80%,品牌化销售达到80%。

(二)辅助产业目标

1. 特色水产

淳安县汾口千岛湖中华鳖精品园区建设,面积集中连片340亩以上,通过良种繁育,以"基地+农户"的方式。精品园区要求布局合理,通讯、交通便捷,水源充足、水质良好,排灌方便;园内道路硬化通畅,环境整洁宜人,绿化率不低于3%;建成后,示范区单位面积产量、产品规格、经济效益均高于当地同类养殖平均水平的30%以上,年产值达990万元,利润360万元。

2. 设施大棚蔬菜

实施绿色无害化栽培,保证蔬菜生产安全性,使产地形成良好的生态环境,为市场提供更多优质蔬菜。建设面积500亩,实现产值437万元,利润272万元。

3. 粮食生产功能区

位于综合区浪川乡的公山庙前畈、大畈、芹川畈和童家畈,现有相对连片种植粮食面积690亩,年生产粮食34.5万kg,生产油菜籽6.2万kg。功能区旨在保障粮食生产安全,提高粮食综合生产能力。

（三）配套产业目标

综合区位于千岛湖库区的上游,在发展农业产业的同时必须保护千岛湖的水源及其生态环境,在农业生产上要严格控制化肥与农药的使用量,减少农业的非点源污染。农户的沼气工程能对农户的养殖业废弃物(猪粪、蚕沙等)进行厌氧发酵,为农户提供生活的能源,同时沼渣和沼液则作为有机肥回到桑园和茶园,到2013年新建农村户用沼气池1050只,综合区内已建成农村户用沼气池3348只。按照农牧结合、实现零排放原则,根据种植业消纳能力(每亩桑园一头猪,每亩茶园一头猪,每亩粮田一头猪,每亩蔬菜一头猪),合理配套生猪养殖场,建设粪污无公害综合处理设施,建设沼气使用管网,配备沼液运输车。新建(改建)标准化养猪场7家(其中生猪生态养殖精品园1个),存栏母猪0.2万头,存栏优质良种瘦肉型猪2万头,粪污利用率达95%以上。

第四节　总体布局和功能分区

一、总体布局

（一）综合区总体布局

总体布局可以概括为"三区,四园,四配套"。

"三区":指蚕桑主导产业示范区、茶叶主导产业示范区和食用菌主导产业示范区。

"四园":指千岛玉叶精品园、千岛湖中华鳖精品园、生猪生态养殖精品园和设施大棚蔬菜示范基地。

"四配套":指生态循环牧业养育基地、农户户用沼气工程、粮食生产功能区和农产品加工区。

综合区总体布局见图9-3。其中主导产业发展规划见图9-4。

（二）综合区用地结构与建设地点

综合区建设面积与地点见表9-1。

淳安县西南片省级现代农业综合区建设规划

布局平面图

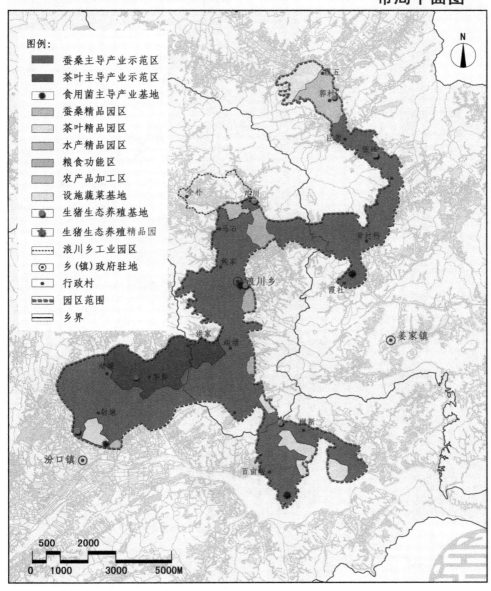

图9-3　淳安县西南片省级现代农业综合区规划平面图

淳安县西南片省级现代农业综合区建设规划

主导产业发展规划平面图

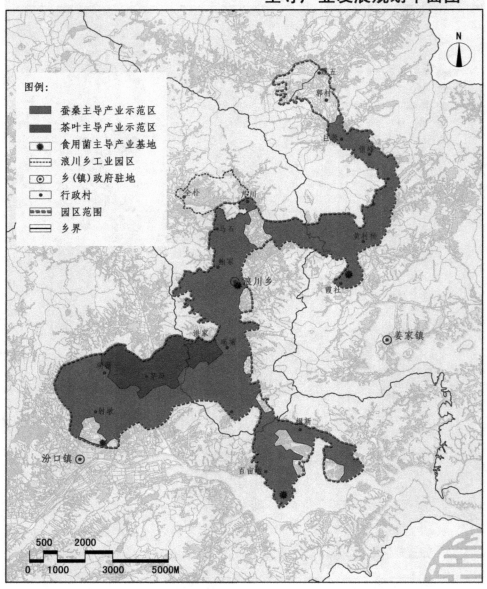

图9-4 淳安县西南片省级现代农业综合区规划主导产业发展规划平面图

表9-1　综合区建设面积与地点

序号	功能区块	面积（亩）	地　　点
1	千岛玉叶主导产业示范区	3100	汾口镇茅屏村及浪川乡洪家村、杨家村一带。
2	蚕桑主导产业示范区	15000	姜家镇霞五、郭村、巨源、银峰、黄村桥等村，浪川乡马石、鲍家、瑞塘等村，汾口镇射墩、湖塘、百亩畈、枫新等村
3	食用菌主导产业示范区	1005万袋（800亩）	汾口百亩畈村、姜家霞社村、浪川等
4	生态牧业养殖精品园和基地	2.12万头	汾口茅山、茅屏村（精品园）、枫新村，浪川芹川村、大联村；姜家镇郭村、银峰村
5	千岛玉叶精品园	1000	汾口镇淳安县茶叶良种场及周边村
6	千岛湖中华鳖精品园	340	汾口镇
7	设施大棚蔬菜示范基地	500	浪川乡占家村一带、汾口镇射墩村一带
8	粮食生产功能区	690	浪川乡的公山庙前畈、大畈、芹川畈和童家畈
9	农产品加工区	300	浪川乡芹川村和马石村之间
	合　计	21730	占地面积2.3万亩

二、功能分区

（一）"千岛玉叶"茶主导产业示范区

位于综合区汾口镇、浪川乡一带，以汾口镇为中心连接浪川等乡镇，规划区总面积1.3万亩，其中核心示范区3100亩。主要功能为在茶树良种化等茶叶生产先进实用的技术推广应用方面做出示范。

主要建设任务：引进茶叶优良品种，优化品种结构，建设高效生态茶园基地和现代化设施茶园示范基地。新建名优茶机采示范基地、老茶园换种改植示范基地、茶园设施化技术示范基地、茶叶清洁化流水线加工示范茶厂等。

（二）蚕桑主导产业示范区

位于综合区的"二镇一乡"，"二镇一乡"的桑园总面积为4.2万亩，其中核心示范区1.5万亩，主要分布在淳开公路的沿线和姜家镇的乡村公路，姜家镇巨源、黄村桥等村，浪川乡马石、鲍家、瑞塘等村，汾口镇射墩、湖塘、百亩畈、枫新等

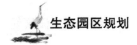

村。主要功能是蚕桑生产设施的改善、蚕桑生产方式改进、蚕桑生产效益提高、先进实用科技的推广与应用等方面进行示范。

主要建设任务:加强基础设施建设,建立优质高效桑园基地和小蚕共育中心,改进蚕茧收烘设施,通过"十天养蚕法"、六连片方格蔟和现有实用技术的集成配套,有效提高蚕桑单位面积产量,稳定蚕桑质量,推行蚕桑文化与休闲观光为一体旅游项目,丝、绸、服饰、工艺品深加工与外贸。

(三) 食用菌主导产业示范区

位于综合区汾口、姜家、浪川等地,建设面积800亩,生产食用菌1005万袋。主要功能是重点突出淳安生态环境优势和以蚕桑资源为区域化合理布局的桑枝食用菌为主体的生态食用菌循环产业链特色。产前以菌种(菌袋)集约生产和原料统一供应为主体功能;产中进行标准化栽培示范、食用菌栽培废弃物资源化利用作为生物肥的生态循环示范功能;产后进行菇产品的品牌、销售和精深加工,努力打造"千岛湖"桑枝食用菌品牌,加快发展淳安食用菌特色产业。

主要建设任务:强化菌种培育,推进标准化栽培基地建设,完善菌政管理,培育食用菌生态循环产业链。建设核心菌种、菌袋场(2级资质)、标准化栽培示范基地以及路、渠、蓄水池、厂房、库房等基础设施建设。

(四) 生态牧业养殖精品园和基地

靠近茶叶主导产业示范区、蚕桑主导产业示范区、粮食生产功能区和设施大棚蔬菜示范基地,分1个精品园和6个基地分布在综合区内,建成后存栏母猪0.2万头,存栏优良瘦肉型生猪2万头。主要功能为综合区主导产业及精品园建设配套,提供有机肥源,实现种养结合、农牧结合、物质循环的新型模式,为推广循环农业发挥示范作用。

主要建设任务:通过新建粪污无公害综合处理设施,建设沼气使用管网和配置沼液运输车,建设标准化养猪场,培育优质良种瘦肉型猪,为循环农业合理配套生态牧业,使在生态循环、基础设施建设、科学管理等方面有较大提升,粪污利用率达95%以上,生猪规模化养殖达80%以上。

(五) 粮食生产功能区

位于综合区浪川乡的公山庙前畈、大畈、芹川畈和童家畈,现有粮食播种面积2100亩,其中相对连片种植粮食面积690亩,年生产粮食34.5万kg,生产油菜籽6.2万kg。功能区旨在保障粮食生产安全,提高粮食综合生产能力。

功能区重点推广应用优质高产良种、单季晚稻五改技术、水稻强化栽培、测土配方施肥增产增效核心技术,组织高产竞赛,努力推进土地承包经营权流转、培育发展种粮大户、加大粮食合作组织建设力度,推进粮食适度规模经营,推进社会化服务。

（六）农产品加工区

在综合区所在的浪川乡规划有浪川乡工业园区，占地面积2000亩，其中300亩为农产品加工区，农产品加工区在省级现代农业综合区内，此农产品加工区为综合区的配套项目，将工业用地预留，计划进行农副产品的深加工，如淳安特产山核桃的深加工、油茶的加工、蔬菜的深加工、毛竹笋的加工，同时计划结合蚕沙的综合利用和食用菌生产的废弃物——菌糠的循环利用及畜禽养殖产生的排泄物等作为原料，兴建有机肥加工厂。项目采用政府政策引导，通过招商引资的办法，鼓励各类农产品加工企业入园。以推进农产品深加工提高农副产品的附加值，发展当地的经济，提高农民的收入。

三、特色精品园布局

（一）千岛玉叶精品园

位于汾口镇淳安县茶叶良种场及周边村，规划建设面积1000亩。

主要建设任务：扩大种植规模，新发展无性系良种茶园100亩，种植茶苗55万株；加强园区基础设施建设，新建茶叶摊青房，新增摊青设备等，修建茶园排水渠道、步道；实行茶园套种樱桃，茶园道路两旁种植桂花和枇杷、杨梅、山核桃等果树；茶园养殖土鸡。

（二）千岛湖中华鳖精品园

位于汾口镇，规划建设面积340亩。

主要建设任务：精品园区建设目标为核心区340亩，以"基地＋农户"的方式，辐射带动周边1000亩以上。项目建设要求在水、路、电等基础设施方面建设完善。形成生产（亲种→苗种→成品）、销售一条龙，中华鳖生产能力增强，中华鳖产量得到提高，基地市场竞争能力增强，基地得到进一步壮大。基地采用"基地＋农户"的发展模式，实行统一品种、统一技术、统一品牌、统一服务、统一加工销售，而且销售价格高，可以带动本县230余农户进行千岛湖中华鳖养殖。

（三）设施大棚蔬菜示范基地

位于浪川乡占家村一带和汾口镇射墩村一带，规划建设面积500亩。

主要建设任务：项目基地建设实行土地流转、集约经营、标准化生产、品牌营销、物流配送新模式；进行基础设施和生产设施建设；建立生产档案，建立农产品检测室，配备检测设备，产品实行分级包装，开展品牌宣传；集中展示和推广蔬菜设施保温避雨栽培技术，蔬菜微蓄微灌技术，蔬菜基质育苗技术，蔬菜病虫害防治技术及应用杀虫灯、黄蓝板等生态防治技术，综合应用菌渣、沼液等有机肥、配

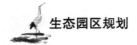

方施肥技术,蔬菜连作障碍治理技术,推广应用辣椒、茄子、西红柿、黄瓜、四季豆等蔬菜良种,实现蔬菜生产季节合理搭配和周年化生产。

第五节　综合区生态农业模式

淳安县是山区县和库区县,农田面积少,丘陵山地面积较大,随着我省"蚕桑西进"工程的推进,该县的桑园面积越来越大,目前已达9.57万亩。蚕桑业的发展给山区农民增收、农业增效带来新的出路,目前已成为淳安县的农业主导产业。但是在蚕桑产业发展的同时,也带来了一些环境问题,一是农民为了增加桑叶的产量,由于缺少优质易获的有机肥,农民大量地施用氮肥,氮肥的大量使用,一方面造成桑园土地的退化,另一方面氮肥的流失,造成农业的非点源污染,对千岛湖的水质产生负面影响,加快水体的富营养化;二是桑枝条的处理,最简单的办法是农民将其作为燃料,直接烧了,但如此利用价值很低,或者直接堆放在河沟边,被洪水冲入千岛湖,但这样会破坏千岛湖的水质和饮用水水源;三是蚕沙的处理问题,蚕沙是优质的有机肥,由于蚕沙带有一些病菌,不能直接返回桑地,因此农民常常直接倒在田间地头或河沟边,随着雨水病菌扩散,危害千岛湖的水质。千岛湖是我国重要的水源保护区,在发展农业产业的同时,保护千岛湖的水资源责任重大。

经过近几年的探索,对桑枝和蚕沙的利用都有了新的途径。桑枝被开发成栽培黑木耳的主要原料,为淳安县培育出了一个新的产业,蚕沙则用于农民户用沼气的发酵原料,沼渣、沼液返回桑园,成为优质的有机肥,从而减少桑园的化肥用量,这些都是变废为宝的循环经济途径。

随着农业产业化的推进,农业生产的组织方式和经营管理方式都在发生变化,农业生产的功能也在发生变化,农业生产除了生产功能以外,还具有休闲与观光的功能,近几年我省的休闲观光农业方兴未艾,农家乐发展迅速,已经成为农业发展的新路子,农民增收的新途径,发展的潜力巨大,有利于农业与第三产业相结合。在生产管理方面,生产的专业分工进一步细化,生产效率与科技化水平进一步提升,农业生产的组织化得到加强,逐步与市场化接轨,这都催生了一些新的生态农业模式。

一、农业废弃物循环利用生态农业模式

综合区内农业废弃物循环利用生态农业模式主要是利用桑枝生产食用菌和

利用蚕沙生产沼气二种模式。

综合区蚕桑废弃物综合利用产业生态循环模式如图9-5所示：

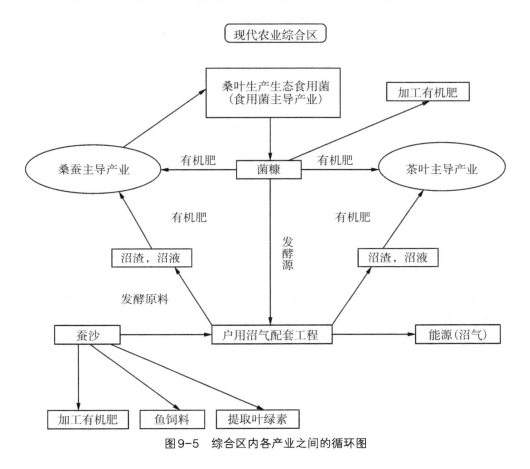

图9-5　综合区内各产业之间的循环图

利用废弃的桑枝生产食用菌,属于农业废弃物循环再生利用,通过延伸蚕桑生产的生产链,获得一个新兴的主导产业,该模式具有极好的示范作用,因为淳安县有近十万亩桑园,每年有4万多t干桑枝条,可以生产5000万袋食用菌,产量将达到2.5万t,产值可达2亿元,而目前全县的蚕桑的产值也仅为2.54亿元,相当于通过产业链的延伸,产值翻了一番,再造了一个规模与蚕桑相当的产业。食用菌生产的废弃物——菌糠又是优质的有机肥,可直接返回桑园或返回茶园,同时废菌糠也是农户沼气发酵工程的优质原料,通过沼气发酵,沼液与沼渣再返回桑园或者茶园,沼气又解决了农户的能源问题,农户沼气发酵工程既保住了农民房前屋后的植被,又保护了千岛湖库区上游的生态环境。

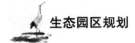

蚕沙富含有机物质,有机物质含量达83.77%～90.44%,灰分9.56%～16.23%,总氮量1.91%～3.69%。蚕沙还含有叶绿素,可用乙醇或丙酮提取出来,同时蚕沙中还含有游离的氨基酸,如亮氨酸、组氨酸等13种氨基酸。蚕沙中粗蛋白占16.7%,粗脂肪占3.7%,粗纤维占19%。可见蚕沙中富含营养成分,是上等的有机肥和猪、羊、鱼的理想饲料。

但由于蚕沙中含有一些病菌,一般不能直接返回桑园,因此许多蚕农将蚕沙弃倒在溪边,一方面是优质有机肥的浪费,另一方面造成病菌的扩散和千岛湖水体的富营养化。目前淳安县每年养蚕产生3.56万t蚕沙,数量巨大。

近年来淳安县的户用沼气工程发展迅速,每年增加近2000只,到2009年年底全县的建池数达8945只。目前在综合区内已建成农村户用沼气池2298只。在我国的长江流域,由于冬季的温度偏低,沼气池通常产气率较低或者停止产气,而冬季正是农民需要沼气进行生活用能的季节。据实验冬季利用蚕沙作为发酵原料,产气率提高,变成了一年四季产气,这对农户沼气工程的推广意义重大。同时蚕沙通过沼气发酵,蚕沙中的病菌被除,沼渣和沼液作为安全优质的有机肥返回到桑园和茶园,培肥土壤,同时减少桑园和茶园的化肥使用量,减少和降低农业的非点源污染,有利于保护千岛湖的水源。这就是"蚕—沼—桑"生态循环综合利用生态农业模式。

二、茶园和桑园套种套养生态农业模式

由于桑树冬季落叶和剪枝,因此可以在桑园套种一季生育期较短的冬季经济作物,以充分利用光能和土地资源,增加农民的经济收入。目前生产上应用得比较多的是冬季套种一季蔬菜,如套种芥菜、胡萝卜、马铃薯、蚕豆、苋菜等,一般产量达1500～2000kg,效益达每亩千元。桑园套种既增加了桑园的产出,同时又培肥了桑园的地力。

桑园养鸡也是近几年逐步兴起的新型生态农业模式之一。桑园养鸡一般的密度为每亩10只左右,蛋鸡一方面吃了桑园的杂草和昆虫等害虫,另一方面鸡粪作为优质的有机肥回到桑园有利于桑园的地力恢复和养分平衡,桑园养鸡由于是放养模式,有利于提高鸡肉的品质和蛋的品质,同时也会提高桑农的经济收入,改善了农村的副食品供给,丰富了城乡市场。

茶园养鸡与桑园养鸡具有相似的一面,鸡采食了茶园的杂草与害虫,鸡粪又作为优质的有机肥返回了茶园,有助于提高茶叶的品质。茶园养鸡的密度一般为每亩20只蛋鸡。养鸡提高了茶园的经济产出,是种养结合、农牧结合的典型,并且提高了茶叶的品质,同时也提高了鸡肉的品质和鸡蛋的品质。对有机茶生

产而言,由于不能施用化肥,茶园养鸡是为茶园提供有机肥的有效途径之一。

三、茶文化与桑耕文化休闲观光农业模式

休闲观光农业已被省农业厅列为增加农民收入的有效途径,在浙江省大力推广。发展休闲观光农业的总体思路是:以科学发展观为指导,以增加农民收入、满足居民消费需求为中心,按照"创业富民、创新强省"的要求,不断解放思想,立足自然生态资源和农业主导产业,引入现代旅游理念,依托现代旅游渠道,充分发挥农业、旅游两个行业的优势,积极拓展农业功能,弘扬农耕文化,着力发展农庄经济型、园区农业型和特色产业型休闲观光农业,重视开发农业贸易型与自然人文景观型休闲观光农业,正确引导和规范发展以特色餐饮和住宿为主要内容的"农家乐"型休闲观光农业,逐步发展一批布局合理、经营规范、富有特色、效益良好的休闲观光农业经营单位。据浙江省农业厅的统计显示,2009年浙江农民仅仅依靠发展农家乐等休闲观光农业,收入就达到了43.5亿元。

综合区内的主导产业为蚕桑和茶叶,淳安县为旅游大县,每年有大量的游客到千岛湖旅游,将旅游的区域从湖面扩大到湖周边的乡村,把湖区旅游与乡村休闲观光农业有机地结合起来,就能真正的落实县委县政府的"以湖兴县"的战略目标,实现淳安经济的跨越式发展。浙江省政府在"关于促进蚕桑产业健康发展的若干意见"明确指出:充分挖掘蚕桑生态、文化功能,开发以蚕桑体验、采摘等为主要内容的休闲观光农业,提高蚕桑的附加值。

在蚕桑主导产业示范区拟规划郭村村蚕桑农耕文化基地,以坐落在下郭、东山下自然村千余亩高效生态农业浙江省特色优质农产品生产基地——千岛湖牌优质蚕茧示范基地为主体,结合种桑养蚕茧丝农耕生产流程,建设具有观赏、体验、教育、娱乐性的蚕桑农耕文化园。同时,将以上四块统筹为一个有机整体,打造成一个特色明显、内涵深厚、景观清雅、产业优化、效益良好的特色文化旅游示范村。

在蚕桑主导产业示范区建设若干个蚕桑文化与休闲观光为一体旅游农庄,以桑果采摘及桑果、桑叶、蚕蛹、蚕蛾等。利用浪川乡的桑种园基地,进行中小学生的科普教育,建成若干个中小学生劳动与参观,以及科普教育相结合的社会实践基地,促进蚕桑产业的多元化发展。

茶叶作为淳安的主导产业,积极发展茶文化休闲业,不仅有着浓厚的资源基础和人文环境,也是推进淳安茶叶经济转型升级的重要举措。在现代农业综合区,发挥各产业区块优势,发展茶文化休闲产业项目非常必要,也是重要的组成部分。综合区内的淳安县茶叶良种场基地地处千岛湖畔,地理优势明显,适合发

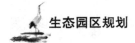

展茶文化和茶叶生产体验项目。通过茶园道路等基础设施的建设、完善,茶园中樱桃、杨梅等水果树和桂花等绿化苗木的套种,增加产品类型,美化茶园环境,并充分整合良种场茶树繁育苗圃、茶树品种资源圃、茶树品种母本园等资源,做好茶叶加工厂的改扩建,配套茶艺、茶文化展厅、品茶室建设,着力开展集茶文化展示、茶生产体验、茶休闲观光等于一体的茶休闲、体验游项目,拉升产业链,增加茶收入。

综合区内的姜家镇正着力"江南风情小镇"的精心打造,为姜家休闲茶产业带来良好的发展机遇。位于姜家镇郭村的千岛湖名茶精品园,要充分挖掘朱熹来郭村讲学、品茶的历史文化,融入姜家特色的农耕文化展示,建设品茗茶楼、茶艺馆,并完善高山茶园的基础设施建设,打造高山茶叶、生态茶业,把高山茶园道路建设成为自行车道、休闲游步道等,打造呼吸高山新鲜空气的茶叶公园,做好"山、水、茶"文化,逐步形成以高山生态茶开发、茶文化、清雅避暑、文化创意与运动休闲为主线的茶叶生态休闲区,加深文化品位,促进茶业发展。

四、社会化服务高效生态农业模式

生产效率与科技化水平的提高,必然要求高度的社会化服务,现代农业必须有高度的专业分工格局。淳安县在蚕桑生产的社会化服务方面创造了一种新的农业生产的组织方式与技术服务途径,分别是:"十天养蚕法"模式和桑园统防统治模式。

"十天养蚕法"是指通过实行小蚕共育,小蚕由养蚕能手集中饲养,大蚕分给各养蚕户饲养,一般农户只养大蚕而不养小蚕,每期小蚕饲养时间仅十多天。"十天养蚕法"不仅可解决目前生产上小蚕饲养缺技术、缺设施以及与农事劳力冲突等实际问题,而且小蚕由养蚕能手饲养,可有效提高小蚕饲养水平,有利于消毒防病,减少蚕病发生,也可充分利用房屋、劳力和物资,有效降低生产成本,提高单产、茧质,从而提高蚕桑生产经济效益。

随着桑树的成片发展,桑、蚕病源、病虫积累较多,已呈暴发趋势,单家独户难以进行桑树病虫害防治。必须由村级统一组织,实行统一联防联治。在大力推广应用杀虫灯技术的前提下,建立由乡(镇)、村、专业户组成、市场化运作的桑树病虫防治专业队伍,实行"统一防治组织、统一防治技术、统一防治时间、统一防治标准"的四统一联防联治,以减少家蚕农药中毒事故的发生,提高病虫害防治效率,把危害损失控制在经济阈值允许范围之内。

随着茶厂优化改造工作的推进,茶叶专业合作社、茶叶企业的组建和发展,茶叶培管、采摘与茶叶加工、销售相分离的专业分工格局在我县大部分茶区逐步得到推行和完善。茶厂经营者采取定点收青或市场收青的方法，将当地茶农分散的鲜叶进行集中加工，各家各户分散经营，既采茶又制茶的现象慢慢消失。这种采与制相分离的专业分工合作模式，有效缓解了茶叶加工劳力紧缺矛盾，大大降低了单户茶农茶叶生产的劳动强度，而且在很大程度上稳定、提高了茶叶产品质量，节省了劳力，提高了效率，保障了茶叶质量，对茶叶的机械化加工、连续化加工和清洁化加工的推广非常有利。

五、"千斤粮万元钱"水旱轮作模式

示范推广水稻——食用菌水旱轮作新模式，实现亩产千斤粮、万元钱，提高粮食产量，保障粮食安全。黑木耳生产制棒时间为8月～11月中旬，黑木耳排场时间为10月中下旬至次年3月初，于次年5月中下旬结束。水稻于6月份开始种植，于10月上旬收割。黑木耳一般1亩排8000袋左右，亩产值2.8万元以上，水稻亩产量在500kg左右。

尤其是"菌渣还田"技术，可有效解决菌渣无害化处理的难题，减少环境污染，保护生态环境，提高土壤肥力，实现水旱轮作，为种植黑木耳提供环境优良的排场场地，消除黑木耳场地连作障碍，为下一轮食用菌的栽培打下良好基础。同时食用菌产业是劳动力密集型产业，可有效解决农村剩余劳动力。随着我县桑枝食用菌产业的发展，水稻——食用菌水旱轮作新模式具有良好的发展前景。

六、农业产业化经营模式

农业经营方式的改变与提升是由我国千家万户的生产模式与国际国内大市场的矛盾所决定的，淳安县在农业产业化经营方面进行了有益的探索，并且积累了丰富的经验，如淳安县茧丝绸总公司的"种＋养＋加"一体化模式。

为了解决千家万户种桑养蚕的传统生产经营方式所带来的生产规模小、抵御市场风险能力差等问题。1998年淳安县茧丝绸总公司首先提出了创建"公司＋农户"的利益协作机制，使分散生产的蚕农与龙头企业的规模经营和市场连接起来；2001年起又推出了"合同蚕业"的市场风险机制，实行"价高随行就市，价低补偿保护"，与广大蚕农签订蚕茧产销合同。2004年年底，茧丝绸总公司又把这两大机制合并。合理的机制激发了广大蚕农种桑养蚕的积极性，化解了广大蚕农的市场风险和后顾之忧，目前，全县已有2.75万户农户与公司签订了合同，订单率达到了95%，重点乡镇达到了99%以上。

全县蚕农户均拥有桑园面积已从原有的1.18亩扩大到3.79亩，还涌现出年产茧1万担以上的蚕桑强乡镇6个（其中年产茧达4万担以上的1个）、年产茧

1000担以上的专业村43个、年产茧12担以上的蚕桑生产专业户864个。

淳安县的"公司＋合作社＋基地＋农户"的生产经营模式被写进2009年浙江省人民政府办公厅出台《关于促进蚕桑产业健康发展的若干意见》,并在全省加以推广。

第六节　重点建设项目与配套建设

一、"千岛玉叶"茶主导产业示范区

(一)现状

示范区以汾口镇为中心,连接和辐射浪川、姜家等周边乡镇。茶叶是综合区的农业主导产业,农民收入的主要组成部分。这方面以汾口镇最为典型,据统计,茶叶作为主导产业占当地农民年收入20%左右。此外,汾口濒临千岛湖水区,生态和小气候条件优越;低山缓坡多,地势较为平缓,茶园立地条件好,连片程度高。拥有淳安县茶叶良种场、强龙茶厂等茶叶龙头企业,茶叶"产供销"连接较紧密,农民种茶积极性高。

示范区建设单位淳安县汾口强龙茶厂,成立于2008年,其创办人余征原身份为乡镇茶叶员,后从事土石方工程承包等商业经营。近年来,余征将从其他渠道积累的资金投入茶园、茶厂等建设,扩大经营范围与实力,目前强龙茶厂已是淳安县汾口镇农业龙头企业,杭州市茶叶科技示范场。为了实现"产供销一体化",公司联结周边茶叶合作社和产茶大户,不断扩大生产经营规模,现拥有茶园基地2050亩;2008年建成了占地400余平方米的名茶加工厂,配备有各类茶叶加工机械21台,茶叶加工管理人员曾获全县千岛玉叶茶机制大赛二等奖,制茶技术力量较强。茶厂依托淳安县茶叶主管部门淳安县茶叶技术推广站,近年来积极推广千岛玉叶名茶机械化加工、无性系良种茶基地标准建设、茶园无公害高效培管等先进实用技术,取得了良好的经济和社会效益。

1. 优势

(1)茶园面积较具规模,茶产业基础浓厚。

(2)茶叶龙头企业实力浓厚,对产业带动作用强。

(3)出产的千岛玉叶品质优,有一定市场声誉。

(4)生态和小气候条件较为优越,交通相对便利。

2. 不足

（1）茶树无性系良种化率不足30%,品种结构不合理。

（2）茶园管理相对粗放,先进的茶园设施化管理技术几近空白。

（3）名优茶家庭作坊式生产现象较普遍,工艺质量标准不够统一;龙头企业茶厂亟须改建扩建,以满足生产规模扩大的需要。

（4）茶园规模大导致生产旺季劳动力供需矛盾突出,鲜叶采摘不及时使生产效益难以充分体现。

（二）重点建设项目

重点建设三个示范基地、一个示范茶厂。

1. 茶树良种化工程示范基地建设

1）建设目标与规模

引进优良品种,优化茶叶品种结构,建成包括9～11个无性系良种,早、中、晚合理搭配,可有效缓解采茶洪峰季的茶树良种化生产体系,并开展品种适应性和种质性状的对比试验,从中筛选适应当地气候土质条件,"早与优"兼顾的茶树良种组合,增强推广和辐射效应。

在汾口镇茅屏及浪川乡洪家村周围一带,在原有1300亩良种茶园基础上,新发展茶园600亩左右,引进乌牛早、龙井43、迎霜、浙农117、浙龙113、安吉白茶等品种性状突出的无性系良种,形成1900亩规模的优质高效茶树良种化示范茶园。

2）建设内容和资金投入概算

新建600亩茶树良种化基地,按每亩征地和开垦成本1300元,种苗600元,肥料等农资成本900元,种苗定植和苗期管理等劳动力投入700元计。每亩新茶园投入成本3500元,合计210万元。

配套设施建设:硬化机耕路1.5km,投资22.5万元;新建茶园人行道2000m,9万元;区内硬化基地内茶园道路6000m²,30万元;绿化行道树700株,7万元;建蓄水池600m³,30万元;安装配置杀虫灯水泥柱200根,8万元,170盏灯,17万元,电线及配件5000m,8万元,另需安装费5万元;配置茶园中耕机2台,修剪机4台,计8万元。配套设施共计144.5万元。

项目总投入354.5万元。

3）建设主体

淳安县汾口强龙茶厂、淳安县茶叶技术服务部、相关茶叶专业合作社和种植大户。

4）预期效益

项目茶园在建成后,可年增加茶叶产值490万元,纯利润264万元。其中茶

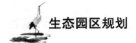

苗定植后两年进入投产期,按每亩年均产值6000元,纯利2600元计,600亩茶树良种化基地每年增加当地农业产值360万元左右,纯利润160万元左右。已有茶园通过基础设施完善等,平均亩产增20%左右,产值增25%左右,净利润增20%左右。按亩均4000元产值基数计算,平均每亩增加产值1000元,净利润800元,1200亩基地年增产值130万元,纯收入104万元左右。

2. 名优茶机采示范基地建设

1)建设目标与规模

将机采技术当作一项系统工程,从茶树树冠面培养、施肥、鲜叶采用分级和整剔等方面集成国内外先进技术,在大幅度节省采茶劳动力,提高采茶生产效能之同时,确保名优茶加工鲜叶原料的质量。在汾口镇茅屏一带选择750亩左右茶树长势良好,树冠面整齐的无性系良种茶园建成名优茶机采示范基地。

2)建设内容和资金投入概算

茶园修剪、肥培等前期追加投入55万元,需购入PHV100H型双人采茶机二套、鲜叶分级机械两套,共计设备费用6万元左右;茶园施肥、修剪等培管费用比起常规茶园平均每亩增加800元左右,合计70万元左右。两项累计76万元左右。

硬化茶园机耕路1km,计15万元。区内硬化基地内茶园道路2000m²,计10万元。区内安装杀虫灯65盏,计6.5万元;防护林建设50亩,计2.5万元;绿化行道树300株,计3万元;建设蓄水池800m³,计40万元;配置茶园中耕机2台,修剪机4台,计8万元。共需配套设施投入85万元。

项目总投入161万元。

3)建设主体

淳安县汾口强龙茶厂、淳安县茶叶技术服务部、相关茶叶专业合作社和种植大户。

4)预期效益

机采比手采平均每人可提高工效7～8倍,从而使机采能够做到抢季节、抢天气、抢时间地把鲜叶及时送到初制厂加工,提高鲜叶产量。更主要的是,其每亩节省的采茶劳动力费用在1100元左右。综合评估,机采茶园每亩年增产值800左右,年增纯利1900元左右。750亩基地年增产值60万元,纯利润209万元。

3. 茶园生态循环型示范基地建设

1)建设目标与规模

离项目实施地汾口镇茅屏一带1km左右处为一新建的养猪场,预期存栏优良瘦肉型猪2.1万头,以废菌棒作为养猪场发酵床,再以经腐熟发酵过的猪粪作为茶园的优质有机肥,亩施1500kg左右,改善土壤肥力。此外,将猪粪和茶树修剪后的废弃枝叶和茶园杂草投入沼气池,经腐熟转化后,作为高效有机肥,施用到茶园中,形成"猪—沼—茶"生产模式。

在汾口镇茅屏至浪川乡洪家村附近,新开垦450亩左右茶园基地,种植乌牛早、龙井43、安吉白茶等无性系良种。建设猪粪无公害综合处理设施,建设沼气使用管网,配备沼液运输车,选择100亩配套建设沼液池和肥液喷灌网路,种养结合、优质高效的生态循环型茶叶生产模式。

2）建设内容和资金投入概算

新建450亩茶园基地,按每亩征地和开垦成本1300元,种苗600元,肥料等农资成本900元,种苗定植和苗期管理等劳动力投入700元计。每亩新茶园投入成本3500元。基地总投入157.5万元。

配套设施:沼液池3个,计9万元;沼气使用管网1100m,12万元(沼液运输车和猪粪无公害综合处理设施由附近养猪场投资);硬化机耕路0.5km,投资7.5万元;新建茶园人行道1000m,4.5万元;硬化茶园人行道1000m,5万元;绿化行道树200株,2万元;建蓄水池(沼液池)600m³,30万元;100亩微喷灌管路及安装,20万元;安装配置杀虫灯水泥柱50根2万元,50盏灯计5万元。共计配套投入95万元。

本项目总投资252.5万元。

3）建设主体

淳安县汾口强龙茶厂、淳安县茶叶技术服务部、相关茶叶专业合作社和种植大户。

4）预期效益

茶苗定植后两年进入投产期。采用生态循环技术,可望显著提高茶园肥培效果,投产后每亩年均产值可望达7000元左右,纯利3200元左右;450亩茶树良种化基地每年增加当地农业产值315万元左右,纯利润144万元左右。

4. 千岛玉叶标准化加工示范茶厂建设

1）建设目标与规模

推广先进茶叶加工技术,进一步提高茶叶加工产能、提升品质、提高夏秋茶资源利用率和茶叶生产效益。在汾口镇茅屏附近强龙茶厂通过改扩建,建成千岛玉叶标准化加工示范茶厂,茶厂扩增面积800m²以上。新建300m²左右带调温、调湿设施的摊青间;配置名优茶清洁化加工流水线2套;为了更好利用夏秋茶资源,引进高香绿茶生产线1条。

2）建设内容和资金投入概算

茶厂土建工程及室内装饰共计75万元;摊青设备15万元;名优茶清洁化加

工流水线每套30万元,共计60万元;高香绿茶生产线12万元;茶厂道路、水管、电线等配套设施建设25万元左右。项目总投资187万元。

3)建设主体

淳安县汾口强龙茶厂。

4)预期效益

茶厂改扩建及先进设备引进,使现有产能扩大一倍以上,同时工艺质量进一步提升。这将使茶厂现有的千岛玉叶产品年增产值350万元,净利润约180万元;此外,高香绿茶生产线等夏秋茶加工设备的引进,将使茶厂加工产值年增125万元左右,净利润30万元左右。两项产品合计年增产值475万元,增利润210万元左右。

二、"千岛湖"品牌茧蚕桑主导产业示范区

(一)基础设施建设

配套桑园主干道路12000m、支干道路12000m、供排水渠32000m、节水微喷滴灌系统30000m;建设配有自动控温器的小蚕共育中心2100m²,配有六联片翻转蔟的大蚕饲养设施8000m²;建设蚕茧收烘中心11000m²,并完成先进收烘设施配套;开展蚕沙沼气与有机肥料生产;建设标准化土鸡舍3000m²,开展桑园养鸡立体开发;配套生产管理用房650m²。

(二)规模化、标准化蚕桑生产建设

实施科技创新工程,大力引进推广优质桑、蚕品种,农桑系列、丰田系列等桑树良种和菁松×皓月等优质高产蚕品种,其良种覆盖率均达100%;制订并实施标准化的蚕桑生产技术规范,标准化普及率达到95%以上;开发小蚕共育,小蚕共育率达到85%以上;全面应用大蚕省力化实用技术、大棚养蚕技术、蚕病综合防治技术和方格蔟营茧技术,全面提高蚕茧质量,全年亩桑产茧量达到130kg以上,能缫制5A级以上生丝的优质茧率达到90%以上;桑园实施微喷滴灌、病虫测报与联防联治、配方施肥等技术,并建立集中连片、品种优良、树形整齐、道路相连、沟渠相通的桑园面貌;大力推进土地流转,建立户均桑园面积5~15亩的适度规模化蚕桑生产。

(三)先进技术引进与推广应用

设立蚕桑产业科技架桥工程基金,用于重点技术攻关、新技术引进与推广、蚕桑生产标准化技术制定与培训等。推广应用桑枝栽培食用菌、蚕沙发酵生产沼气和有机肥料、桑园养鸡与套种经济作物(蔬菜)等技术,同时将食用菌采摘后的废料、蚕沙发酵物、鸡粪等又回桑园肥桑,促进资源的有效循环利用,提高蚕桑

综合经济效益；以桑果采摘及桑果、桑叶、蚕蛹、蚕蛾等食、菜谱为主内容，建立蚕桑文化与休闲观光为一体旅游项目，促进蚕桑产业的多元化发展。

（四）培育新型主体

按照"栽优质桑、养优质蚕、产优质茧"的要求，培育"公司＋农户"、"合同蚕业"的蚕桑产业化发展新型主体，依托蚕桑龙头企业和现代蚕桑综合示范区，组建蚕桑专业合作社，实行蚕桑生产、蚕茧收购、加工、销售、贸易、技术服务等于一体的贸工农一体化经营，既大幅度提升蚕茧产量与质量，又大幅提高蚕农与企业的经济效益。

（五）产品加工和对外贸易

建设先进收烘设施配套的标准化蚕茧收烘中心，完善鲜茧收烘质量保证体系及其管理方法，实行"科学评茧，优质优价"，改进蚕茧烘干工艺，提高烘茧质量；加大政策扶持和资金投入，大力推进茧、丝、绸、服饰、工艺品等的深加工，扩大对外贸易，以增强市场综合竞争力和反哺于农功能；以打造"千岛湖"牌蚕茧为重点突破口，全面提升淳安蚕桑产品的地位与知名度。

（六）实施主体

淳安县茧丝绸总公司，汾口镇蚕桑服务站，浪川乡蚕桑服务站，姜家镇蚕桑服务站，郭村、浪川、双源、龙泉、姜家、汾口、横沿等7个蚕桑专业合作社。

（七）资金投入概算

15000亩现代蚕桑示范区项目总投资3680万元，其中申请省及省以上补助资金1500万元，地方财政补助资金680万元，建设单位自筹1500万元。

（八）预期效益

综合示范区年增加产值1684万元，年增加利润900万元。通过本项目的建设，其一推进了优质蚕茧生产，更好地满足社会对优质原料茧的需求，有利于丝绸外贸出口；其二可以进一步促进蚕桑产业的转型升级，带动相关服务产业的发展；其三有利于减轻蚕农的劳作强度，解决农村劳动力就业，促进蚕农思想观念的转变，提高蚕农组织化程度和产业化经营水平，提高市场竞争力；其四可加快农村工业化、城镇化、现代化建设，促进农村社会稳定和经济繁荣，社会效益巨大。

三、食用菌主导产业示范区

（一）现状

示范区位于汾口、姜家、浪川等地，是淳安主要蚕桑基地，共有桑园1.5万亩。这里交通方便，生态条件优越，产业基础较好，桑—菇循环使蚕（菇）农积极

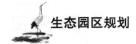

性高,并已具备一定的资金基础。2009年,桑枝食用菌产业规模已达337.55万袋,产量697.8t,产值1244.5万元,占全县的31.3%。

1. 优势

(1)产业带优势较明显,产业基础好,生态循环链完善。

(2)初步形成市场、企业、菇农合作社等较健全的产业体系,产业可持续性好。

(3)食用菌商品化市场体系初步建立,产品声誉较高。

2. 不足

(1)生产组织化、规模化程度低,龙头企业带动作用还薄弱。

(2)科研滞后,科技推广网络不健全,菌种结构专业化不够。

(3)菌种管理力量不足,安全生产存在隐患。

(4)生产配套设施不够完善,离现代农业有较大差距。

(二)重点建设内容

1. 汾口核心菌种(2级资质)、菌袋场及标准化栽培场

(1)建设目标和规模

以菌种、菌袋集约生产和原料统一供应为主体,强化菌种培育,控制原材料质量,推进标准化栽培基地建设。建设面积100亩,年产菌种8万袋、菌棒100万袋。

(2)建设内容和资金投入概算

建设各类用房、堆料场、库房,配置供电、供水及机具,新建出菇试验房与实验室等,投资额469万元。

(3)实施主体

杭州千岛湖艳阳天农业开发有限公司。

(4)预期效益

年总收入420万元,增收入178.5万元,增利润210万元。

2. 汾口标准化桑木耳示范基地

(1)建设目标和规模

以标准化栽培示范、黑木耳栽培废弃物资源化利用为目标,突出生态食用菌循环产业链的特色,示范桑木耳标准化生产及废弃物转化生态有机肥、黑木耳与水稻等的新型生态产业链。

(2)建设内容和资金投入概算

建设桑木耳标准栽培场500亩,年栽培菌棒500万袋,产干木耳400t。建设木耳—稻轮作新种植产业示范基地500亩。投资220万元。

（3）实施主体

千岛湖淳珍食用菌专业合作社。

（4）预期效益

年总收入2400万元，新增收入1125万元，新增利润750万元。

3. 浪川桑木耳、桑秀珍菇标准化示范基地

（1）建设目标和规模

以标准化栽培示范、黑木耳及秀珍菇为目标，示范桑木耳、桑秀珍菇标准化生产。

（2）建设内容和资金投入概算

建设桑木耳、桑秀珍菇标准栽培场各50亩，年栽培菌棒200万袋，产干木耳40t、鲜秀珍菇375t。投资120万元。

（3）实施主体

浪川乡汪建华等多个种植大户（计划筹建食用菌专业合作社）。

（4）预期效益

总收入616万元，新增收入420万元，新增利润205万元。

4. 姜家桑秀珍菇、桑木耳标准化示范基地

（1）建设目标和规模

以标准化栽培示范、秀珍菇及黑木耳为目标，示范桑秀珍菇、桑木耳标准化生产。

（2）建设内容和资金投入概算

建设桑秀珍菇、桑木耳标准栽培场各100亩，年栽培菌棒200万袋，产干木耳40t、鲜秀珍菇375t。投资120万元。

（3）实施主体

姜家食用菌专业合作社等。

（4）预期效益

总收入616万元，新增收入420万元，新增利润205万元。

5. 产业基础建设

（1）建设目标和规模

以打造千岛湖桑枝食用菌品牌、销售和深加工示范为目标，加快发展淳安食用菌特色产业。产品无公害率达到100%，加工率达到80%，品牌化销售达到80%。

（2）建设内容与资金投入概算

打造"千岛湖"桑枝食用菌统一品牌，加强市场体系建设和产品安全体系建

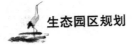
设。投资概算100万元。

（3）实施主体

淳安千岛湖天桑菇业有限公司等。

四、千岛玉叶精品园

（一）现状

精品园建设所在乡镇汾口镇，是淳安茶叶主产地区和主导产业优势区域，有茶园0.99万亩，投产茶园0.83万亩，2009年茶叶产量136t，产值1680万元。形成了以淳安县茶叶良种试验场为中心的较为健全的茶苗繁育体系，带动淳安苗木产业的发展。精品园建设地点：淳安县茶叶良种试验场及周边村；建设规模：相对集中连片面积1000亩。

（二）建设目标与建设内容

建设目标：精品园规模面积达到1000亩，其中苗圃面积150亩，部分茶园套种果树和防护林。完善园区田间基础设施，建设与完善茶叶加工设备齐全。实行茶叶品牌化销售。建立茶叶质量安全可追溯制度。按无公害要求安全合理使用农药、化肥等投入品。园区基地实行病虫害统防统治。园区茶园平均亩产值6000元，苗圃亩产值12000元。

建设内容：

（1）扩大种植规模。新发展无性系良种茶园100亩，种植茶苗55万株。园区总面积达1000亩。

（2）加强园区基础设施建设。茶园主干道路硬化2500m，路面宽3m，局部路面可铺设鹅卵石或其他更为环保、美观、耐用路面。

（3）新建茶叶摊青房200m²，新增摊青设备等。

（4）修建茶园排水渠道1500m，步道2000m。

（5）茶园套种樱桃1000株，茶园道路两旁种植桂花和枇杷、杨梅、山核桃等水果树500株。

（6）茶园养殖土鸡1000只。

（三）实施主体

淳安县茶叶技术服务部和淳安县茶叶良种试验场。

（四）资金投入概算

本项目拟新建良种母本园100亩，建设名茶加工摊青房1座，配备名茶摊青设备10台，茶园步道和水渠建设，技术培训的开展和品牌的宣传等。计划总投资191万元。

（五）预期效益

项目区经过一年多的建设,茶园园相得到全面改观,形成苗—茶—果—鸡立体栽培模式。茶叶生产能力提高。项目建设完成后,年生产千岛玉叶为主的名茶10t,年产值550万元。150亩苗圃基地年提供优质茶苗1800万株,产值216万元。

五、千岛湖中华鳖精品园

（一）现状

项目建设单位淳安县千岛湖中华鳖基地,成立于1999年4月,注册资金100万元。目前,该基地中华鳖生产面积340余亩,2009年实现销售收入820万元。注册的"千岛湖"商标,于2007年12月被评为浙江省著名商标和浙江省名牌农产品,是杭州市名牌产品,基地生产的中华鳖在浙江省十个地级市、广东、安徽、河南、上海、江苏等地都设有本产品的专卖店,产品在当地都有一定的知名度。基地以"基地＋农户"的方式发展,实行统一品种、统一技术、统一品牌、统一服务、统一加工销售,而且销售价格高,农户获利快。

（二）建设目标与建设内容

建设目标:淳安县汾口千岛湖中华鳖精品园区建设,面积集中连片340亩以上,通过良种繁育,以"基地＋农户"的方式,辐射带动周边1000亩以上。精品园区要求布局合理,通讯、交通便捷,水源充足、水质良好,排灌方便;园内道路硬化通畅,环境整洁宜人,绿化率不低于3%;建成后,示范区单位面积产量、产品规格、经济效益均高于当地同类养殖平均水平的30%以上,年产值达990万元。

建设内容:

（1）340亩养殖池塘建设。

（2）300m²办公楼及管理房建设。

（3）1000m围墙建设。

（4）排、进水设施水渠1000m等建设。

（5）变电房、变压器、线路等基础设施建设。

（6）饲料机、水泵、孵化等设备。

（7）绿化。

（三）实施主体

淳安县千岛湖中华鳖基地。

（四）资金投入概算

项目总投资151万元,主要用于340亩养殖池塘建设90万元;300m²办公楼及

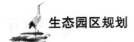

管理房建设15万元;1000m围墙修建10万元;1000m排、进水渠设施等建设6万元;变电房、变压器、线路等基础设施建设15万元;饲料机、水泵、孵化、增氧等设备添置10万元;园区内绿化工程建设等5万元。

（五）预期效益

项目完成后,每年可养殖千岛湖中华鳖20万只,按80%的商品率,年产商品鳖18万只,按110元每公斤(商品鳖以0.5kg左右为标准)计算,可实现销售收入990万元,年生产成本在630万元左右,年销售利润在360万元左右,效益可观。

六、设施大棚蔬菜示范基地

（一）现状

淳安县山地蔬菜面积大、生态环境优良,山地蔬菜发展潜力较大,但同时农业抗自然灾害能力弱;项目通过发展设施蔬菜,增加抵御自然灾害能力,大幅提高农业生产效益,对全县设施蔬菜产业发展起到良好的示范带动作用。

（二）建设目标与建设内容

建设目标:项目基地建设面积500亩,实行土地流转、集约经营、标准化生产、品牌营销、物流配送新模式。

建设内容:

（1）基础设施:搭建设施蔬菜300亩,建造生产用房400m²、产品分级包装车间480m²,修建水池3个60m³,铺设相关引水管道、过滤池,购置厢式运输车2辆。

（2）生产设施:购置大棚900只,微滴灌300亩,配备耕作机8只、水泵20台、机动喷雾器10只,穴盘基质育苗4500m²。

（3）农产品安全:建立生产档案,建立农产品检测室,配备检测设备,产品实行分级包装,开展品牌宣传。

（4）先进技术推广:集中展示和推广蔬菜设施保温避雨栽培技术,蔬菜微蓄微灌技术,蔬菜基质育苗技术,蔬菜病虫害统防治技术及应用杀虫灯、黄蓝板等生态防治技术,综合应用菌渣、沼液等有机肥、配方施肥技术,蔬菜连作障碍治理技术,推广应用辣椒、茄子、西红柿、黄瓜、四季豆等蔬菜良种,实现蔬菜生产季节合理搭配和周年化生产。

（三）实施主体

淳安县千岛湖杨建威果蔬专业合作社等。

（四）资金投入概算

项目总投资670万元。

（五）预期效益

实现产值437万元,利润272万元。

七、生态牧业养殖精品园和基地

（一）现状

基地在汾口镇、姜家镇和浪川乡,分别是淳安县汾口茅山养猪场(淳安花猪保种场)、淳安县汾口镇茅屏村生猪生态养殖精品园和杭州银峰生态农业有限公司(姜家镇银峰村)等。2009年生猪存栏量达到了0.52万头,种猪360余头,养殖场的养殖排泄物基本上用于周边的茶园和桑园,大大提高了茶叶和桑叶的品质与产量,增加了农民收入。

（二）重点建设内容

1）建设目标和内容

通过建设实施种养结合、生态循环养殖示范,使生态牧业的生产硬件设施、设备、科学管理等方面有较大的提升,粪污利用率达95%以上。

新建(改建)标准化养猪场7家,达到存栏母猪0.2万头,存栏优质良种瘦肉型猪2万头(新增存栏母猪0.164万头)。配套建设(改、扩建)标准化猪舍、饲料加工车间、科技培训及管理用房、粪污无公害综合处理设施,配备和建设沼气使用管网和沼液运输车等。

（1）土建工程

新建(改扩建)标准化养猪场7家,租赁集体农用地200亩(猪场区块极大部分为非耕地),1640头生产母猪和配套的公猪、后备母猪、保育猪16500m²猪舍;肉猪区及附属设施(饲料加工间、仓库、管理用房及发酵物周转间)25000m²。

（2）设备添置

引进湿帘降温系统,改善猪舍饲养环境;设置高床分娩栏,改善母猪饲养条件;增加饲料加工设备及信息网络管理系统等现代管理设施。具体有:湿帘(配套风机)400m²,饲料加工设备(0.75t/h)7套,高床分娩栏(配套设施)400套,猪病诊断设备7套,高效消毒设备7套,信息网络管理系统7套。

（3）品种改良

引进生长快、产仔多、瘦肉率高的优良种猪(公猪20头、母猪500头,血缘更新),提高养猪效益。

（4）科技培训

每年举行科技培训3～4期,500人次/年。

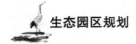

（5）生态养猪设施

新建粪污无公害处理设施 800m²，污水无公害处理设施 800m³，配备和建设沼气使用管网 21km 和 7 辆沼液运输车。

2）实施主体

淳安县汾口茅山养猪场（淳安花猪保种场）、淳安县汾口镇茅屏村生猪生态养殖基地（精品园）和杭州银峰生态农业有限公司等。

3）投资概算

项目总投资 1600 万元，详见附表三。

4）预期效益

新增收入 4300 万元，新增利润 360 万元。

八、综合区农村户用沼气配套工程项目

（一）现状

目前在综合区内已建成农村户用沼气池 2298 只，共计 2 万余 m³。

（二）建设目标与建设内容

建设目标：到 2013 年新建农村户用沼气池 1050 只，综合区内已建成农村户用沼气池 3348 只。

建设内容：建设 8～10m³ 的户用沼气池 1050 只，平均每年 350 只。

（三）实施主体

汾口镇、姜家镇和浪川乡的乡镇农村能源服务站。

（四）资金投入预算

投入 147 万元，国家补助每只 8～10m³ 的户用沼气池 1400 元。

（五）预期效益

3348 只户用沼气池年产沼气 13.4 万 m³，年产沼渣和沼液 5 万 t，产生良好的社会效益和生态效益。

九、综合区基础设施项目

（一）田间道路

1. 建设内容

改扩建干道 10km，改造支道 30km，新建操作道 50km，田间机耕路 35km。

2. 资金投入

资金投入总计 820.0 万元。

3. 实施主体

实施主体为所在乡（镇）、村。

（二）农田水利

1. 建设内容

改扩建干渠10km,改造支渠30km,改造毛渠60km,新建改建泵站5座。

2. 资金投入

资金投入总计480万元。

3. 实施主体

实施主体为所在村。

十、公共服务建设项目

（一）综合服务设施平台

建设内容:农产品质量标准、安全检测、品牌创新、宣传体系建设。

投资:250.0万元。

实施主体:县、乡镇政府、职能部门、有关企业。

（二）科技创新服务平台

建设内容:科技成果转化、推广平台,公共实验平台等。

投资:600.0万元。

实施主体:县、乡镇政府、职能部门、有关企业。

（三）其他服务平台

建设内容:农业专业合作社、农民协会建设,农机、防疫服务体系,农产品流通服务等。

投资:750.0万元。

实施主体:县、乡镇政府、职能部门、有关企业、市场。

第七节　投资与效益分析

一、投资与分年实施计划

（一）投资总额

综合区重点建设项目总投资预算为10431万元,其中种养加业投资7531万元,基础设施投资1300万元,公共服务建设投资1600万元。详见表9-2。

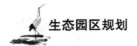

表9-2　综合区建设项目投资预算表

单位:万元

项目名称	总投资	自筹资金	省级补助	地方
一、"千岛玉叶"茶主导产业示范区	955	225	600	130
1. 茶树良种化工程示范基地	354.5	94.5	220	40
2. 名优茶机采示范基地	161	41	100	20
3. 茶园生态循环型示范基地	252.5	62.5	150	40
4. 千岛玉叶标准化加工示范茶厂	187	27	130	30
二、蚕桑主导产业示范区	2620	1310	1048	262
1. 小蚕共育中心	500	250	200	50
2. 大蚕饲养设施	420	210	168	42
3. 蚕茧收烘中心	950	475	380	95
4. 标准化土鸡舍	90	45	36	9
5. 生产管理用房	60	30	24	6
6. 桑园规模化、标准化生产建设	200	100	80	20
7. 养蚕规模化、标准化生产建设	100	50	40	10
8. 蚕桑文化与休闲观光为一体旅游项目	100	50	40	10
9. 丝、绸、服饰、工艺品深加工与外贸	200	100	80	20
三、食用菌主导产业示范区	1029	716	313	
1. 汾口核心菌种(2级资质)、菌袋培育厂	469	366	103	
2. 汾口标准化桑木耳示范基地	220	160	60	
3. 浪川桑木耳、桑秀珍菇标准化示范基地	120	70	50	
4. 姜家桑秀珍菇、桑木耳标准化示范基地	120	70	50	
5. 产业基础建设	100	50	50	
四、生态牧业养殖精品园和基地	1600	800	800	
五、农村户用沼气配套工程	315	168	147	
六、千岛玉叶精品园	191	91	100	

续表

项目名称	总投资	自筹资金	省级补助	地方
七、千岛湖中华鳖精品园	151	121	30	
八、设施大棚蔬菜示范基地	670	300	300	70
*上述种养加业　合计	*7531	*3731	*3338	*462
九、基础设施	1300	300	800	200
十、公共服务	1600	400	1000	200
合　计	10431	4431	5138	862

（二）投资分年实施计划

按照分步推进原则,综合区建设应与新农村建设统筹考虑,与相关规划相衔接,做到一次规划、分步实施。项目投资分年实施计划见表9-3。

表9-3　综合区建设项目投资与分年实施计划表

单位:万元

项目名称	投　资	2011年	2012年	2013年
一、"千岛玉叶"茶主导产业示范区	955	470	320	165
1. 茶树良种化工程示范基地	354.5	150	130	74.5
2. 名优茶机采示范基地	161	80	60	21
3. 茶园生态循环型示范基地	252.5	120	80	52.5
4. 千岛玉叶标准化加工示范茶厂	187	120	50	17
二、蚕桑主导产业示范区	2620	1114	753	753
1. 小蚕共育中心	500	200	150	150
2. 大蚕饲养设施	420	168	126	126
3. 蚕茧收烘中心	950	380	285	285
4. 标准化土鸡舍	90	36	27	27
5. 生产管理用房	60	30	15	15
6. 桑园规模化、标准化生产建设	200	100	50	50

续表

项目名称	投　资	2011年	2012年	2013年
7. 养蚕规模化、标准化生产建设	100	50	25	25
8. 蚕桑文化与休闲观光为一体旅游项目	100	50	25	25
9. 丝、绸、服饰、工艺品深加工与外贸	200	100	50	50
三、食用菌主导产业示范区	1029	465	334	230
1. 汾口核心菌种(2级资质)、菌袋培育厂及标准化栽培场	469	205	164	100
2. 汾口标准化桑木耳示范基地	220	90	70	60
3. 浪川桑木耳、桑秀珍菇标准化示范基地	120	50	40	30
4. 姜家桑秀珍菇、桑木耳标准化示范基地	120	50	40	30
5. 产业基础建设	100	70	20	10
四、生态牧业养殖精品园和基地	1600	400	500	700
五、农村户用沼气配套工程	315	115	100	100
六、千岛玉叶精品园	191	70	70	51
七、千岛湖中华鳖精品园	151	100	30	21
八、设施大棚蔬菜示范基地	670	300	200	170
九、基础设施	1300	500	400	400
十、公共服务	1600	600	500	500
合　　计	10431	4134	3207	3090

（三）资金筹措

按照"政府引导、主体运作、地方为主、省级扶持"原则,多渠道筹集建设资金,产业化经营项目以项目实施主体和民间资本投资为主。要整合农业、水利、科技、环保、农业综合开发等各类支农资金,集中目标、统筹投入。

二、效益分析

（一）经济效益

根据各个产业项目建设后的生产规模和产值,对规划后不同产业经济效益进行了估算。

通过综合区建设,农业总产值比2009年增加12399万元,利润增加4029万元,当地农民人均纯收入增加2015元。

根据各个产业项目建设后的生产规模和产值,对规划后不同产业经济效益进行了估算,见表9-4。

表9-4　综合区各产业年增加的产值和利润表

序号	产　　　业	增加产值(万元)	增加利润(万元)	备　注
1	茶叶主导产业示范区	1340	827	
2	千岛玉叶精品园	416	230	
4	蚕桑主导产业示范区	1684	900	
5	桑枝食用菌主导产业	4052	1370	
6	生态牧业	4300	360	
7	千岛湖中华鳖精品园	170	70	
8	设施大棚蔬菜示范基地	437	272	
	合　　计	12399	4029	

(二) 社会效益

1. 通过创建现代农业综合区,高起点、高标准地建成若干个规模化、机械化、标准化和产业化程度较高的农业主导产业示范区与特色精品园,势必能以点带面,形成强大的引领示范作用,为加快淳安从传统农业向现代农业转变、推进农业升级转型发挥重要作用。

2. 通过对综合区内的道路、水利、设施农业、产后加工及其配套设备等现代农业装备的建设,可以极大地改造、提升现有的农业生产条件,提高劳动生产率;增强抵御自然灾害的能力;提升农业集约化水平;提高了资源利用率和农业综合生产能力。

3. 通过综合区内农业高新技术的引进与运用,可以加速农业科技成果转化应用,推动农业技术进步、产业结构优化,大幅度提高土地产出率和资源利用率,为社会提供更多的优质农产品,更好地满足社会消费的需求,促进了淳安特色优势农业的发展。

4. 通过现代农业综合区建设,有利于促进农民思想观念的转变,提高农民组

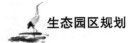

织化程度和产业化经营水平,提高市场竞争力,为培养新型农民,提高农民增收致富能力打造了新天地。

(三)生态效益

1. 通过农田水利、土地、道路和周边环境的绿化统一规划改造与综合治理,形成了农田标准化的新格局,不仅增加绿地覆盖率,美化了田园,优化了环境,还提高了区域内农田抵御自然灾害的能力。

2. 通过发展农业循环经济、农牧种养结合,推行绿色无公害农畜产品生产,严格控制化肥、农药的施用,减少了农业生产对环境的污染。特别是综合区通过科学规划,合理利用自然资源,实施畜牧养殖废弃物全部资源化利用,推广农作物标准化栽培技术、病虫综合防治技术,采用生物肥料和生物农药,加强农业面源污染治理,可大大改善山区的生态环境和农业生产条件,促进高效生态农业和循环经济的可持续发展,保护千岛湖的饮用水源,确保国家的饮用水安全。

第八节　组织管理

一、组织管理

成立淳安县现代农业综合区建设工作领导小组,领导小组由淳安县政府领导和县有关部门领导组成,分管农业的副县长任组长。在县委、县政府的领导下,由农业局、林业局、水利局、国土局、规划局等相关部门,负责制定综合区规划、资金筹措、招商引资、规划实施和验收的相关准备,以及制定有关政策措施,协调县、乡(镇)关系,合力组织实施各项任务。

领导小组下设办公室(设在县农业局内),具体负责现代农业园区建设规划、工作方案制定,工作落实和项目的监督管理等日常工作。各乡、镇建立相应的领导小组,以乡镇长为小组负责人。健全工作机制,制定政策措施,落实专项资金,保证现代农业园区建设工作得到有力推进。

二、运行管理

综合区建设过程中,要充分运用市场机制,按照"政府扶持、社会参与、企业运作"要求,逐步建立"经营主体多元化,投资方式多样化"的运行机制和"政府搭台、企业唱戏"的运行模式,使综合区建设形成以国家投入为导向,企业投入为主体,政策扶持为补充的运行机制。

第九节　保障措施

一、加强组织领导，制定科学发展规划

为保证综合区如期建成，充分发挥现代农业综合区应有的各项功能和样板效应，必须要树立科学发展观，加强领导，建立相应的组织机构和科学高效的管理运行机制，通过采取切实有效的措施，尤其是要把现代农业综合区建设纳入到淳安县"十二五"国民经济和社会发展规划，明确现代农业综合区建设的战略目标、分阶段推进计划和重点环节，充分发挥政府和有关职能部门综合协调和监督管理的职能，强化行政和政策的推动作用，以保障规划的顺利实施。

二、制定优惠政策，扶持综合区发展

综合区建设要取得成功，真正成为全县农业主导产业集聚的功能区、先进科技转化的核心区、生态循环农业的样板区、体制机制创新的试验区，同时取得经济效益、社会效益和生态效益的多赢，除创新投资主体的经营管理机制、提高企业化运作能力外，更需要各级政府及相关部门的大力扶持，为综合区制定、提供必要的优惠政策和措施，其主要政策措施包括：

1. 大力落实浙江省、杭州市和淳安县制定的各项支农和惠农政策。继续加强领导，优化和完善各项扶农支农的政策措施，巩固"三农"工作重中之重的地位。继续加强对粮食生产的政策支持力度，鼓励种粮大户扩大生产规模，促进粮食生产走产业化之路；继续出台对主导产业和新兴产业的产业化扶持政策，完善相应的产业发展规划、目标和配套措施；对农业龙头企业、农产品加工企业和各类专业经济组织在税收、贷款等方面实行优惠政策；继续增加农业投入，进一步完善财政支农资金管理体制，提高资金使用效率，确保各项支农项目的落实。

2. 加大对专业合作经济组织的支持力度。除财政支持外，要落实专业合作经济组织的税收优惠政策，对专业合作经济组织运输社员开通的农产品绿色通道，免缴过路、过桥费以及在用地、用水、用电方面等优惠让专业合作经济组织得到足额的享受。鼓励银行、信用社等金融部门要积极给予信贷支持，提供各种低息贷款，帮助解决专业合作组织启动资金和农产品收购环节流动资金的不足。

3. 切实落实农业生产用地政策。政府每年要安排一定数量的用地指标，用于农业龙头企业、专业合作社的加工、生产、经营。同时，认真落实设施农业用地

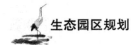

政策,对经营面积100亩以上的种养专业大户、农民专业合作社、现代农场和农业企业,在建造直接用于农业生产的畜牧水产舍、温室大棚以及为农业生产服务的生产管理用房、农资仓库、农机(具)库房、晒(堆)场等临时性配套设施需要用地时,在不破坏耕作层的前提下,允许其在流转土地范围内按流转面积5‰左右比例使用土地,并作为设施农用地办理用地手续,不纳入农用地转用范围。

三、强化科技支撑,构筑农业科技创新机制

综合区建设成功的关键在应用高新科技,而高新科技的应用,关键在人才。要建立和完善有利于综合区建设的人才政策,通过技术入股、有偿服务等形式,加强与大专院校、科研单位的紧密协作。要建立健全高新农业技术引进、消化、吸收、推广的运行机制。积极鼓励农民作为投资主体参与综合区建设,促进科技成果与民间资本的进一步融合,强化种养大户的经营管理能力培训,提高种养大户的田间管理、质量安全管理、产品营销能力与科学决策水平。将综合区建设的农业科技支撑纳入淳安县"百名专家引智计划",从省内外的高等院校和科研机构引入知名的专家与教授,以解决生产实际中技术难题。

四、创新体制机制,促进农民增收

为保障现代农业综合区的建设与实施,需要研究以下几个体制机制问题:

1. 培育核心农户、农业龙头企业,按照现代企业制度的要求,建立产权明晰、权责明确、政企分开、管理科学的现代企业运行机制和管理机制,建立健全生产经营者进入退出机制。

2. 加强人力资源开发,解决农业劳动者的结构性矛盾。继续深入实施"千万农村劳动力培训工程"、"农村劳动力转移培训阳光工程"和"百万农村实用人才培养计划",努力促进农村劳动力的转移和农业劳动力素质的培养。

3. 深化农地制度,尤其是农地流转与使用制度。有序推进农村土地经营权流转,促进土地适度规模经营。要在稳定家庭联产承包制的基础上,按市场经济体制的要求,建立和规范土地流转机制,妥善处理与农民间的土地关系,加快土地流转。通过政策推动,发挥乡镇(街道)、村的主体作用和农户的积极性,创造土地流转的良好环境,形成产业合理的用地布局,为推进特色产业发展创造条件。

五、积极培育农业经营主体 实现产加销一体化

农业生产、加工、流通企业(组织)是农业发展的主体,是实现农业产业化,带

领农民致富的骨干力量。依托产业建市场、建企业,龙头带动促进基地,形成农业一、二、三产有机融合。

为此,淳安县应重视产业市场建设,加大对主导农产品加工企业的扶持,完善产业化经营机制,开展合同订单。对新建农业企业,固定资产投资额在200万元以上的以及新评为国家级、省级、市级、县级农业龙头企业,和对满足一年以上的合作社进行等级评定,要制定政策,分别给予奖励。

六、创新园区发展模式,促进农业功能开发

现代农业是一个多功能的产业体系,不仅具有食物生产功能,而且还具有供应食物以外非常重要的功能,如:(1)保护自然资源,特别是保护物种的多样性、地下水、气候和土壤;(2)乡村景观为人类提供了诱人的生活、工作和休养的场所;(3)农业产品为工商业提供原材料,并为能源部门提供能源。目前现代农业的辅助功能和延伸功能得到进一步的加强与开发,为适应新形式发展,积极探索通过现代农业综合区带动农业产业化进程的新路子。现代农业综合区应从单纯的农业生产领域扩大到生态保护、休闲观光、科普教育等各个方面,借此推动农业产业化的发展。

七、推进连片种植,推广标准生产技术

农业生产,尤其是各种植品种间所要求的基地条件、种植标准、培管要求、收获方式等都各不相同,种植基地品种的完整连片是推进各项创新技术应用的前提条件。而现有的农业耕作制度和生产方式下,插花种植现象还在一定范围存在,甚至存在于一个种植品种相对集中连片的区域内,带给这一区域的优势品种生产很多困扰。例如:在一片桑园中,存在几块插花粮田,也曾有因农药施用的交叉污染造成家蚕中毒隐患等等。而且一些标准生产技术、创新生产模式难以开展。

乡镇政府和村民委员会及有关业务部门,要通力协作,做好主导产业示范区和精品园规划区内的"去零存整"工作,消除诸如"桑、粮","茶、粮","茶、桑"等插花现象,保证各产业区块种植品种的完整连片,做好服务与监督,加快土地流转,落实综合区建设要求,保障各项创新产业技术、创新生产模式的推广应用。

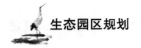

附表：

附表一：综合区现状表

序号	项目名称	单 位	数 量	备 注
一	综合区总面积	亩	23000	
二	农业总产值	万元	8345	
三	县级以上龙头企业	家	9	
四	农民专业合作社(专业合作组织)	家	18	
五	专业大户	家	1376	
六	农业服务组织	家	35	
七	县级以上品牌	个	2	
八	种植业生产情况(包括林业等)			

	产业名称	面积(亩)	其中:设施农业(亩)	产量(吨)	产值(万元)	备 注
1	茶 叶	4000		106	1280	
2	食用菌	337.55(万袋)		697.8	1244.5	鲜 品
3	蚕 桑	15000		1318	4800	

九	养殖业生产情况(包括水产等)			

	品 种	存栏数(头)	其中:规模化养殖(头)	产值(万元)	备 注
1	生 猪	11000	5000	1020	

附表二：综合区主要指标规划表

具体指标	单　位	起如指标（2009年）	规划发展指标
农业总产值	万元	8345	20744
畜牧业产值	万元	1020	5320
农民人均收入	万元	6465	8480
土地产出率	元/亩	3100	6618
有效灌溉率	%	51	66
耕地流转率	%	22	40
设施农业面积	亩	600	2000
测土配方施肥覆盖率	%	30	40
畜禽排泄物资源利用率	%	90	96
农业投入品残留合格率	%	91	95
主导品种覆盖率	%	70	95
农机总动力	kW/亩	0.18	021
有职业证书的从业农民比率	%	3	5
县级以上农业龙头企业	家	9	20
参加专业合作组织农户比率	%	25	35
带动农户比率	%	37	70
农产品加工率	%	35	60
省级以上名牌农产品个数	个	2	4

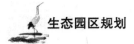

附表三:综合区主要建设项目计划汇总表

序号	项目名称	项目主要建设内容和规模	总投资(万元)				分年投资计划		
			总投资	业主投资	地方财政	省级补助	2011	2012	2013
1	茶树良种化工程示范基地建设	新建600亩良种茶树基地,硬化机耕路1.5km,;新建茶园人行道2000m;区内硬化基地内茶园道路6000㎡;绿化行道树700株;建蓄水池600㎥;安装配置杀虫灯水泥柱200根,170盏灯;配置茶园中耕机2台,修剪机4台。	955	225	130	600	470	320	165
2	名优茶机采示范基地建设	购入PHV100H型双人采茶机二套、鲜叶分级机械两套;硬化茶园机耕路1km。区内硬化基地内茶园道路2000㎡。区内安装杀虫灯65盏;防护林建设50亩;绿化行道树300株;建设蓄水池800㎥;配置茶园中耕机2台,修剪机4台。	354.5	94.5	40	220	150	130	74.5
3	茶园生态循环型示范基地建设	在汾口镇毛屏至浪川镇洪家村附近,新开垦450亩左右茶园基地。新建沼气池3只;沼气使用管网1100m(沼液运输车和猪粪无公害综合处理设施由附近养猪场投资);硬化机耕路0.5km;新建茶园人行道1000m;硬化茶园人行道1000m;绿化行道树200株;建蓄水池(沼液池)600㎥;100亩微喷灌管路及安装;安装配置杀虫灯水泥柱50根、50盏灯。	161	41	20	100	80	60	21
4	千岛玉叶标准化加工示范茶厂建设	在汾口镇茅屏附近强龙茶厂通过改扩建,建成千岛玉叶标准化加工示范茶厂,茶厂扩增面积800㎡以上。新建300㎡左右带调温、调湿设施的摊青间;配置名优茶清洁化加工流水线2套;为了更好利用夏秋茶资源,引进高香绿茶生产线1条。	252.5	62.5	40	150	120	80	52.5

续表

序号	项目名称	项目主要建设内容和规模	总投资（万元）			分年投资计划		
			总投资	业主投资	省级补助	2011	2012	2013
5	汾口核心菌种（2级资质）、菌袋培育厂及标准化栽培场	一、1号基地建设40亩。1.建筑：堆料场0.5万m²，制种用房200 m²，培养用房0.2万m²，办公用房100m²，员工宿舍200m²，库房400m²，井泵房50m²，锅炉房100m²，排水管道100m。2.电、水、暖：供电设备100kW，供暖设备500m²，供水设备。3.机具：原料搅拌机1台，装载机1台，装袋系统1套，运料货车1辆，高压灭菌柜2个，接种洁净台1台，生化培养箱2台，接种系统1套，粉碎机2台。4.出菇试验房200m²。5.实验室及用品100m²。6.其他费用（包括技术引进、立项等）。二、3号基地建设20亩。搭建标准菇棚20亩；道路工程1500m²；给排水工程1000m；蓄水池10个；电力设备及安装600m；桑枝粉碎机、自动化生产机械等。三、4号基地建设40亩。菌种室200m²；冷库50m²；办公楼及宿舍；标准菇棚40亩；道路1000m²；水渠等1000m；水利设施、自动化微喷设备；菌袋生产流水线装袋机等设备。四、品牌建设。	469	366	103	205	164	100
6	汾口标准化桑木耳示范基地	标准栽培场500亩；道路工程20000m²；给排水工程10000m；蓄水池200个；电力设备及安装9000m等。	220	160	60	90	70	60
7	浪川桑木耳、桑秀珍菇标准化示范基地	标准栽培场100亩；道路工程5000m²；给排水工程2000m；蓄水池50个；电力设备及安装2000m等。	120	70	50	50	40	30
8	姜家桑秀珍菇、桑木耳标准化示范基地	标准栽培场100亩；道路工程5000m²；给排水工程2000m；蓄水池50个；电力设备及安装2000m等。	120	70	50	50	40	30
9	产业基础建设	打造"千岛湖"桑枝食用菌统一品牌，加强市场体系建设和产品安全体系建设	100	50	50	70	20	10

续表

序号	项目名称	项目主要建设内容和规模	总投资(万元)				分年投资计划		
			总投资	业主投资	地方财政	省级补助	2011	2012	2013
10	现代蚕桑示范区	配有自动控温器的小蚕共育中心2100m²,配有六联片翻转蔟的大蚕饲养设施8000m²,配套有先进收烘设施的蚕茧收烘中心11000m²等的改造建设费; 标准化土鸡舍3000m²; 17000亩桑园病虫测报仪器、频振式电子杀虫灯、中耕机等的购置,桑树品种改良的桑苗贴补,配方施肥的土壤肥力检测,34000张蚕饲养标准化技术制定、人员培训、联防联消等; 建设3个蚕桑文化与休闲观光为一体旅游项目,2210t蚕茧缫丝厂设备改进与规模扩大,绸、服饰、工艺品深加工建设与外贸扩大投入等。 650m²生产管理用房	2620	1310	262	1048	1114	753	753
11	生态牧业养殖精品园和基地	新建(改扩建)标准化养猪场7家,租赁集体农用地200亩(猪场区块极大部分为非耕地),1640头生产母猪和配套的公猪、后备母猪、保育猪16500m²猪舍;肉猪区及附属设施(饲料加工间、仓库、管理用房及发酵物周转间)25000m²。引进湿帘降温系统,改善猪舍饲养环境;设置高床分娩栏,改善母猪饲养条件;增加饲料加工设备及信息网络管理系统等现代管理设施。具体有:湿帘(配套风机)400m²,饲料加工设备(0.75t/h)7套,高床分娩栏(配套设施)400套,猪病诊断设备7套,高效消毒设备7套,信息网络管理系统7套。引进生长快、产仔多、瘦肉率高的优良种猪(公猪30头、母猪1650头,血缘更新),提高养猪效益。每年举行科技培训3~4期,500人次/年。新建粪污无公害处理设施800m²,污水无公害处理设施800m³,配备和建设沼气使用管网21km和7辆沼液运输车。	1600	800		800	400	500	700

续表

序号	项目名称	项目主要建设内容和规模	总投资（万元）				分年投资计划		
			总投资	业主投资	地方财政	省级补助	2011	2012	2013
12	农村户用沼气配套工程	到 2013 年新建农村户用沼气池 1050 只，综合区内已建成农村户用沼气池 3348 只。建设内容：建设 8～10m³ 的户用沼气池 1050 只，平均每年 350 只。	315	168		147	115	100	100
13	千岛玉叶精品园	扩大种植规模。新发展无性系良种茶园 100 亩，种植茶苗 55 万株。园区总面积达 1000 亩。加强园区基础设施建设。茶园主干道路硬化 2500m，路面宽 3m，局部路面可铺设鹅卵石或其他更为环保、美观、耐用路面。新建茶叶摊青房 200m²，新增摊青设备等。修建茶园排水渠道 1500m，步道 2000m。茶园套种樱桃 1000 株，茶园道路两旁种植桂花和枇杷、杨梅、山核桃等水果树 500 株。茶园养殖土鸡 1000 只。	191	91		100	120	71	
14	千岛湖中华鳖精品园	340 亩养殖池塘建设。300m²办公楼及管理房建设。1000m 围墙建设。排、进水设施水渠 1000m 等建设。变电房、变压器、线路等基础设施建设。饲料机、水泵、孵化等设备。绿化。	151	121		30	100	30	21

续表

序号	项目名称	项目主要建设内容和规模	总投资(万元)				分年投资计划		
			总投资	业主投资	地方财政	省级补助	2011	2012	2013
15	设施大棚蔬菜示范基地	基础设施:搭建设施蔬菜300亩,建造生产用房400m²、产品分级包装车间480m²,修建水池3个60m³,铺设相关引水管道、过滤池,购置厢式运输车2辆。 生产设施:购置大棚900只,微滴灌300亩,配备耕作机8只、水泵20只、机动喷雾器10只,穴盘基质育苗4500m²。 农产品安全:建立生产档案,建立农产品检测室,配备检测设备,产品实行分级包装,开展品牌宣传。 先进技术推广:集中展示和推广蔬菜设施保温避雨栽培技术,蔬菜微蓄微灌技术,蔬菜基质育苗技术,蔬菜病虫害统防治技术及应用杀虫灯、黄蓝板等生态防治技术,综合应用菌渣、沼液等有机肥、配方施肥技术,蔬菜连作障碍治理技术,推广应用辣椒、茄子、西红柿、黄瓜、四季豆等蔬菜良种,实现蔬菜生产季节合理搭配和周年化生产。	670	300	70	300	300	200	170
	种养加合计		7531	3731	462	3338	3034	2307	2190

附表四:综合区基础设施建设分类规划表

序号	内　　容	单　位	数　量		备注
			现有(2009年)	建成后	
一	田间工程				
	干渠	km	2	10	
	支渠	km		30	
	毛渠	km		60	
	其他沟渠	km	3	70	
	田间道路	km	16	127.9	
	沼液输送管道	km	1	10	
	加工场地	m²	1000	2000	
	蓄水池	m³	380	71000	
二	加工设施				
	各类加工车间	m³	2500	10000	
	冷藏库	m³	1600	5300	
三	生产设施				
	各类仓库	m³	800	30000	
	饲料储藏、加工厂,综合管理房	m²	500	1200	
	各类畜禽舍	m²	31000	44020	
	玻璃温室				
	塑料大棚	亩	193	450	
	肥水同灌	亩	300	800	
	棚架	亩	10	300	
	电力设备	m	2200	112000	
	杀虫灯	盏	60	250	
四	农机设备				
	剪茶机	台	258	280	

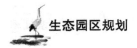

续表

序号	内　　　容	单　位	数　量		备注
			现有（2009年）	建成后	
	装袋机	台	380	480	
	锅炉	台	350	400	
五	服务组织设施				
	技术站	家	3	4	
	专业合作社	家	18	30	

附表五：综合区项目效益估算表

项　　目	单　位	数　量	备　注
1. 形成示范区面积	万亩	2.3	
2. 新增农业生产能力	万kg	700	
3. 新增设施农业生产能力	万kg	500	
4. 新增畜禽生产能力	万头	1	
5. 新增主导产品生产能力	万kg	600	
6. 新增农产品加工能力	万kg	350	
7. 新增畜产品加工能力	个数	/	
8. 推广新品种数量	个数	10	
9. 新增新品种推广面积	万亩	0.3	
10. 新增产值	万元	12399	
11. 新增利税	万元	4029	
12. 新增人均产值	万元	0.62	
13. 新增固定资产	万元	3000	

第十章 淳安县东南片省级现代农业综合区建设规划

第一节 规划背景与总则

一、规划背景

淳安县东南片规划背景与西南片基本一致,可加以参考。

二、规划编制依据

淳安县东南片规划编制依据与西南片完全一致,此处不再赘述。

三、规划范围与期限

综合区选址于淳安县的东南部,包括石林镇、里商乡和安阳乡,有行政村39个,农业人口2.88万人,农户0.82万户;占地总面积566km²。建设面积2.5万亩,其中:毛竹规划面积10000亩,茶叶面积4200,柑橘面积2700亩,油茶面积1000亩,楠木面积1000亩,水产养殖1200亩,大棚蔬菜500亩。淳杨公路和百小公路贯穿整个农业综合区,两乡一镇以里商乡为中心互为毗邻连成一片。综合区东接壤建德市,南连建德市和衢州市区,西靠大墅镇,北临千岛湖湖区,该区域山多田少,山地集中连片,农业基础设施相对较好,农业优势产业特色明显,特别是毛竹生产,面积大,生产技术水平较高,茶叶生产历史悠久,品质优良,柑橘连片种植和规模经营,油茶面积大、分布广,基地化生产,为淳安县的重点产区,该区域内有县级以上农业龙头企业5家,具备建设省级现代农业综合区的条件。综合区区位见图10-1。

辐射区面积10万亩。

规划基准年为2009年,规划期限为2010—2013年。

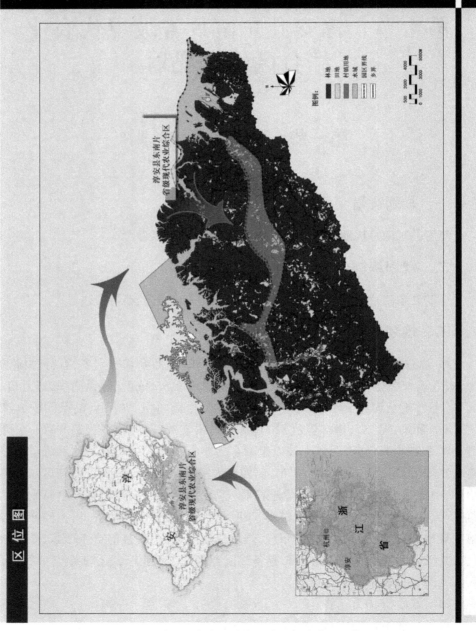

图10-1　淳安县东南片省级现代农业综合区区位图

第二节　综合区基本情况

一、基本情况

综合区有两个乡一个镇,行政村 39 个、农业人口 2.88 万人;占地面积 566km²。建设面积 2.5 万亩。2009 年农业总产值 2.7 亿元,农民人均纯收入 7655 元。

综合区所在的淳安县属于中亚热带北缘季风气候,光照充足,雨量充沛,温暖湿润,雨热同步,四季分明,适宜于多种农作物及经济特产的栽培种植。年平均气温 17℃,年平均降水量 1430mm,年日照时数 1951h,平均无霜期 263d,大于 10℃的积温 5410℃。由于千岛湖大水体的原因,湖区与周边存在着明显的"湖泊效应",气温由中部库区向四周逐次递减,特别是在冬季的低温季节。

农田主要分布的山谷地带,种植大量的茶叶、果园、油茶和毛竹主要分布在高山及低山丘陵地带,沿溪流两岸,交通便利,连片集中,便于统一管理。

二、农业生产基本情况

综合区占地面积 2.5 万亩,其中耕地面积 0.34 万亩。综合区内土地流转率 20%,土地产出 2800 元/亩。主导产业为毛竹、茶叶和水果(柑橘),配套和新兴产业为油茶、蔬菜、水产和户用沼气工程。

(一)优势主导产业

1. 毛竹

淳安县地处浙西山区,是一个经济欠发达的农业县,其拥有的优越生态环境、适宜气候条件、广阔山地资源、配套生产设施和良好技术基础,为发展毛竹生产创造了得天独厚的自然条件和地理优势。

全县竹林面积 25 万亩,年产竹笋 42566t,竹材 500 万支,现有竹笋加工厂 5 家,竹材加工厂 14 家,竹产业总产值 2.18 亿元,其中一产值 1.2 亿元。先后建成县级高效农业毛竹示范园区 2 个,杭州市都市农业毛竹示范园区 6 个,现代农业—竹产业生产发展项目 1 个。

综合区三乡镇均有毛竹分布,现有毛竹林面积 59079 亩,其中石林镇 28000 亩,2009 年产竹材 110 万支,竹笋 2100t,产值 2200 万元。安阳乡 24000 亩,2009 年产竹材 70 万支,竹笋 2000t,产值 1700 万元。里商乡 7079 亩,2009 年产竹材 10

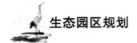
万支,竹笋50t,一产产值180万元。综合区已建成淳安县石林镇富德村高效农业毛竹示范园区1个,杭州市都市农业毛竹示范园区2个,分别位于石林镇富德村和安阳乡畏岭村。毛竹是当地主导产业和农民主要经济来源。当地群众具有较高的毛竹经营技术。

综合区现有毛竹加工厂4个,竹笋加工厂2个,其中石林镇淳安县石林农产品专业合作社竹笋加工厂2009年已通过"QS"认证,生产的"千岛石林"牌即食竹笋产品在市场有很高的知名度。

拟建的毛竹主导产业示范区位于石林镇和里商乡的部分毛竹产区村落,面积10000亩。对示范区的毛竹进行新技术示范与标准化生产,并以此带动全县的毛竹产业的升级与发展。

2. 茶叶

茶叶是淳安的农业主导产业,在促进农村经济发展中发挥了极为重要的作用。通过多年的努力,淳安茶产业发展突飞猛进,产业规模、产业基础、产业实力等均跨入全省先进行列。现有茶园面积18.3万亩,其中采摘茶园15万亩,2009年生产各类茶叶3839t,产值4.5亿元,其中以千岛玉叶为主的名茶产量3341.7t,产值4.44亿元。开展茶树无性系改良较早,成功推广过数十个无性系良种,至今种植6.83万亩。主导品牌"千岛玉叶"经过全县之力的打造,已是浙江绿茶重要品牌,先后荣获省部级以上奖项38项。1995年获第二届中国农业博览会名茶评比金奖,1998年获浙江省名牌产品称号,1999年获浙江省著名商标称号,2009年评选为浙江省"十大名茶"。

拟建的茶叶主导产业区在里商乡的五兴、鱼泉、大叶和石门等村;拟建的安阳秀水玉针白茶精品园位于安阳乡的伍堡、昌墅和安阳等村。三乡镇均为茶叶主产地区和主导产业优势区域。石林镇现有茶园6293亩,2009年产值1780万元;里商乡现有茶园18285亩,其中早生良种茶12348亩,良种覆盖率占到67%,2009年产值7700万元,2009年茶叶产值约占农业总产值的70%,人均茶叶产值收入达到6670元,约占年农民人均收入的96%;安阳乡现有茶园面积15000亩,2009年产值4292万元。三乡镇茶园面积合计近4万亩,产值1.38亿元,茶叶产值占三乡镇农业总产值的一半以上。

(二)农业生产经营情况

综合区内土地流转率为20%。目前,综合区内县级以上的农业龙头企业5家,专业合作社16家,专业大户202户,农业服务组织24家,县级以上的产品品牌3个。如里商乡的淳安县千岛湖五香茶叶专业合作社,成立于2010年9月,是由里商乡五兴村、鱼泉村、大叶村、石门村、向阳村的51户社员共同出资创办,合作社的服务宗旨是紧紧围绕"农业增效,农民增收"的目标;坚持"民办、民管、民受益"的原则,努力为社员提供产前、产中、产后服务,组织社员开展茶叶生产经营、扩大产业规模、提升产品品质、提高社员生产经营的组织化程度,降低风险,依法维护社员的合法权益,增加社员收入。目前,淳安县千岛湖五香茶叶专业合作社建有茶叶生产基地3000亩,标准化茶叶基地120亩,无公害茶厂5个,带动农户1530户,是一家集种植、加工、服务为一体的专业生产合作社。

（三）农业公共服务体系情况

综合区内有农业服务组织24家。有职业证书的从业农民比率为11%,参加专业合作组织的农民比率达30%,带动农户比率高达40%,测土配方施肥覆盖率为50%。园区内所有行政村覆盖移动信号,可以连接网络,乡镇有网站,乡镇与村能进行可视会议,这为信息传送及技术服务提供了平台。

（四）农业生产基础设施情况

综合区内现有水利与灌溉设施中,较好的部分占30%。农产品加工率20%。各类大棚(设施栽培)面积310亩。区内各个行政村村村通公路,农田有效灌溉率60%,拥有农机总动力0.42kW/亩。到2009年底在综合区内已建成农村户用沼气池526只,目前运行良好。

综合区现状见图10-2。

三、与相关规划的协调性分析

综合区建设区域的土地利用性质除城镇、村庄为建设用地之外,均为农用地性质,主要为耕地、园地、林地及水产和养殖用地。综合区各个建设项目与农田保护区规划、城乡一体化建设规划、生态农业发展规划等相对应与衔接。

四、综合区建设的有利条件

淳安县东南片与西南片的生态环境和区位条件、政策环境、市场网络体系、农业产业基础、农业科技服务体系等完全一致,不再另作介绍。

五、综合区发展存在的问题

淳安县东南片与西南片在综合区发展存在的问题上也基本相同,此处也不再另作介绍。

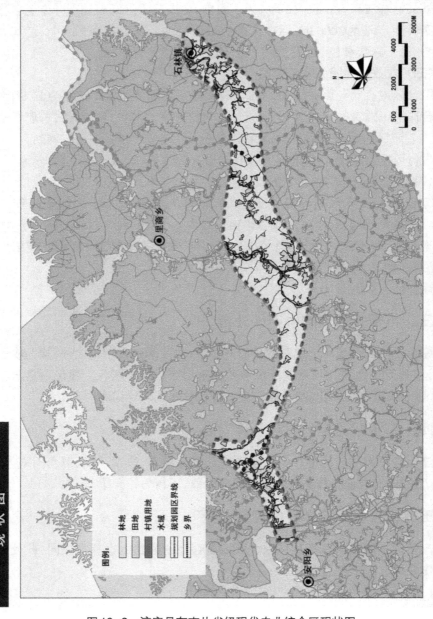

图 10-2　淳安县东南片省级现代农业综合区现状图

第三节　指导思想和建设目标

一、指导思想和基本原则

在综合区的指导思想和基本原则上淳安县东南片与西南片基本没有差异，故不再介绍。

二、总体目标

以循环经济和生态学原理为指导，综合地形、土壤和产业状况，充分发挥综合区的资源优势和产业优势，通过规划新建、整合优化、改造提升，强化基础设施和生产设施建设，延伸产业链，发展循环经济，把综合区建成以生态竹与笋产业、特色茶叶、优质油茶为核心，特色水产、精品水果、大棚蔬菜、农村沼气、畜禽养殖、农产品加工与休闲观光协调发展，布局合理、循环清洁生产、产业联动发展的现代农业综合区。到2013年综合区农业总产值增加5172万元，增加农业生产能力4500t，增加主导产品生产能力4000t，增加农产品加工能力2500t，主导产品覆盖率增加30%，带动农户比率增加35%，增加人均产值7100元，农民人均收入增加1967元，达到9622元。（详见附表二、五）

三、产业目标

（一）主导产业目标

1. 毛竹

在淳安县石林镇及里商乡建立毛竹主导产业示范区，以示范区建设为载体，以提升水平、提高效益、增加收入为重点，通过加强基础设施建设，高效经营技术推广和标准化生产，全面提升集约化经营水平，实现产业规模化，设施现代化，生产标准化，经济、社会、生态效益最大化的示范基地，带动全县毛竹产业的发展，促进竹产区经济的发展和农民增收。具体建设目标如下：

坚持"生态优先，因地制宜，分类经营原则"，通过毛竹林定向培育、冬笋高产培育、毛竹笋材两用林无公害栽培等技术推广，建立冬笋高产示范基地、春笋冬出示范基地、笋材两用示范基地在内的主导产业示范区10000亩。通过示范区的高产高效，带动辐射综合区外59079亩毛竹林经营。

毛竹林竹笋产量的提高，关键是要加大竹笋加工厂建设。本项目改扩建竹

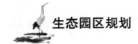

笋加工厂一家,引进即食竹笋生产线一条。加大"千岛石林"竹笋品牌的宣传和管理力度,较大幅度地提高竹笋质量和效益,带动毛竹经营水平的提高。

通过精品示范区的带动,提高周边农户科技意识、市场意识、商品意识、精品意识,提高竹林经营技术水平,增加农民收入,促进产业升级。

2. 茶叶

本项目在淳安里商乡建立茶叶主导产业示范区,在淳安县安阳乡建设秀水玉针白茶精品园。以科学管理、资源循环、优化环境、提高效益为目标,大力推进规模化、标准化、设施化、品牌化生产,使之成为茶叶产业集聚的功能区、设施栽培的核心区、生态循环的样板区,从而推进茶叶产业的转型升级。具体建设目标如下:

一是加强茶园基础设施建设,优化茶园生产环境,茶园布置达到"路成网、沟相通、茶成行"的要求,建成生产便利,旱涝保收的高效优质茶园。

二是加大茶叶加工企业的建设,新建和扩建鱼泉、五兴、大叶、石门等村的无公害茶厂,建立健全茶叶加工质量管理制度、产品质量实施全程监控,实施茶叶"QS"认证与质量认证制度,实行统防统治,加强茶园投入品的使用监管,逐步建立茶叶生产质量可追溯制度,保障茶叶质量安全。

三是加快产业化组织推动,扶优、扶强茶叶加工企业和茶叶专业合作社,走企业带基地,基地促企业的发展路子,引进茶叶生产的龙头企业,争取让企业发挥资金、技术、管理等诸方面的优势,以及专业合作社对组织化、合作化发展的积极作用,采取"公司+基地+农户"的模式,加快产业化组织推进。

四是以鱼泉茶叶观光园建设为平台,逐步发展一批观光茶园、茶馆,做好茶旅游文章,开发茶叶旅游产品,提升茶叶品位,增加茶产品附加值,促进茶叶品牌的打造。

通过产业示范作用,提高周边农户科学种茶意识,提升产茶技术水平,增加农民收入,促进产业升级。

(二)辅助产业目标

1. 精品水果(柑橘)

本项目在石林镇的富德村和里商乡塔山村分别建立石林柑橘精品园(1500亩)和环岛柑橘精品园(1200亩)。具体建设目标如下:

基础设施　园区道路通畅,有主道路与支道路相连,主道路车辆能行;有生产管理用房,有果品质量检测仪器;有橘子采后处理场地和柑橘分级机械。

设施应用　肥水同灌设施配套率达到50%以上,蓄水池配套率达到100%。

品牌建设　有自主商标,执行柑橘生产技术标准和安全生产规程;推广应用柑橘优质生产技术;建立田间投入品使用档案,建立柑橘质量安全可追溯制度,农产品质量原则上达到无公害要求。

综合效益　单位面积产出比周边同类产业区高出20%以上。

2. 特色水产

在淳安县石林镇和里商乡库边建设面积2500亩生态养殖渔业精品园。具体建设目标如下:

根据千岛湖的功能和特点,对千岛湖渔业功能进行区划,划分为:常年和季节性禁渔区、保水渔业区、禁养和养殖区、增殖和捕捞区。基本形成"大湖增殖保水渔业和休闲渔业为主,湖湾有少量科技网箱防污渔业,带动周边特色养殖产业"的布局。

同时依托旅游业的强势发展态势,大力培育参与体验型、观光旅游和文化展示型休闲渔业,把千岛湖建成中国湖泊休闲渔业基地。

3. 优质油茶

在淳安县许源林场(里商乡)建立面积为1000亩的油茶精品园。以示范区建设为载体,以提升水平、提高效益、增加收入为重点,通过加强基础设施建设,高效经营技术推广和标准化生产,全面提升集约化经营水平,实现产业规模化,设施现代化,生产标准化,经济、社会、生态效益最大化的示范基地,带动全县油茶产业的发展,促进油茶产区经济的发展和农民增收。具体建设目标如下:

坚持"生态优先,因地制宜,适度经营原则",通过定向培育、良种栽培、无公害经营等技术推广,实现油茶高产稳产,提高示范区油茶经济效益。建立高产油茶示范园500亩,油茶良种示范园区500亩,通过基础设施建设和规范化、标准化技术实施,实现高产高效。

本项目改扩建油茶加工厂一家,引进油茶加工生产线一条,油茶副产品生产线一条,在提高油茶加工能力的同时,使油茶副产品得到充分利用。

4. 楠木保护与休闲观光

在淳安县富溪林场(石林镇)建造面积为1000亩左右的楠木保护与休闲观光精品园。生态旅游是为适应人们"回归自然"和保护环境的需要而产生的一种新型旅游形式,它将是21世纪旅游发展的主要趋势之一,体现了人与自然和谐相处、旅游与环境协调发展的原则,得到了世界各国旅游组织的普遍重视。

富溪林场千岛湖龙门谷生态旅游区地处千里岗山脉,为中低山地貌。旅游区峡谷幽深、森林茂密,共有观赏木本植物69科325种,其中以浙江楠(国家三级珍稀濒危植物)、雁荡润楠(浙江省珍稀濒危植物)、紫楠、红楠、赤楠、刨花楠、薄叶润楠等各种楠木树种为主,是省级楠木林自然保护小区。

千岛湖龙门谷生态旅游区的发展定位为：以千岛湖龙门谷优美生态环境为依托，以森林植被、峡谷景观和山乡野趣为资源特色，以森林生态旅游和乡村旅游为开发重点，将龙门谷生态旅游区打造成为千岛湖东南湖畔的森林生态旅游中心和乡村旅游中心。

（三）配套产业目标

1. 设施大棚蔬菜

实施绿色无害化栽培，保证蔬菜生产安全性，使产地形成良好的生态环境，为市场提供更多优质蔬菜。建设面积500亩，实现产值437万元，利润272万元。

2. 生态畜牧养殖基地和户用沼气工程

综合区位于千岛湖库区的上游地区，在发展农业产业的同时必须保护千岛湖的水源及其生态环境，在农业生产上要严格控制化肥与农药的使用量，减少农业的非点源污染。农户的沼气工程能对农户的养殖业废弃物（猪粪等）进行厌氧发酵，为农户提供生活的能源，同时沼渣和沼液则作为有机肥回到果园和茶园，到2013年新建农村户用沼气池360只，综合区内已建成农村户用沼气池526只。按照农牧结合、实现零排放原则，根据种植业消纳能力（每亩桑园一头猪，每亩茶园一头猪，每亩粮田一头猪，每亩蔬菜一头猪），合理配套生猪养殖场，建设粪污无公害综合处理设施，建设沼气使用管网，配备沼液运输车。

基地位于里商乡里商村淳安叶氏生态养殖有限公司和淳安里商源头草鸡养殖场、石林镇岭足村和安阳乡安阳村等。2010年生猪存栏0.05万头，母猪存栏41头，家禽存栏0.6万羽，养殖场的养殖排泄物主要用于周边的茶园和果园，从而提高了茶叶和果品的品质和产量，增加了农民收入。通过建设实施种养结合、生态循环养殖示范，使生态牧业的生产硬件设施、设备、科学管理等方面有较大的提升，粪污利用率基本达到100%。新建（改、扩建）标准化养猪场4家，达到存栏母猪0.02万头，存栏猪0.2万头，配套建设（改、扩建）标准化猪舍、饲料加工车间、管理用房、粪污无公害综合处理设施，配备和建设沼气使用管网和沼液运输车等。新建（改、扩建）标准化养鸡场3家，达到存栏优质千岛湖本鸡3万只。配套建设（改、扩建）标准化鸡舍、管理用房和粪污无公害综合处理设施。

第四节 总体布局和功能分区

一、总体布局

总体布局可以概括为"二区、六园、二配套"。详见表10-1。

"二区"：指毛竹主导产业示范区和茶叶主导产业示范区。

"六园"：指安阳秀水玉针白茶精品园、石林柑橘精品园、环岛柑橘精品园、许源油茶精品园、楠木保护与休闲精品园和生态养殖渔业精品园。

"二配套"：指大棚蔬菜种植基地、生态牧业养殖基地和农户户用沼气工程。

综合区总体规划见图10-3，主导产业规划见10-4。

表10-1 综合区建设面积与地点

序号	功能区块	面积（亩）	地　　点
1	毛竹主导产业示范区	10000	石林镇、里商乡与石林相连的毛竹产区部分村落
2	茶叶主导产业示范区	3000	里商乡五兴、鱼泉、大叶、石门等村
3	安阳秀水玉针白茶精品园	1200	安阳乡五堡、昌墅、安阳等村
4	石林柑橘精品园	1500	石林镇富德村
5	环岛柑橘精品园	1200	里商乡塔山村
6	许源油茶精品园	1000	许源林场（里商乡、安阳乡）
7	楠木保护与休闲精品园	1000	富溪林场（石林镇）
8	生态养殖渔业精品园	1200	石林镇和里商乡的北部沿岸湖面
9	大棚蔬菜功能区	500	石林镇富德村和安阳乡昌墅村
	合　计	20600	占地面积2.5万亩

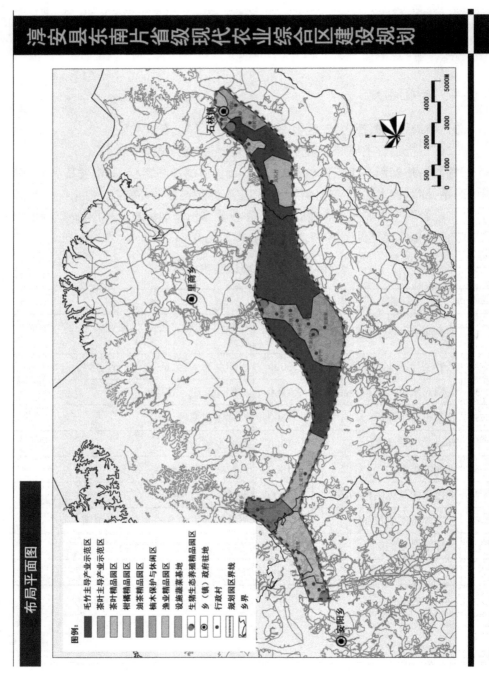

图10-3 淳安县东南片省级现代农业综合区总体规划图

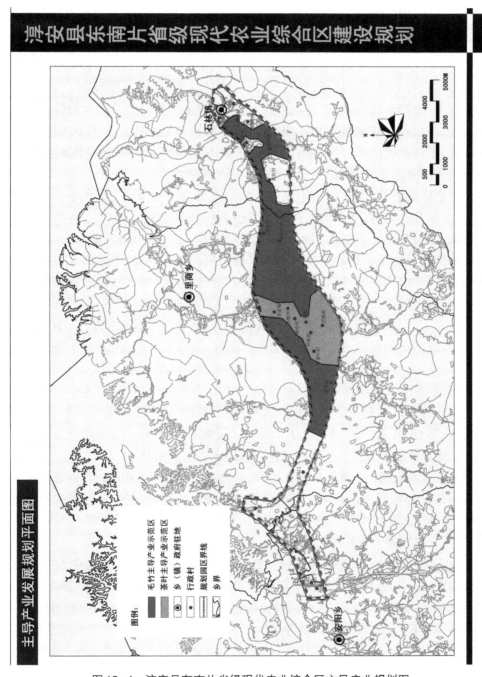

图10-4　淳安县东南片省级现代农业综合区主导产业规划图

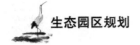

二、功能分区

（一）毛竹主导产业示范区

位于综合区的"两乡一镇"的竹园总面积为5.9万亩,其中核心示范区1万亩,主要分布在石林镇的富德村、修坑口村、荷岭村、双溪口村、苦竹坑村、直坑村和岭足村等,里商乡的余家村、孙家桥村、送兵村等。主要功能是通过加强基础设施建设,高效经营技术推广和标准化生产,全面提升集约化经营水平,实现产业规模化,设施现代化,生产标准化,经济、社会、生态效益最大化的示范基地,带动全县毛竹产业的发展,促进竹产区经济的发展和农民增收。

主要建设任务:坚持"生态优先,因地制宜,分类经营原则",通过毛竹林定向培育、冬笋高产培育、毛竹笋材两用林无公害栽培等技术推广,建立冬笋高产示范基地、春笋冬出示范基地、笋材两用示范基地。毛竹林竹笋产量的提高,关键是要加大竹笋加工厂建设。本项目改扩建竹笋加工厂一家,引进即食竹笋生产线一条。加大"千岛石林"竹笋品牌的宣传和管理力度,较大幅度地提高竹笋质量和效益,带动毛竹经营水平的提高。通过主导产业示范区的带动,提高周边农户科技意识、市场意识、商品意识、精品意识,提高竹林经营技术水平,增加农民收入,促进产业升级。通过示范区的高产高效,带动辐射综合区59079亩毛竹林经营。

（二）茶叶主导产业示范区

位于综合区里商乡五兴、鱼泉、大叶、石门等村一带,茶园连片集中,规划区(两乡一镇)茶叶总面积3.96万亩,其中核心示范区3000亩。主要功能为在茶树良种化等茶叶生产先进实用的技术推广应用方面做出示范。

主要建设任务:引进茶叶优良品种,优化品种结构,建设高效生态茶园基地和现代化设施茶园示范基地。新建名优茶机采示范基地、老茶园换种改植示范基地、茶园设施化技术示范基地、茶叶清洁化流水线加工示范茶厂等。

（三）安阳秀水玉针白茶精品园

位于综合区安阳乡的五堡、昌墅、安阳等村,建设面积1200亩,生产安阳秀水玉针白茶6t。主要功能是形成千岛玉叶系列之秀水玉针牌白茶生产集中区域,示范新技术的推广与利用,实行品牌化销售,建立茶叶质量安全可追溯制度。

主要建设任务:部分茶园套种果树和防护林,园区田间基础设施的完善,茶叶加工设备更新,实行品牌化销售,按无公害要求安全合理使用农药、化肥等投入品,园区基地实行病虫害统防统治。

（四）石林柑橘精品园

位于石林镇的富德村,规划建设面积1500亩。实施主体为淳安县水果产业协会,该协会成立于1998年,现有团体会员5个(其中省级农业龙头企业1个,市级农业龙头企业2个)、个人会员120名(其中科技人员31名,贩销大户18名,种植大户71名);联系水果面积12万亩。已建水果无公害基地3281.4hm²,其中柑橘无公害基地1801.4hm²;33105t水果通过无公害农产品的认证,其中22790t柑橘通过无公害农产品的认证。果品注册"千农园"牌商标,鲜销桐庐、富阳、建德、杭州等周边县市,出口加拿大、朝鲜、美国等国。近年来先后有千农园牌柑橘被省农业厅、省柑橘产业协会评为第二届浙江省十大名牌柑橘、浙江省名牌产品。

主要建设任务:园区道路通畅,有主道路与支道路相连,主道路车辆能行,有橘子采后处理场地;肥水同灌设施配套率达到50%以上,蓄水池配套率达到100%;有自主商标,执行柑橘生产技术标准和安全生产规程;推广应用柑橘优质生产技术;建立田间投入品使用档案,建立柑橘质量安全可追溯制度,农产品质量原则上达到无公害要求;单位面积产出比周边同类产业区高出20%以上。

（五）环岛柑橘精品园

位于里商乡的塔山村,规划建设面积1200亩。实施主体为淳安县环岛水果专业合作社,成立于2006年12月,社员联系水果基地10000亩。果品注册"千农园"牌商标,2008年合作社千农园牌翠冠梨被评为2008年度浙江省优质早熟梨金奖,2009年合作社千农园牌清香梨被评为2009年浙江省优质早熟梨奖,2010年千农园东魁杨梅和荸荠种杨梅荣获浙江农业吉尼斯擂台赛一等奖;2009年合作社70hm²柑橘通过省农业厅的无公害农产品产地认定,908t柑橘通过农业部农产品质量安全中心的无公害农产品产品认证。

主要建设任务:园区道路通畅,有主道路与支道路相连,主道路车辆能行,有橘子采后处理场地;肥水同灌设施配套率达到50%以上,蓄水池配套率达到100%;有自主商标,执行柑橘生产技术标准和安全生产规程;推广应用柑橘优质生产技术;建立田间投入品使用档案,建立柑橘质量安全可追溯制度,农产品质量原则上达到无公害要求;单位面积产出比周边同类产业区高出20%以上。

（六）许源油茶精品园

位于许源林场,规划建设面积1000亩。实施主体为许源林场和淳安千岛露珠油茶专业合作社;淳安县许源林场现有职工34人(其中工程技术人员14人,高级技工16人),是一个集森林经营、苗圃、干水果、茶叶、木材加工、茶油加工等综合型的国有农场,现有总资产680万元;许源林场"千岛露珠"茶油专业合作社成立于2008年6月,是淳安县创办的第一家茶油专业合作社,也是该县唯一一家茶

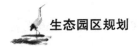

油专业化合作社。通过2年多时间的经营管理,发展状况良好,市场前景看好。现会员达到118户,同时还建立了以林场为中心,周边村庄——三合村、江村、院家源村、塔山村、叶岭村等合作成员为主体的经营服务体系,以点带面、示范带动、综合管理,形成了一家林场加农户,集供、产、销"一条龙"服务的"千岛露珠"茶油专业合作社。

主要建设任务:利用许源林场现有油茶基地,建立高产油茶示范园500亩,通过垦抚、施肥、修剪等技术措施,构建生态经济型高产模式,山茶油亩产从15kg提高到32kg,亩产值从600元提高到1280元。油茶良种示范园区500亩,种植长林1号、4号等优良品种,建园后采用树体控制、配方施肥、林地抚育等标准化生产技术,开展生态经济型复合模式构建,达到生态经济效益的统一,使其成为淳安县油茶良种高产示范典型。淳安千岛露珠茶油专业合作社茶油加工厂是一家通过"QS"认证的油茶加工企业,其生产的山茶油多次在省、市农产品展销会上获奖。随着油茶产业的发展,加工量的增加,原厂房和加工设备已不能满足需要。本项目计划扩建加工厂及原料仓库300m²,新增一条生产流水线,油茶加工量从原来的30t提高到60t。

(七) 楠木保护与休闲精品园

位于富溪林场,规划建设面积1000亩。实施主体为富溪林场,淳安县富溪林场主要经营内容包括森林资源保护,营林,木材,干水果,毛竹生产、加工,负责本区域内生态环公益林体系建设;负责管理、保护和培育本区域国有森林资源;负责千岛湖部分景区风景林建设,为旅游产业提供基础服务;负责并具体承担林业先进技术基地工程建设。千岛湖龙门谷生态旅游区地处千里岗山脉,为中低山地貌。旅游区峡谷幽深、森林茂密,共有观赏木本植物69科325种,其中以浙江楠(国家三级珍稀濒危植物)、雁荡润楠(浙江省珍稀濒危植物)、紫楠、红楠、赤楠、刨花楠、薄叶润楠等各种楠木树种为主,是省级楠木林自然保护小区。

主要建设任务:以千岛湖龙门谷优美生态环境为依托,以森林植被、峡谷景观和山乡野趣为资源特色,以森林生态旅游和乡村旅游为开发重点,将楠木保护与休闲精品园打造成为千岛湖东南湖畔的森林生态旅游中心和乡村旅游中心。

(八) 生态养殖渔业精品园

位于石林镇和里商乡的北部沿岸湖面,规划建设面积1200亩,其中有机渔业示范区(库湾)1000亩,鲟鱼水库养殖特色渔业(网箱)200亩。实施主体为杭州千岛湖发展有限公司和杭州千岛湖鲟龙科技开发有限公司等。杭州千岛湖发展公司为省级骨干龙头企业。目前千岛湖水产拥有国家级名牌1个。2000年,千岛湖淳牌有机鱼首个通过了国家环保总局有机认证,开创了中国淡水鱼有机认证先河,并带动了全国水库有机鱼产业的发展。2006年,淳牌有机鱼荣获了农业部"中国名牌农产品"称号。2009年5月,"淳"牌被国家工商总局商标局认定为驰名商标,这是淳安县首枚中国驰名商标,也是浙江省首枚"活鱼"类别驰名商标。

主要建设任务:通过土拦库湾改造、配套设施建设、养殖技术提升、投放不同类型的特色水产养殖品种,并改变传统养殖模式,采用先进的生态健康养殖模式,进行立体式渔业开发利用,从而充分发挥土拦库湾的生产潜力,为市场提供大量水产品的同时,达到保护生态环境,提高渔业经济效益的目的。利用千岛湖地区丰富的山塘、水库对鲟鱼进行网箱养殖和放养回捕实验;在陆上建立养殖基地,利用大型水库的低温底层水进行流水养殖,对成功的养殖模式进行示范和推广。

（九）设施大棚蔬菜示范基地

位于石林镇富德村和安阳乡昌墅村,规划建设面积500亩。实施主体为千岛湖山农蔬菜专业合作社(安阳),淳安石林双岭果蔬专业合作社(石林)。

主要建设任务:项目基地建设实行土地流转、集约经营、标准化生产、品牌营销、物流配送新模式;进行基础设施和生产设施建设;建立生产档案,建立农产品检测室,配备检测设备,产品实行分级包装,开展品牌宣传;集中展示和推广蔬菜设施保温避雨栽培技术,蔬菜微蓄微灌技术,蔬菜基质育苗技术,蔬菜病虫害统防统治技术及应用杀虫灯、黄蓝板等生态防治技术,综合应用菌渣、沼液等有机肥、配方施肥技术,蔬菜连作障碍治理技术,推广应用辣椒、茄子、西红柿、黄瓜、四季豆等蔬菜良种,实现蔬菜生产季节合理搭配和周年化生产。

（十）生态畜牧养殖基地

基地位于里商乡里商村淳安叶氏生态养殖有限公司和淳安里商源头草鸡养殖场、石林镇岭足村和安阳乡安阳村等,综合园区建设共设4个养殖点。年出栏肉猪3000头,年出栏土鸡6万羽。实施主体为淳安叶氏生态养殖有限公司和淳安里商源头草鸡养殖场等。

主要建设任务:通过建设实施种养结合、生态循环养殖示范,使生态牧业的生产硬件设施、设备、科学管理等方面有较大的提升,粪污利用率基本达到100%。新建(改、扩建)标准化养猪场4家,达到存栏母猪0.02万头,存栏猪0.2万头,配套建设(改、扩建)标准化猪舍、饲料加工车间、管理用房、粪污无公害综合处理设施,配备和建设沼气使用管网和沼液运输车等。新建(改、扩建)标准化养鸡场3家,达到存栏优质千岛湖本鸡3万羽。配套建设(改、扩建)标准化鸡舍,管理用房、粪污无公害综合处理设施。

三、竹园养鸡生态农业模式

在农业综合区有大面积的竹园,其中核心毛竹主导产业示范区面积为1万亩。同时在综合区设有生态畜牧养殖基地,其中年出栏土鸡6万羽。大面积竹园为土鸡的养殖提供了天然的理想场所。

竹园养鸡是我国南方丘陵山区一种典型的生态农业模式,属于农林系统。该系统由竹、鸡、草、昆虫、土壤及土壤生物等组分组成,系统外投入主要为饲料,系统各组分之间的关系见图10-5。

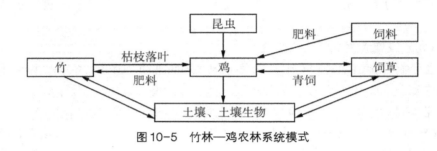

图10-5 竹林—鸡农林系统模式

鸡在竹林中进行各种活动,觅食竹林中的昆虫及杂草,鸡粪便直接排入土壤,作为农林系统的一部分起到松土、施肥的双重作用,同时竹林为鸡提供良好的生活场所。实行竹园养鸡,可以大幅度提高土壤肥力,如提高土壤有机质含量,土壤N、P、K含量,土壤的孔隙度等,表层土壤团粒结构得到改善,与非养鸡竹林的土壤相比,养鸡竹林土壤中蚯蚓数成倍增加。由于竹园很少施用农药和化肥,系统产品中化肥和农药的残留量低,且鸡的取食活动使林地土壤表层疏松,鸡粪肥地,有利于竹子生长和出笋。

竹林—鸡农林系统模式社会效益明显:一是立体开发农林业,提高土地利用率,竹林养鸡有利于充分挖掘土地资源潜力,使种植业和养殖业同步发展,促使农业由单一经营向立体复合经营方向发展,达到一地多用,从而提高土地利用效率。二是增加养殖业比重,有利于丘陵山地农作制度改革,发展多功能、高质量和高效益的农业。而竹林——鸡农林系统模式为高效生态农业模式,不仅提供禽蛋类产品,促进竹子增产,又有利于农牧各业发展,调整农林业结构。丘陵山区若要发展,必须使山区种植业和养殖业资源得到合理开发,发展竹林——鸡农林系统模式可促使种植业和养殖业比重向适宜方向发展,为丘陵山区农业可持续发展开辟新路。三是改善食品结构及品质,有利于人民健康,目前我国食品结构不尽合理,主要是动物蛋白比重较小,产品品质较差,农药及有害物质残留率较高。

竹园养鸡生态农业模式还可以大幅度提高竹园的经济产出。目前大部分竹园为粗放式经营,经济效益较差,每亩产出不足千元,高密度的竹园养鸡,鸡、竹、笋的综合产出大幅度提高,可达5000元左右,提高了单位土地上的产出,达到生态、经济和社会三大效益的统一。

第五节　重点建设项目与配套建设

一、毛竹主导产业示范区

(一) 建设地点及规模

主要实施地点主要分布在石林镇的富德村、修坑口村、荷岭村、双溪口村、苦竹坑村、直坑村和岭足村等,里商乡的余家村、孙家桥村、送兵村等。建设地规划总面积10000亩。

建设目标:

1. 坚持"生态优先,因地制宜,分类经营原则",通过毛竹林定向培育、冬笋高产培育、毛竹笋材两用林无公害栽培等技术推广,建立冬笋高产示范基地、春笋冬出示范基地、笋材两用示范基地在内的主导产业示范区10000亩。通过示范区的高产高效,带动辐射综合区外59079亩毛竹林经营。

2. 毛竹林竹笋产量的提高,关键是要加大竹笋加工厂建设。本项目改扩建竹笋加工厂一家,引进即食竹笋生产线一条。加大"千岛石林"竹笋品牌的宣传和管理力度,较大幅度地提高竹笋质量和效益,带动毛竹经营水平的提高。

3. 通过精品示范区的带动,提高周边农户科技意识、市场意识、商品意识、精品意识,提高竹林经营技术水平,增加农民收入,促进产业升级。

(二) 基本情况

示范区共有毛竹林面积59079亩,主要集中在石林、安阳两个乡镇,其中石林镇28000亩,安阳乡24000亩。毛竹是石林镇、安阳乡主导产业,农民主要经济来源,其中,石林镇毛竹产业收入占农民年均收入的56.8%,安阳乡占24.5%。这两个乡镇毛竹集中成片,立地条件好,生态和气候条件优越。

综合区现有毛竹专业合作社3家。示范区建设单位淳安县石林镇毛竹专业合作社,成立于2004年,由石林镇毛竹经营大户及有关加工企业组成。合作社先后完成了杭州市都市农业毛竹示范园区和淳安县高效农业毛竹示范园区各一个,建设面积5600亩。合作社采取"加工厂+合作社+农户+基地"的经营模式,

实行"五统一"管理。近年来,石林镇毛竹经营水平和竹林经济效益有了大幅度的提高。

毛竹产业优势:

(1)毛竹林面积具有较大规模,农民产业意识和技术意识较强。

(2)石林镇有竹材加工厂4家,竹笋加工厂2家,对竹产业带动作用较强。

(3)石林农产品专业合作社竹笋加工厂已通过"QS"认证,并有"千岛石林"注册商标,生产的"火腿冬笋"等系列产品在市场具有较高的声誉。

(4)竹笋产区周边30公里没有环境污染企业,森林保护良好,生态条件优越,交通较为便利。

毛竹产业不足:

(1)竹林经营比较粗放,基础设施落后,喷滴灌等设施化管理技术几近空白。

(2)重竹轻笋。由于目前竹材市场供不应求,竹笋生产劳力投资较大,市场销售有一定困难,造成农民对毛竹生产比较重视,对竹笋生产不够重视,甚至放弃。

(3)竹笋加工企业的发展赶不上笋材两用林技术推广步伐。竹笋加工企业规模小,难以满足竹笋生产需要,大量竹笋腐烂在山上,造成较大的经济损失。

（三）主要建设内容

重点建设三个示范基地,一个竹笋加工厂。

1. 冬笋高产示范基地建设

单位面积毛竹立竹量有一定限制,毛竹林要提高单位面积经济效益,就要采取技术措施,提高竹笋产量,特别是冬笋产量。冬笋市场价格是春笋的8~10倍。

在石林镇富德村原杭州市都市农业毛竹示范区挑选500亩土层深厚,地势较平缓,水源充足,交通方便的地块建成冬笋高产示范基地。

建设主体:淳安县毛竹专业合作社、淳安县石林农产品专业合作社竹笋加工厂、青溪林业服务站及相关毛竹经营户。

2. 春笋冬出示范基地建设

在石林镇富德村挑选100亩土层深厚,地势较平缓,水源充足,交通方便的地块建成春笋冬出高产示范基地。采取施肥、覆盖、保温、保湿等技术措施,促使春笋在春节前上市,提高竹林经济效益。

建设主体:淳安县毛竹专业合作社、青溪林业服务站及相关毛竹经营户。

3. 笋材两用示范基地建设

毛竹笋材两用林是指通过竹林集约经营,在较大幅度提高竹林立竹量的同时,大幅度提高竹笋产量,达到竹材、竹笋双丰收的一种毛竹林经营措施。

建设地点在石林镇富德、双西村,建设面积1000亩。

建设主体:淳安县毛竹专业合作社、淳安县石林农产品专业合作社竹笋加工厂、青溪林业服务站及相关毛竹经营户。

4. 淳安县石林农产品专业合作社竹笋加工厂改扩建

淳安县石林农产品专业合作社竹笋加工厂为我县唯一一家通过"QS"认证的竹笋加工企业,其生产的火腿冬笋、鸡肉春笋即食竹笋在市场具有较高的声誉。随着加工量的增加,原厂房和加工设备已不能满足需要。本项目计划扩建竹笋初加工厂及原料仓库400m²,新建蒸煮房和竹笋保鲜窖等配套设施,并新增一条即食竹笋生产流水线。

建设主体:淳安县石林农产品专业合作社竹笋加工厂。

(四) 效益分析(投入产出分析)

1. 冬笋高产示范基地建设

资金投入概算

a. 生产性建设投资:深挖垦抚每亩800元,肥料200元,施肥管理等300元,每亩冬笋高产基地投入合计1300元,共计65万元。

b. 配套设施建设投资:竹林主干道1.5km,15万元;辅助道3.0km,3万元;水泥桥1座,5万元;管护房100m²,4万元;10m³蓄水池7个,21万元;引、输水管道15600m,15万元;喷滴灌设施及安装5万元;共计68万元。

项目总投资133万元。

产出分析

冬笋高产示范基地建成后,按每亩新增冬笋150kg,每公斤按12元计算,每年新增产值90万元,纯利润70万元。

2. 春笋冬出示范基地建设

资金投入概算

a. 生产性建设投资:深挖垦抚每亩800元,肥料400元,施肥管理等400元,覆盖等1200元,每亩投入合计2800元,共计28万元。

b. 配套设施建设投资:竹林主干道5km,10万元;辅助道1.0km,1万元;20m³蓄水池3个,18万元;引、输水管道10000m,8万元;喷滴灌设施及安装3万元;共计40万元。

项目总投资60万元。

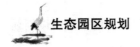

产出分析

春笋高产示范基地建成后,按每亩新增春笋300kg,每公斤按14元计算,每年新增产值42万元,纯利润25万元。

3. 笋材两用示范基地建设

资金投入概算

a. 生产性建设投资:深挖垦抚每亩600元,肥料100元,施肥管理等100元,每亩投入合计800元,共计80万元。

b. 配套设施建设投资:竹林主干道2.0km,15万元;辅助道5.0km,5万元;共计20万元。

项目总投资100万元。

产出分析

毛竹笋材两用示范基地建成后,按每亩新增立竹30株,每株17.5kg计算,新增竹材525kg,按目前50kg30元计算,新增产值315元;每亩新增竹笋150kg,按每公斤1.6元计算,新增产值240元;按此计算,每年新增产值55.5万元,纯利润25万元。

4. 淳安县石林农产品专业合作社竹笋加工厂改扩建

资金投入概算

扩建竹笋初加工厂及原料仓库400m²,新建蒸煮房和竹笋保鲜窖等配套设施,投资50万元;新增一条即食竹笋生产流水线,150万元。

共计200万元。

产出分析

竹笋加工厂改扩建及先进生产流水线的引进,能使生产量提高一倍以上,年加工量达到2500t。同时加工工艺和产品质量将进一步提高。预计新增产值800万元,新增税收24万元。

二、茶叶主导产业示范区

(一) 建设地点及规模

主要实施点在里商乡鱼泉、五兴、大叶、石门等村,实施总面积3000亩。

建设目标:

1. 核心区相对连片面积3000亩,示范带动周边村8000亩,核心区茶园平均亩产值达5000元,示范区茶园亩产值4200元。

2. 茶园面貌:优化茶园生产环境;茶园布置达到"路成网,沟相通,茶成行"的要求。

3. 茶树结构：无性系良种率70%，成园茶树骨干枝、生产枝分层明显，产量稳定。

4. 茶叶加工：依靠园区无公害化名茶加工厂，实施园区茶叶集中加工，达到标准化、清洁化的生产要求。

5. 质量安全：园区茶园基地无公害，采用标准化工艺，实行清洁化、机械化加工，茶叶产品全部符合食品安全国家标准的要求。

6. 品牌化：县级农业龙头企业杭州千岛玉叶茶业有限公司对园区产品千岛玉叶茶实行品牌销售，努力实现较高的产值和效益。

（二）基本情况

项目建设单位杭州千岛玉叶茶业有限公司，是为顺应淳安县委、县政府提出的"接轨杭州茶都，打造淳安茶乡"战略，进一步提高"千岛玉叶"茶的知名度而专门成立的集种植、加工、销售为一体的专业茶叶企业。拥有先进的制茶设备和农药残留分析实验室，近6000m³的冷藏保鲜仓库，公司实行GAP良好农业规范，并取得了德国BCS、日本JAS、美国NOP认证。专业制茶、专家品控，形成了真正的产供销一体化的产业模式。公司立足淳安的生态优势和茶叶特色，坚持茶经济与茶文化互融，茶产业与茶旅游互动，倾力打造集茶园栽培管理、初制生产、精制加工、内外贸易及旅游休闲为一体的茶叶经济实体。

项目合作单位之一，淳安县农友茶果专业合作社，前身为淳安县大众柑橘专业合作社和淳安县梅花尖茶叶专业合作社，成立于2006年6月，是由本乡本村的社员共同出资创办，有社员64户，注册资金60万元。为做大做强，更好地服务于农户，2009年3月通过合并，把淳安县大众柑橘专业合作社和淳安县梅花尖茶叶专业合作社合并为淳安县农友茶果专业合作社，新增社员60人，是由本乡塔山村、叶岭村、燕窝村等村的社员，共同出资创办，有社员124户，注册资金100万元。合作社设有理事会和监事会两个办事机构。

合作单位之二，淳安县千岛湖五香茶叶专业合作社，成立于2010年9月，是由里商乡五兴村、鱼泉村、大叶村、石门村、向阳村的社员，共同出资创办，有社员51户，注册资金50万元，法人代表胡胜利。合作社设有理事会和监事会两个办事机构。合作社的服务宗旨是紧紧围绕"农业增效，农民增收"的目标；坚持"民办、民管、民受益"的原则，努力为社员提供产前、产中、产后服务，组织社员开展茶叶生产经营、扩大产业规模、提升产品品质、提高社员生产经营的组织化程度，降低风险，依法维护社员的合法权益，增加社员收入。

项目建设由淳安县农业局负责管理和技术指导。建设地点在淳安县里商乡鱼泉、五兴、大叶、石门等村，该乡是淳安茶叶主产区，良种茶发展优势明显，名茶

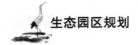

生产走在全县前列,是浙江省茶叶强乡镇。

（三）主要建设内容

1. 新种或换种改植、补植无性系良种茶园100亩;

2. 示范区建设茶园主干道硬化3500m及茶园人行道、绿化树、蓄水池等基础设施;

3. 新建标准化加工茶厂,面积500m²以上;

4. 新增千岛玉叶茶初制和精制加工机械33台;

5. 新建茶文化休闲公园一座。

6. 积极开展茶叶品牌塑造、品牌宣传活动,设计制作精美包装。

（四）效益分析（包括市场与投入产出分析）

1. 市场需求分析

茶叶作为一种天然健康饮料的许多优点越来越受人们重视,在世界饮料市场竞争中逐渐处于优势地位。绿茶的疾病预防功能,扩大了茶叶的市场需求。目前,我国人均年消费茶叶只有300多g,国内市场消费潜力巨大。随着人们生活水平的提高,国内名茶需求将旺盛不衰,国际市场也逐步拓宽。名茶的迅猛发展,已成为茶叶生产主导。由于名茶的高附加值及文化内涵,经营效果明显,名优茶的产量不断提高。生产质量好,价格适中的名优茶,有利于满足消费需求,有利于茶农致富。

2. 投入产出分析

（1）投入分析

本项目建设投资主要涉及新建无性系良种茶园,茶叶加工机械购置,基地道路、灌溉设施等基础设施,以及茶叶休闲公园建设。项目各项投资额是根据各单项工程建设规模、所需设备的数量及有关的单价进行估算的。

1）100亩无性系良种茶园建设,按每亩土地整理费1200元,种苗费800元,肥料等农资成本1000元,种苗定植及苗期管理等劳力投入800元计,每亩新茶园投入成本3800元,合计38万元。

2）示范茶园基础建设:3500米茶园主干道路硬化,投资80万元;新建茶园人行道2000m,9万元;硬化茶园人行道3000m,15万元;绿化行道树200株,2万元;建蓄水池400m³,20万元;配置杀虫灯水泥柱80根,70盏灯,电线及配件,15万元。基础建设合计141万元。

3）茶厂土建及室内装饰56万元,茶厂道路、水管、电线等配套设施20万元左右,合计76万元。

4）初、精制加工设备以当前市场价确定,合计35万元。

5）茶文化休闲公园建设按实际工程规模算，合计300万元。

6）技术培训、品牌宣传等其他费用41万元。

项目总投资为631万元。

（2）产出分析

项目实施后，3000亩茶园通过基础设施改善，平均亩产增30%左右，产值增35%左右。按亩均4000元产值基数计算，平均每亩增加产值1400元，净利润1200元，3000亩基地年增产值420万元，纯收入360万元左右。

三、安阳秀水玉针白茶精品园

（一）建设目标

1. 精品园规模面积达到1200亩，部分茶园套种果树和防护林，形成千岛玉叶系列之秀水玉针牌白茶生产集中区域。

2. 园区田间基础设施完善。茶园道路通畅，主干道硬化；田间道路、沟、渠等配套设施完备，便于作业和运输，水土保持良好。

3. 茶叶加工设备齐全。茶厂环境整洁，加工原料不落地，工艺清洁化，茶叶加工全过程不受污染。

4. 茶叶实行品牌化销售。茶叶淳安县安阳茶叶专业合作社和淳安县千岛湖金坑湾白茶有限公司进行专卖销售。

5. 建立茶叶质量安全可追溯制度。按无公害要求安全合理使用农药、化肥等投入品。园区基地实行病虫害统防统治。

6. 园区茶园平均亩产值8000元。

（二）基本情况

1. 建设单位：淳安县安阳茶叶专业合作社。

2. 建设地点：淳安县安阳乡的五堡、昌墅、安阳等村。

3. 规模：相对集中连片面积1200亩。

4. 建设期限：2011年1月—2012年12月。

（三）主要建设内容

1. 扩大种植规模。新发展白茶茶园100亩，种植茶苗55万株。园区总面积达1200亩。

2. 加强园区基础设施建设。茶园主干道路硬化3000m，路面宽3.5m。

3. 新建厂房2000m²，新增摊青、加工、检验等设备。

4. 修建茶园排水渠道3000m，步道2000m。

5. 茶园套种柑橘1000株，茶园周围种植绿化30亩，茶园道路两旁种植桂花

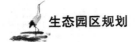

和枇杷、杨梅、梨等果树600株。

6. 改进设计茶叶精美包装；开展品牌宣传和营销。

（四）效益分析（包括市场与投入产出分析）

1. 市场分析

茶叶是人们日常生活中必不可少的食品，近几年来，随着茶叶对人体的有益作用逐渐为大家所熟知，国内茶叶消费量逐年增长。特别是白茶以其独特的色、香、味和高氨基酸含量受大家喜爱，市民的白茶消费量与日俱增；经济发展，人民生活水平提高，市民购买能力增强，白茶消费规模不断扩大，白茶前景十分被看好。

千岛玉叶系列之秀水玉针牌白茶基地处千岛湖独特的地理位置，一流的自然生态环境及千岛湖小气候、水质、土壤的孕育，选用白茶茶树的幼嫩芽叶为原料，经特定工艺加工而成，具有香气鲜爽馥郁；滋味鲜爽甘醇，汤色鹅黄，清澈明亮；叶张玉白，茎脉翠绿的独特品质。近些年来，千岛玉叶系列之秀水玉针牌白茶屡次在上海、浙江、西安等大中城市举办的茶叶博览会上获得金奖称号的殊荣，"秀水玉针"品牌是浙江省杭州市著名商标和名牌产品。

随着白茶园管理方案的逐步实施，效益日益明显，种植、管理技术水平得到提高，茶农的白茶种植积极性也越来越高。

综上所述，项目产品具有比较强的市场竞争力，市场前景较好。

2. 投入产出分析

（1）投入分析：本项目拟新建白茶园100亩，计30万元；建设2000m²名茶加工及摊青房，计196万元；配备名茶摊青及加工设备20台（套），计18万元；茶园主干道硬化及步道、水渠建设，计76万元；茶园水果、绿化苗木套种，计5万元；技术培训、品牌宣传，计15万元；项目调研、规划工作经费及其他5万元。合计总投资345万元。

（2）产出分析：项目区经过建设，茶园园相得到全面改观，秀水玉针牌白茶生产能力提高。项目建设完成后，1200亩白茶园年生产秀水玉针牌白茶8t，年产值672万元，新增产值70万元；新建名茶加工厂新增收青加工名茶5t，产值120元。合计年新增产值190万元，利润68万元。

四、石林柑橘精品园和环岛柑橘精品园

（一）现状

柑橘精品园所在石林、里商两乡镇水果总面积6876亩，总产量5466t，其中柑橘面积4356亩、产量3314t，分别占水果总面积、总产量的63.4%、60.1%。有淳安县里商农友茶果专业合作社、淳安县石林龙华柑橘专业合作社2家，有面积50亩

以上的柑橘种植大户4个。

存在的主要问题有:橘园基础设施落后,抗干旱、抗高温、抗冻害等自然灾害能力不强;交通不便,橘园内车辆难行,运输果品成本高;橘农生产技术水平不高;品牌效益不明显。

(二) 建设目标

1. 经济指标

石林柑橘精品园,柑橘面积1500亩,产量3000t,亩产值6000元,总产值900万元。

环岛柑橘精品园,柑橘面积1200亩,产量2400t,亩产值6000元,总产值720万元。

精品园平均亩产量达到2t,平均亩产值达到6000元,比周边同类产业平均亩产量高0.5t,平均亩产值高1500元。

2. 基础设施

基地车辆能通行;操作道硬化;有蓄水池,生产用水方便;有生产管理用房;有杀虫灯,果园地膜覆盖;有小型商品化处理设施和场所;有水果测糖仪、产品质量检测仪等设备。

3. 农业技术

良种覆盖率100%,推广应用先进的水果适用技术。

4. 产品质量

精品园推广省无公害柑橘标准化栽培技术,生产投入品由县环岛水果专业合作社统一采购,统一推荐使用,建立田间生产管理档案;果品实行例行检测制度,销售统一使用"千农园"商标。

5. 体制、机制

鼓励精品园农户橘园向大户流转,建立合作社＋农户＋超市(批发市场)产供销统一经营模式。

(三) 建设投入

1. 石林柑橘精品园

橘园步道5公里,50万元;蓄水池30个,60万元;高接换种300亩,30万元;休闲观光园220亩,50万元;自动选果机,6万元;杀虫灯50只,1.5万元;水果测糖仪15只,1.6万元;培训及技术资料等3万元。项目总投资202.1万元。

2. 环岛柑橘精品园

橘园主干道2.5公里,步道7公里硬化,120万元;柑橘高接换种300亩,30万元;蓄水池及滴灌,88万元;柑橘保鲜库,16万元;自动选果机,15万元;杀虫灯55

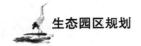

只、机动喷雾器,7.5万元;水果测糖仪10只,1.6万元,培训及电教设施、技术资料4.5万元;项目总投资282.6万元。

(四) 建设主体

淳安县水果产业协会、淳安县环岛水果专业合作社。

(五) 预期效益

增加产值分别为225万元和180万元,增加利润分别为90万元和60万元。

五、许源油茶精品园

(一) 现状

示范区共有油茶基地16371亩,主要分布在安阳、里商两个乡。以前,茶油主要以农民自用为主,近年来,市场茶油需求加大,价格大幅度提高,淳安县委县政府加大了油茶培育力度,出台了一系列扶持油茶产业发展政策,农民培育油茶林的积极性也有了较大的提高。2009年,安阳、里商两乡油茶产值447万元。安阳乡黄川村建成了淳安县高效农业油茶示范基地一个。

示范区现有油茶专业合作社2家,油茶加工厂12家,其中许源林场油茶加工厂已通过"QS"认证,生产的"千岛露珠"牌山茶油先后获得"中国名优经济林产品"、"全国无公害农产品"、浙江省"绿色农产品"、浙江省农业博览会"优质奖"、杭州市人民政府授予的农产品"优质奖"和淳安县名牌农产品等荣誉称号。并取得"无公害农产品产地"和"有机农产品产地"认定。近年来,许源林场与中国林科院亚林所合作,加大油茶科技投入,其中,"油茶优良品种与丰产技术集成示范及推广"获省科技厅科技成果转化项目;"油茶标准化栽培技术示范与推广"获杭州市农业丰收奖二等奖。

1. 优势

茶油是一种优质食用油,具有很好的医疗保健作用,市场潜力大;千岛湖环境优越,生产茶油质量好,市场信誉度高。

2. 不足

油茶以当地实生苗为主,良种栽培尚属起步阶段;经营粗放,产量低;油茶加工以家庭小作坊式加工为主,工艺落后。

(二) 重点建设项目

建设2个示范基地,一个加工厂。

1. 油茶高产示范基地建设

（1）建设目标与规模

利用许源林场现有油茶基地，建设500亩高产高效油茶示范基地，通过垦抚、施肥、修剪等技术措施，构建生态经济型高产模式，山茶油亩产从15kg提高到32kg，亩产值从600元提高到1280元。

（2）建设内容和资金投入概算

1）生产性投资：油茶高产示范基地建设面积500亩，每亩垦抚投入600元；每亩施肥150元；共投资37.5万元。

2）配套设施建设投资：林区道路4.3km，86万元；作业道4km，8万元；30m³蓄水池4个，35万元；水管5000m，7.5万元；水龙头150个，0.5万元；农药残留速测仪和土壤化肥速测仪各一台，5万元。

项目总投资142万元。

（3）建设主体

许源林场、淳安千岛露珠油茶专业合作社。

（4）预期效益

示范基地平均亩产从15kg提高到32kg，亩均产值从600元提高到1280元，500亩示范基地新增产值34万元。

2. 油茶良种高产示范基地

（1）建设目标与规模

在安阳乡范家、上梧、昌市三村建500亩油茶良种高产示范基地。主要种植长林1号、4号、8号、52号、54号等品种。建园后采用标准化生产技术，树体控制、配方施肥、林地抚育等生产技术，适度控制化学肥料的使用量和限制农药的使用量和使用时间，生产技术体系围绕生产优质、丰产、林地维护和无公害产品为目标，开展生态经济型复合模式构建，达到生态经济效益的统一，使其成为淳安县油茶良种高产示范典型。

（2）建设内容和资金投入概算

①生产性建设投资：新建油茶良种示范基地500亩，按每亩开垦投资1200元，种苗350元，肥料500元，种苗定植和幼林管理800元计算，每亩新建良种油茶园投入成本2350元，合计117.5万元。

②配套设施建设投资：蓄水量10m³水池5个，15万元；输水管道12500m及喷灌设施等，15万元；林道1.3km，12万元；林间作业道1.8km，3万元；杀虫灯等病虫害防治机具，5万元。合计50万元。

项目总投资167.5万元。

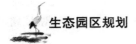

（3）建设主体

淳安县千里岗油茶专业合作社、许源林场、相关油茶种植户。

（4）预期效益

油茶良种示范基地建成后,按年亩产40kg茶油计算,亩产值1600元,总产值80万元,纯利润50万元。

3. "千岛露珠"山茶油加工厂建设

（1）建设规模与目标

淳安千岛露珠茶油专业合作社茶油加工厂是一家通过"QS"认证的油茶加工企业,其生产的山茶油多次在省、市农产品展销会上获奖。随着油茶产业的发展,加工量的增加,原厂房和加工设备已不能满足需要。本项目计划扩建加工厂及原料仓库300m²,新上一条生产流水线,油茶加工量从原来的30t提高到60t。

（2）建设内容与投资

扩建加工厂及原料仓库300m²及配套设施,投资60万元;新进一条生产流水线,210万元。

项目总投资270万元。

（3）建设主体

淳安千岛露珠茶油专业合作社。

（4）预期效益

通过加工厂改扩建及先进生产流水线的引进,能使生产量提高近一倍以上,年加工量达到60t。预计新增产值120万元,新增利税收25万元。

六、楠木保护与休闲精品园

（一）现状

森林旅游示范区以现有森林资源为基础,根据"保护第一、开发第二"原则、重点突出、分期建设与适度超前原则,突出资源优势,强调乡土性原则和建设精品原则进行规划。

千岛湖龙门谷生态旅游区地处千里岗山脉,为省级楠木林自然保护小区。以浙江楠、雁荡润楠、紫楠、红楠、赤楠、刨花楠、薄叶润楠等各种楠木为主的珍稀名贵观赏树种为特色,有龙门谷、寿星岩、龙女洞、犀牛望月、大地开花、龙门溪、珍珠瀑、黄龙潭等景点。

（二）建设目标

千岛湖龙门谷生态旅游区的建设目标为:以千岛湖龙门谷优美生态环境为依托,以森林植被、峡谷景观和山乡野趣为资源特色,以森林生态旅游和乡村旅游为开发重点,将龙门谷生态旅游区打造成为千岛湖东南湖畔的森林生态旅游中心和乡村旅游中心。建设规模为:建设面积1000亩,设计年游客接待量20.6万人次。

（三）建设内容与投资概算

建设内容包括龙门谷、寿星岩、龙女洞等景点建设,交通建设,宾馆、餐厅等接待设施建设,水电通信建设,森林资源保护和旅游区环境保护建设。

千岛湖龙门谷生态旅游区建设总投资231万元,其中景点建设投资100万元;交通建设投资70万元;水电通信建设23万元;资源与环境保护投资38万元。

（四）建设主体

淳安县富溪林场。

（五）预期效益

千岛湖龙门谷生态旅游区建成后,预期旅游年均收入180万元。

七、生态养殖渔业精品园

（一）现状

无序养殖问题:通过2009年开始的网箱规范整治工作,现有1780亩网箱将全部退出,重新规划的500亩网箱已正在通过公开出让方式进行有偿使用,网箱养殖产业将建立生产准入、有偿使用、养殖凭证、规范管理、违规退出五项制度。同时,建立渔政执法长效管理机制,今后网箱养殖将会规范有序发展。

产品质量问题:目前,县水产站已全面推行养殖准入、饲料备份、渔药处方、全程检测、产品追溯制等质量安全控制五项措施,并正在建设水生动物重大疫病防控实验室,筹建水生动物防疫检疫站,规范与指导渔药使用,并严格执行水产品质量安全抽检程序。再加上千岛湖一流的生态环境,更加保证网箱养殖水产品的品质一流,质量安全。

（二）建设目标与规模

1. 规模

规划200亩养殖网箱基本采用水泥框架结构,亩养殖产量在1.5万～4万kg。1000亩库湾养鱼。

2. 基础设施

旱涝保收率100%、设施渔业100%、生活污水及养殖废弃物上无公害处理。

3. 农业技术

良种覆盖率100%,科技贡献率70%以上。

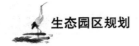

4. 产品质量

制定与实施县级网箱、库湾养殖生产技术规程,实施省市农业标准化示范推广项目,完善养殖准入、饲料备份、渔药处方、全程检测、产品追溯制等质量安全控制五项措施,园区养殖产品全部通过"三品"认证。

5. 体制、机制

土地(水面)流转率100%

(三) 建设项目

1. 库湾立体生态养殖特色渔业精品园建设项目

规划面积1000亩。通过土拦库湾改造、配套设施建设、养殖技术提升、投放不同类型的特色水产养殖品种,并改变传统养殖模式,采用先进的生态健康养殖模式,进行立体式渔业开发利用,从而充分发挥土拦库湾的生产潜力,为市场提供大量水产品的同时,达到保护生态环境,提高渔业经济效益的目的。

实施主体:杭州千岛湖发展有限公司。

资金投入:200万元。

2. 鲟鱼水库养殖特色渔业精品园建设项目

规划面积200亩。利用千岛湖地区丰富的山塘、水库对鲟鱼进行网箱养殖和放养回捕实验;在陆上建立养殖基地,利用大型水库的低温底层水进行流水养殖,对成功的养殖模式进行示范和推广。依托千岛湖一流的生态环境,加大网箱养殖结构调整力度,推进渔业产业向休闲度假型转变。通过"水上渔村"及沿库配套娱乐、餐饮、住宿等基础建设,建设集水面休闲垂钓、娱乐,沿岸渔家乐的休闲渔业产业,形成白天休闲娱乐,晚上江枫渔火的旅游景点,成为千岛湖渔业发展的新增长点。

实施主体:杭州千岛湖鲟龙科技开发有限公司和淳安县渔业专业合作联社。

资金投入:460万元。

3. 预期效益

新增产值1700万元,利润680万元。

八、设施大棚蔬菜示范基地

(一) 现状

淳安县山地蔬菜面积大、生态环境优良,山地蔬菜发展潜力较大,但同时,农业抗自然灾害能力弱;项目通过发展设施蔬菜,增加抵御自然灾害能力,大幅提高农业生产效益,对全县设施蔬菜产业发展起到良好的示范带动作用。

（二）建设目标与建设内容

建设目标：项目基地建设面积500亩（石林镇富德村和安阳乡昌墅村），实行土地流转、集约经营、标准化生产、品牌营销、物流配送新模式。

建设内容：

1. 基础设施：搭建设施蔬菜300亩，建造生产用房400m²、产品分级包装车间480m²，修建水池3个60m³，铺设相关引水管道、过滤池，购置厢式运输车2辆。

2. 生产设施：购置大棚900只，微滴灌300亩，配备耕作机8台、水泵20只、机动喷雾器10只，穴盘基质育苗4500m²。

3. 农产品安全：建立生产档案，建立农产品检测室，配备检测设备，产品实行分级包装，开展品牌宣传。

4. 先进技术推广：集中展示和推广蔬菜设施保温避雨栽培技术，蔬菜微蓄微灌技术，蔬菜基质育苗技术，蔬菜病虫害统防统治技术及应用杀虫灯、黄蓝板等生态防治技术，综合应用菌渣、沼液等有机肥、配方施肥技术，蔬菜连作障碍治理技术，推广应用辣椒、茄子、西红柿、黄瓜、四季豆等蔬菜良种，实现蔬菜生产季节合理搭配和周年化生产。

（三）实施主体

千岛湖山农蔬菜专业合作社（安阳），淳安石林双岭果蔬专业合作社（石林）。

（四）资金投入概算

项目总投资670万元。

（五）预期效益

实现产值437万元，利润272万元。

九、生态牧业养殖基地

（一）现状

示范点位于里商乡里商村淳安叶氏生态养殖有限公司和淳安里商源头草鸡养殖场、石林镇岭足村和安阳乡安阳村等。2010年生猪存栏0.05万头，母猪存栏41只，家禽存栏0.6万羽，养殖场的养殖排泄物主要用于周边的茶园和果园等，从而提高了茶叶和果品的品质和产量，增加了农民收入。

（二）建设内容

1. 建设目标和内容

通过建设实施种养结合、生态循环养殖示范，使生态牧业的生产硬件设施、设备、科学管理等方面有较大的提升，粪污利用率基本达到100%。

新建（改、扩建）标准化养猪场4家，达到存栏母猪0.02万头，存栏猪0.2万头，

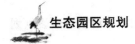

配套建设(改、扩建)标准化猪舍、饲料加工车间、管理用房、粪污无公害综合处理设施,配备和建设沼气使用管网和沼液运输车等。

新建(改、扩建)标准化养鸡场3家,达到存栏优质千岛湖本鸡3万羽。配套建设(改、扩建)标准化鸡舍,管理用房、粪污无公害综合处理设施。

（1）土建工程

新建(改、扩建)标准化养猪场4家、养鸡场3家,租用集体农用旱地30亩,200头生产母猪和配套的公猪、后备母猪、保育猪舍2500m²,育雏鸡舍400m²,肉猪区、成鸡舍及附属设施(饲料加工间、仓库、管理用房及发酵物周转间)8000m²。

（2）设备添置

配备控温设备,改善猪舍、育雏舍饲养环境;设置高床分娩栏,改善母猪饲养条件;增加饲料加工设备及信息网络管理系统等现代管理设施。具体有:风机10只,红外线灯具200盏,饲料加工设备4套,高床分娩栏60套,猪、鸡病诊断设备共7套,高效消毒设备7套。

（3）品种改良

引进生长快、产仔多、瘦肉率高的优良种猪(公猪8头、母猪200头),提高养殖效益。

（4）生态养殖设施

粪便无公害综合处理设施200m²,污水无公害综合处理设施400m³,配备3辆沼液运输车。

（5）科技培训

每年举行科技培训3～4期,400人次/年。

2. 实施主体

淳安县叶氏生态养殖有限公司、淳安里商源头草鸡养殖场、石林镇岭足村、安阳乡安阳村等。

3）投资预算

项目总投资455万元,详见附表三。

4）预期效益

通过推广适度规模、标准化养殖,并实施种养结合使畜禽粪污回茶园、果园肥效利用,从而新增畜禽、节肥增产提质等收入共计618万元,新增利润114万元。

十、综合区农村户用沼气配套工程项目

（一）现状

目前在综合区内已建成农村户用沼气池526只,共计5000余m³。

（二）建设目标与建设内容

建设目标:到2013年新建农村户用沼气池360只,综合区内已建成农村户用沼气池886只。

建设内容:建设8～10m³的户用沼气池360只,平均每年120只。

（三）实施主体

石林镇、里商乡和安阳乡的乡镇农村能源服务站。

（四）资金投入预算

总投入110万元,其中国家补助每只8～10m³的户用沼气池1400元,补助51万元。

（五）预期效益

886只户用沼气池年产沼气160万m³,年产沼渣和沼液1.3万t,产生良好的社会效益和生态效益。

十一、综合区基础设施项目

（一）田间道路

建设内容:改扩建干道10km,改造支道30km,新建操作道50km,田间机耕路35km。

资金投入:820.0万元。

实施主体:所在乡(镇)、村。

（二）农田水利

建设内容:改扩建干渠10km,改造支渠30km,改造毛渠60km,新建、改建泵站5座。

资金投入:480万元。

实施主体:所在村。

十二、公共服务建设项目

（一）综合服务设施平台

建设内容:农产品质量标准、安全检测、品牌创新、宣传体系、气象信息服务及灾害防御体系建设。

投资:250.0万元。

实施主体:县、乡镇政府、职能部门、有关企业。

(二) 科技创新服务平台

建设内容:科技成果转化、推广平台、公共实验平台等。

投资:600.0万元。

实施主体:县、乡镇政府、职能部门、有关企业。

(三) 其他服务平台

建设内容:农业专业合作社、农民协会建设,农机、防疫服务体系,农产品流通服务等。

投资:750.0万元。

实施主体:县、乡镇政府、职能部门、有关企业、市场。

第六节　投资与效益分析

一、投资与分年实施计划

(一) 投资总额

综合区重点建设项目总投资预算为7560万元,其中种养加业投资4660万元,基础设施投资1300万元,公共服务建设投资1600万元。详见表10-2。

表10-2　综合区建设项目投资预算表

单位:万元

项目名称	总投资	自筹资金	省级补助	地　方
一、毛竹主导产业示范区	493	200	230	63
1. 冬笋高产示范基地建设	133	60	60	13
2. 春笋冬出示范基地建设	60	20	30	10
3. 笋材两用示范基地建设	100	40	50	10
4. 竹笋加工厂改扩建	200	80	90	30
二、茶叶主导产业示范区	631	215	270	146
1. 100亩无性系良种茶园建设	38	18	20	

续表

项目名称	总投资	自筹资金	省级补助	地　方
2. 示范茶园基础建设	141	41	70	30
3. 茶厂土建及室内装饰	76	30	30	16
4. 初、精制加工设备	35	5	30	
5. 茶文化休闲公园建设	300	100	100	100
6. 技术培训、品牌宣传等	41	21	20	
三、安阳秀水玉针白茶精品园	345	155	150	40
四、石林柑橘精品园	202	72	90	40
五、环岛柑橘精品园	283	83	120	80
六、许源油茶精品园	580	270	260	50
七、楠木保护与休闲精品园	231	101	100	30
八、生态养殖渔业精品园	660	300	300	60
九、生态牧业养殖基地	455	201	224	30
十、农村户用沼气配套工程	110	59	51	
十一、设施大棚蔬菜示范基地	670	300	300	70
*上述种养加业　合计	*4660	*1956	*2095	*609
十二、基础设施	1300	400	600	300
十三、公共服务	1600	400	800	400
合　　计	7560	2756	3495	1309

（二）投资分年实施计划

按照分步推进原则,综合区建设应与新农村建设统筹考虑,与相关规划相衔接,做到一次规划、分步实施。详见表10-3。

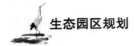

表10-3 综合区建设项目投资与分年实施表

单位:万元

项目名称	投资	2011年	2012年	2013年
一、毛竹主导产业示范区	493	230	140	123
1. 冬笋高产示范基地建设	133	60	40	33
2. 春笋冬出示范基地建设	60	20	20	20
3. 笋材两用示范基地建设	100	50	30	20
4. 竹笋加工厂改扩建	200	100	50	50
二、茶叶主导产业示范区	631	275	200	156
1. 100亩无性系良种茶园建设	38	20	9	9
2. 示范茶园基础建设	141	80	50	11
3. 茶厂土建及室内装饰	76	40	20	16
4. 初、精制加工设备	35	15	10	10
5. 茶文化休闲公园建设	300	100	100	100
6. 技术培训、品牌宣传等	41	20	11	10
三、安阳秀水玉针白茶精品园	345	150	120	75
四、石林柑橘精品园	202	80	70	52
五、环岛柑橘精品园	283	100	100	83
六、油茶精品园	580	280	200	100
七、楠木保护与休闲精品园	231	90	90	51
八、生态养殖渔业精品园	660	260	200	200
九、生态牧业养殖基地	455	200	150	105
十、农村户用沼气配套工程	110	40	35	35
十一、设施大棚蔬菜示范基地	670	300	200	170
*上述种养加业 合计	4660	2005	1505	1150
十二、基础设施	1300	500	400	400
十三、公共服务	1600	600	500	500
合　计	7560	3105	2405	2050

（三）资金筹措

按照"政府引导、主体运作、地方为主、省级扶持"原则，多渠道筹集建设资金，产业化经营项目以项目实施主体和民间资本投资为主。要整合农业、水利、科技、环保、农业综合开发等各类支农资金，集中目标、统筹投入。

二、效益分析

（一）经济效益

根据各个产业项目建设后的生产规模和产值，对规划后不同产业经济效益进行了估算。

通过综合区建设，农业总产值比2009年增加5172万元，利润增加2004万元，当地农民人均纯收入增加1967元。

根据各个产业项目建设后的生产规模和产值，对规划后不同产业经济效益进行了估算（详见表10-4）。

表10-4　综合区各产业年增加的产值和利润表

序号	产　业	增加产值（万元）	增加利润（万元）	备　注
1	毛竹主导产业示范区	988	144	
2	茶叶主导产业示范区	420	360	
4	安阳秀水玉针白茶精品园	190	68	
5	石林柑橘精品园	225	90	
6	环岛柑橘精品园	180	60	
7	油茶精品园	234	96	
8	楠木保护与休闲精品园	180	120	
9	生态养殖渔业精品园	1700	680	
10	生态牧业	618	114	
11	设施大棚蔬菜示范基地	437	272	
	合　　计	5172	2004	

（二）社会效益

1. 通过创建现代农业综合区，高起点、高标准地建成若干个规模化、机械化、

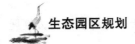

标准化和产业化程度较高的农业主导产业示范区与特色精品园,势必能以点带面,形成强大的引领示范作用,为加快淳安从传统农业向现代农业转变、推进农业升级转型发挥重要作用。

2. 通过对综合区内的道路、水利、设施农业、产后加工及其配套设备等现代农业装备的建设,可以极大地改造、提升现有的农业生产条件,提高劳动生产率;增强抵御自然灾害的能力;提升农业集约化水平;提高了资源利用率和农业综合生产能力。

3. 通过综合区内农业高新技术的引进与运用,可以加速农业科技成果转化应用,推动农业技术进步、产业结构优化,大幅度提高土地产出率和资源利用率,为社会提供更多的优质农产品,更好地满足社会消费的需求,促进了淳安特色优势农业的发展。

4. 通过现代农业综合区建设,有利于促进农民思想观念的转变,提高农民组织化程度和产业化经营水平,提高市场竞争力,为培养新型农民,提高农民增收致富能力打造了新天地。

（三）生态效益

1. 通过农田水利、土地、道路和周边环境的绿化统一规划改造与综合治理,形成了农田标准化的新格局,不仅增加绿地覆盖率,美化了田园,优化了环境,还提高了区域内农田抵御自然灾害的能力。

2. 通过发展农业循环经济、农牧种养结合,推行绿色无公害农畜产品生产,严格控制化肥、农药的施用,减少了农业生产对环境的污染。特别是综合区通过科学规划,合理利用自然资源,实施畜牧养殖废弃物全部资源化利用,推广农作物标准化栽培技术、病虫综合防治技术,采用生物肥料和生物农药,加强农业面源污染治理,可大大改善山区的生态环境和农业生产条件,促进高效生态农业和循环经济的可持续发展,保护千岛湖的饮用水源,确保国家的饮用水安全。

附表：

附表一：综合区现状表

序号	项目名称		单位	数量	备注
一	综合区总面积		亩	25000	
二	农业总产值		万元	3448	
三	县级以上龙头企业		家	5	
四	农民专业合作社(专业合作组织)		家	16	
五	专业大户		家	202	
六	农业服务组织		家	24	
七	县级以上品牌		个	3	
八	种植业生产情况(包括林业等)				
	产业名称	面积 (亩)	其中:设施农业(亩)	产量 (吨)	产值 (万元)	备注
1	毛竹	10000		750	800	
2	茶叶	4200		106	1260	
3	柑橘	2700		4050	1080	
	油茶	1000		86	50	
九	养殖业生产情况(包括水产等)				
	品种	存栏数 (头、只)	其中:规模化养殖(头)	产值 (万元)	备注
1	生猪	1310	501	223	
2	土鸡	10200	6000	35	

附表二：综合区主要指标规划表

具体指标	单 位	起始指标 （2009年）	规划发展 指标
农业总产值	万元	3448	8620
畜牧业产值	万元	258	876
农民人均收入	万元	7655	9622
土地产出率	元/亩	2800	6100
有效灌溉率	%	51	66
耕地流转率	%	20	40
设施农业面积	亩	310	1100
测土配方施肥覆盖率	%	50	80
畜禽排泄物资源利用率	%	90	96
农业投入品残留合格率	%	91	95
主导品种覆盖率	%	70	95
农机总动力	kW/亩	0.18	021
有职业证书的从业农民比率	%	11	20
县级以上农业龙头企业	家	5	12
参加专业合作组织农户比率	%	30	50
带动农户比率	%	40	70
农产品加工率	%	20	60
省级以上名牌农产品个数	个	1	3

附表三:综合区主要建设项目计划汇总表

序号	项目名称	项目主要建设内容和规模	总投资(万元)				分年投资计划(万元)		
			总投资	业主投资	地方财政	省级补助	2011	2012	2013
1	冬笋高产示范基地建设	1. 生产性建设投资:深挖垦抚每亩800元,肥料200元,施肥管理等300元,每亩冬笋高产基地投入合计1300元,共计65万元。 2. 配套设施建设投资:竹林主干道1.5km,15万元;辅助道3.0km,3万元;水泥桥1座,5万元;管护房100m²,4万元;10m³蓄水池7个,21万元;引、输水管道15600m,15万元;喷滴灌设施及安装,5万元;共计68万元。	133	60	13	60	60	40	33
2	春笋冬出示范基地建设	1. 生产性建设投资:深挖垦抚每亩800元,肥料400元,施肥管理等400元,覆盖等1200元,每亩投入合计2800元,共计28万元。 2. 配套设施建设投资:竹林主干道5km,10万元;辅助道1.0km,1万元;20立方米蓄水池3个,18万元;引、输水管道10000m,8万元;喷滴灌设施及安装,3万元;共计40万元。	60	20	10	30	20	20	20
3	笋材两用示范基地建设	1. 生产性建设投资:深挖垦抚每亩600元,肥料100元,施肥管理等100元,每亩投入合计800元,共计80万元。 2. 配套设施建设投资:竹林主干道2.0km,15万元;辅助道5.0km,5万元;共计20万元。	100	40	10	50	50	30	20
4	竹笋加工厂改扩建	扩建竹笋初加工厂及原料仓库400m²,新建蒸煮房和竹笋保鲜窖等配套设施,投资50万元;新进一条即食竹笋生产流水线,150万元。	200	80	30	90	100	50	50

续表

序号	项目名称	项目主要建设内容和规模	总投资（万元）				分年投资计划（万元）		
			总投资	业主投资	地方财政	省级补助	2011	2012	2013
5	100亩无性系良种茶园建设	100亩无性系良种茶园建设,按每亩土地整理1200元,种苗800元,肥料等农资成本1000元,种苗定植及苗期管理等劳力投入800元计。小计11万元。每亩新茶园投入成本3800元,计38万元。	38	18		20	20	9	9
6	示范茶园基础建设	示范茶园基础建设:3500m茶园主干道路硬化,投资80万元;新建茶园人行道2000m,9万元;硬化茶园人行道3000m,15万元;绿化行道树200株,2万元;建蓄水池400m³,20万元;配置杀虫灯水泥柱80根,70盏灯,电线及配件,15万元。基础建设小计141万元。	141	41	30	70	80	50	11
7	茶厂土建及室内装饰	茶厂土建及室内装饰计56万元,茶厂道路、水管、电线等配套设施20万元左右。合计76万元。	76	30	16	30	40	20	16
8	初、精制加工设备	初、精制加工设备以当前市场价确定,合计35万元。	35	5		30	15	10	10
9	茶文化休闲公园建设	茶文化休闲公园建设按实际工程规模算,合计300万元。	300	100	100	100	100	100	100
10	技术培训、品牌宣传等	技术培训、品牌宣传等其他费用41万元。	41	21		20	20	11	10

续表

序号	项目名称	项目主要建设内容和规模	总投资(万元)				分年投资计划(万元)		
			总投资	业主投资	地方财政	省级补助	2011	2012	2013
11	安阳秀水玉针白茶精品园	1.扩大种植规模。新发展白茶茶园100亩,种植茶苗55万株。园区总面积达1200亩; 2.加强园区基础设施建设。茶园主干道路硬化3000m,路面宽3.5m; 3.新建厂房200m²,新增摊青、加工、检验等设备; 4.修建茶园排水渠道3000m,步道2000m; 5.茶园套种柑橘1000株,茶园周围种植绿化30亩,茶园道路两旁种植桂花和枇杷、杨梅、梨等果树600株; 6.改进设计茶叶精美包装。开展品牌宣传和营销。	345	155	40	150	150	120	75
12	石林柑橘精品园	基地车辆能通行;操作道硬化;有蓄水池,生产用水方便;有生产管理用房;有杀虫灯,果园地膜覆盖;有小型商品化处理设施和场所;有水果测糖仪产品质量检测仪设备。精品园推广省无公害柑橘标准化栽培技术,生产投入品由县环岛水果专业合作社统一采购,统一推荐使用,建立田间生产管理档案;果品实行例行检测制度,销售统一使用"千农园"商标。	202	72	40	90	80	70	52

续表

序号	项目名称	项目主要建设内容和规模	总投资(万元)				分年投资计划(万元)		
			总投资	业主投资	地方财政	省级补助	2011	2012	2013
13	环岛柑橘精品园	基地车辆能通行;操作道硬化;有蓄水池,生产用水方便;有生产管理用房;有杀虫灯,果园地膜覆盖;有小型商品化处理设施和场所;有水果测糖仪产品质量检测仪设备。精品园推广省无公害柑橘标准化栽培技术,生产投入品由县环岛水果专业合作社统一采购,统一推荐使用,建立田间生产管理档案;果品实行例行检测制度,销售统一使用"千农园"商标。	283	83	80	120	100	100	83
14	油茶精品园	生产性投资:油茶高产示范基地建设面积500亩,每亩垦抚投入600元;每亩施肥150元;共投资37.5万元。配套设施建设投资:林区道路4.3km,86万元;作业道4km,8万元;30m³蓄水池4个,40万元;水管5000m,7.5万元;水龙头150个,0.5万元;农药残留速测仪和土壤化肥速测仪各一台,5万元。扩建加工厂及原料仓库300m²及配套设施,投资60万元;新进一条生产流水线,210万元。	580	270	50	260	280	200	100

续表

序号	项目名称	项目主要建设内容和规模	总投资（万元）				分年投资计划（万元）		
			总投资	业主投资	地方财政	省级补助	2011	2012	2013
15	楠木保护与休闲精品园	建设内容包括龙门谷、寿星岩、龙女洞等景点建设，交通建设，宾馆、餐厅等接待设施建设，水电通信建设和森林资源保护和旅游区环境保护建设。千岛湖龙门谷生态旅游区建设总投资231万元。其中：景点建设投资100万元；交通建设投资70万元；水电通信建设23万元；资源与环境保护投资38万元。	231	101	30	100	90	90	51
16	生态养殖渔业精品园	通过土拦库湾改造、配套设施建设、养殖技术提升、投放不同类型的特色水产养殖品种，并改变传统养殖模式，采用先进的生态健康养殖模式，进行立体式渔业开发利用。利用千岛湖地区丰富的山塘、水库对鲟鱼进行网箱养殖和放养回捕实验；在陆上建立养殖基地，利用大型水库的低温底层水进行流水养殖，对成功的养殖模式进行示范和推广。依托千岛湖一流的生态环境，加大网箱养殖结构调整力度，推进渔业产业向休闲度假型转变。通过"水上渔村"及沿库配套娱乐、餐饮、住宿等基础建设，建设集水面休闲垂钓、娱乐，沿岸渔家乐的休闲渔业产业，形成白天休闲娱乐，晚上江枫渔火的旅游景点，成为千岛湖渔业发展的新增长点。	660	300	60	300	260	200	200

续表

序号	项目名称	项目主要建设内容和规模	总投资(万元)				分年投资计划(万元)		
			总投资	业主投资	地方财政	省级补助	2011	2012	2013
17	生态牧业养殖基地	新建(改、扩建)标准化养猪场4家、养鸡场3家,租用集体农用旱地30亩,200头生产母猪和配套的公猪、后备母猪、保育猪舍2500m²,育雏鸡舍400m²,肉猪区、成鸡舍及附属设施(饲料加工间、仓库、管理用房及发酵物周转间)8000m²。配备控温设备,改善猪舍、育雏舍饲养环境;设置高床分娩栏,改善母猪饲养条件;增加饲料加工设备及信息网络管理系统等现代管理设施。具体有:风机10只,红外线灯具200盏,饲料加工设备4套,高床分娩栏60套,猪、鸡病诊断设备共7套,高效消毒设备7套。引进生长快、产仔多、瘦肉率高的优良种猪(公猪8头、母猪200头),提高养殖效益。粪便无公害综合处理设施200m²,污水无公害综合处理设施400m³,配备3辆沼液运输车。每年举行科技培训3～4期,400人次/年。	455	201	30	224	200	150	105
18	农村户用沼气配套工程	到2013年新建农村户用沼气池360只,综合区内已建成农村户用沼气池886只。建设8～10m³的户用沼气池360只,平均每年120只。总投入110万元,其中国家补助每只8～10m³的户用沼气池1400元,补助51万元。	110	59		51	40	35	35

序号	项目名称	项目主要建设内容和规模	总投资(万元)				分年投资计划(万元)		
			总投资	业主投资	地方财政	省级补助	2011	2012	2013
19	设施大棚蔬菜示范基地	基础设施:搭建设施蔬菜300亩,建造生产用房400m²、产品分级包装车间480m²,修建水池3个60m³,铺设相关引水管道、过滤池,购置厢式运输车2辆。 生产设施:购置大棚900只,微滴灌300亩,配备耕作机8只、水泵20只、机动喷雾器10只,穴盘基质育苗4500m²。 农产品安全:建立生产档案,建立农产品检测室,配备检测设备,产品实行分级包装,开展品牌宣传。 先进技术推广:集中展示和推广蔬菜设施保温避雨栽培技术,蔬菜微蓄微灌技术,蔬菜基质育苗技术,蔬菜病虫害统防治技术及应用杀虫灯、黄蓝板等生态防治技术,综合应用菌渣、沼液等有机肥、配方施肥技术,蔬菜连作障碍治理技术,推广应用辣椒、茄子、西红柿、黄瓜、四季豆等蔬菜良种,实现蔬菜生产季节合理搭配和周年化生产。	670	300	70	300	300	200	170
	种养加合计		4660	1956	609	2095	2005	1505	1150

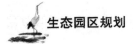

附表四:综合区基础设施建设分类规划表

序号	内　　容	单　位	数　量 现有(2009年)	数　量 建成后	备注
一	田间工程				
	干渠	km	2	10	
	支渠	km		30	
	毛渠	km		60	
	其他沟渠	km	3	70	
	田间道路	km	16	127.9	
	沼液输送管道	km	1	10	
	加工场地	m²	1000	2000	
	蓄水池	m³	380	71000	
二	加工设施				
	各类加工车间	m²	2500	10000	
	冷藏库	m³	1600	5300	
三	生产设施				
	各类仓库	m³	800	30000	
	饲料储藏、加工厂,综合管理房	m²	500	1200	
	各类畜禽舍	m²	31000	44020	
	玻璃温室				
	塑料大棚	亩	193	450	
	肥水同灌	亩	300	800	
	棚架	亩	10	300	
	电力设备	m	2200	112000	
	杀虫灯	盏	60	250	
四	农机设备				
	剪茶机	台	258	280	
	装袋机	台	380	480	
	锅炉	台	350	400	

续表

序号	内　　　容	单　位	数　量		备注
			现有（2009年）	建成后	
五	服务组织设施				
	技术站	家	3	5	
	专业合作社	家	16	30	

附表五：综合区项目效益估算表

项　　目	单　位	数　量	备　注
1. 形成示范区面积	万亩	2.5	
2. 新增农业生产能力	万kg	450	
3. 新增设施农业生产能力	万kg	300	
4. 新增畜禽生产能力	万头（万只）	0.1（2）	
5. 新增主导产品生产能力	万kg	400	
6. 新增农产品加工能力	万kg	250	
7. 新增畜产品加工能力	个数	/	
8. 推广新品种数量	个数	10	
9. 新增新品种推广面积	万亩	0.3	
10. 新增产值	万元	6768	
11. 新增利税	万元	3231	
12. 新增人均产值	万元	0.71	
13. 新增固定资产	万元	2600	

参考文献

[1] 曹凤中,国冬梅.可持续发展城市判定指标体系[J].中国环境科学,1998,05:79-83.

[2] 陈复,郝吉明,唐俊华,等.中国人口资源环境可持续发展战略研究(上册)[M].北京:中国环境科学出版社,2000.

[3] 傅伯杰、陈利项、马克明,等.景观生态学原理及应用[M].北京:科学出版社,2011.

[4] 海热提·涂尔逊,王华东,王立红,彭应登.城市可持续发展的综合评价[J].中国人口、资源与环境,1997,02:46-50.

[5] 冷疏影,刘燕华.中国脆弱生态区可持续发展指标体系框架设计[J].中国人口、资源与环境,1999,02:42-47.

[6] 李博,等.生态学[M].北京:高等教育出版社,2000.

[7] 李乃炜,左玉辉.南京市可持续发展评价指标体系研究[J].上海环境科学,1999,06:249-251.

[8] 李全胜,叶旭君.农业生态系统可持续发展趋势度的评价方法研究[J].生态学报,2001,05:695-700.

[9] 刘求实,沈红.区域可持续发展指标体系与评价方法研究[J].中国人口·资源与环境,1997,04:60-64.

[10] 刘渝琳.重庆市可持续发展指标体系的设计和评价[J].城市环境与城市生态,1999,04:32-34,34-47.

[11] 邬建国.景观生态学——格局、过程、尺度与等级[M].北京:高等教育出版社,2000.

[12] 杨京平,卢剑波.生态恢复工程技术[M].化学工业出版社,2002.

[13] 张坤民,何雪炀,温宗国.中国城市环境可持续发展指标体系研究的进展[J].中国人口、资源与环境,2000,02:54-59.

[14] 赵文武,房学宁.景观可持续性与景观可持续性科学[J].生态学报,2014,34(10):2453-2459.

[15] 赵玉川,胡富梅.中国可持续发展指标体系建立的原则与结构[J],中国

人口·资源与环境,1997,04:54-59.

[16]　中国科学院可持续发展研究组.2000年中国可持续发展战略报告[M],北京:科学出版社,2000.

[17]　周海林.可持续发展评价指标(体系)及其确定方法的探讨[J].中国环境科学,1999,04:73-77.

[18]　诸大建,李耀新.建立上海可持续发展指标体系的研究[J].上海环境科学,1999,09:385-387.

[19]　Nassauer J I, Opdam P. Design in science: extending the landscape ecology paradigm [J]. Landscape Ecology,2008,23(6):633-644.

[20]　Ponting C. A new green history of the world [M]. London: Random House,2007.

后 记

党的十八大提出"五位一体"的战略布局,要求全面落实经济建设、政治建设、文化建设、社会建设、生态文明建设五位一体总体布局,大力推进生态文明建设。党的十八大报告指出:"建设生态文明,是关系人民福祉、关乎民族未来的长远大计。面对资源约束趋紧、环境污染严重、生态系统退化的严峻形势,必须树立尊重自然、顺应自然、保护自然的生态文明理念,把生态文明建设放在突出地位,融入经济建设、政治建设、文化建设、社会建设各方面和全过程,努力建设美丽中国,实现中华民族永续发展。"

为了建设美丽中国,为了我们的天更蓝、水更清,为了我们的"绿水青山",必须坚持节约资源和保护环境的基本国策,坚持节约优先、保护优先、自然恢复为主的方针,着力推进绿色发展、循环发展、低碳发展,形成节约资源和保护环境的空间格局、产业结构、生产方式、生活方式,从源头上扭转生态环境恶化趋势,为人民创造良好生产生活环境,为全球生态安全做出贡献。

本书的编著者多年来一直在从事生态规划的教学与实践工作,本书的编著目的是为建设美丽中国和美丽浙江提供一些粗浅的经验与样板,希望能对浙江省及全国的生态文明建设添砖加瓦,共同推进生态规划的理论与实践,供广大的同行交流与借鉴。

由于本书的编著者之一卢剑波为浙江现代农业规划设计研究所的骨干成员,书中有部分规划是由浙江现代农业规划设计研究所为规划单位完成,卢剑波为规划完成的主笔人,在此感谢浙江现代农业规划设计研究所参与规划工作的同仁,特别感谢浙江现代农业规划设计研究所所长程文祥教授。感谢书中的规划案例部分的规划委托单位,委托单位对规划提供了许多宝贵的基础资料和规划底图,在此不一一列出。感谢永嘉县表山乡人武部原部长谷利,书中永嘉县表山乡的生态旅游规划中的高质量照片由谷利部长提供。

由于时间的原因,特别是编著者理论和业务水平有限,本书还有许多不足之处和瑕疵,所有不足和问题由编著者承担责任,恳请读者提出宝贵意见。

编著者
2017 年 9 月